高等学校土木类专业新工科数智化系列教材

地基处理

主　编　张　玲
副主编　朱剑锋　周志军　顾美湘
主　审　赵明华

湖南大学出版社
·长沙·

内容简介

本书是高等院校土木工程专业的专业课教材，全书共12章，内容包括绪论、地基处理监测与检验方法、复合地基理论概论、换填垫层法、排水固结法、压实法与夯实法、挤密桩法、胶结法、土工加筋技术、其他地基处理方法、既有建筑物纠斜和托换技术、特殊土地基处理。

本书可作为高等学校土木工程及相关专业的教材，也可供从事地基处理的工程技术人员阅读参考。

图书在版编目(CIP)数据

地基处理/张玲主编．--长沙：湖南大学出版社，2024.12.—ISBN 978-7-5667-3710-6

Ⅰ.TU472

中国国家版本馆CIP数据核字第20240L5G74号

地基处理

DIJI CHULI

主　　编：张　玲

策划编辑：卢　宇

责任编辑：张佳佳

印　　装：长沙市雅捷印务有限公司

开　　本：787 mm×1092 mm　1/16　**印　　张**：16.5　**字　　数**：422千字

版　　次：2024年12月第1版　**印　　次**：2024年12月第1次印刷

书　　号：ISBN 978-7-5667-3710-6

定　　价：52.00元

出 版 人：李文邦

出版发行：湖南大学出版社

社　　址：湖南·长沙·岳麓山　**邮　　编**：410082

电　　话：0731-88822559(营销部)，88821315(编辑室)，88821006(出版部)

传　　真：0731-88822264(总编室)

网　　址：http://press.hnu.edu.cn

前　言

随着我国国民经济的持续发展，包括土木工程在内的各种基础设施建设也在快速发展。我国地域辽阔，工程地质条件千差万别，一些工程不得不修建在软弱地基或其他不良地基之上。当天然地基不能满足上部建（构）筑物对地基的要求时，需对地基进行加固处理。随着工程建设的不断推进，地基处理技术得到了长足发展。目前，地基处理已成为岩土工程中一个极具生命力的分支，各院校也将地基处理列为土木工程专业及相近专业的专业课。

本书基于新工科背景下的土木工程专业学生培养目标，根据高校土木工程专业指导委员会组织制定的教学大纲编写，全书内容包括绪论、地基处理监测与检验方法、复合地基理论概论、换填垫层法、排水固结法、压实法与夯实法、挤密桩法、胶结法、土工加筋技术、其他地基处理方法、既有建筑物纠斜和托换技术、特殊土地基处理，共计12章。其中地基处理方法各章主要按照加固机理、设计计算、施工与质量检验的思路编写。为加深理解，适当收录一些工程实例供读者参考，各章还配有适量的思考题与习题供选用。

本书由湖南大学张玲编写第1、3、4章及第10章10.1～10.3，浙江科技大学朱剑锋编写第5、8章及第10章10.4～10.7，五邑大学周志军编写第6、11、12章，广州大学顾美湘编写第2、7、9章。

本书在编写过程中，参考和引用了很多参考书籍和文献资料，在此对其原作者表示衷心的感谢。编写中也得到了各方的大力支持和帮助，研究生邱泉、汪正清、林子淇、彭俊发、蔡晓聪、韩道灵等协助完成部分插图的制作和部分校对工作，在此一并表示感谢。

由于编者水平和能力有限，书中难免存在不当和错误之处，敬请读者批评指正。

编　者

2023年12月

目　录

第 1 章　绪　论 ······ 1

1.1　地基处理的概念 ······ 1
1.2　常见的软弱地基和不良土地基 ······ 3
1.3　地基处理方法分类及其适用范围 ······ 6
1.4　地基处理方法的选择原则 ······ 8
1.5　地基处理方案确定步骤 ······ 8
1.6　地基处理技术的新发展 ······ 9
思考与练习 ······ 12

第 2 章　地基处理监测与检验方法 ······ 13

2.1　概　述 ······ 13
2.2　地基水平位移及沉降监测 ······ 15
2.3　地基中应力监测 ······ 19
2.4　载荷试验 ······ 21
2.5　静力触探试验 ······ 27
2.6　动力触探试验 ······ 28
2.7　标准贯入试验 ······ 30
2.8　十字板剪切试验 ······ 31
思考与练习 ······ 32

第 3 章　复合地基理论概论 ······ 33

3.1　概　述 ······ 33
3.2　复合地基形成条件 ······ 35
3.3　复合地基作用机理与破坏模式 ······ 37
3.4　复合地基有关设计参数 ······ 39
3.5　复合地基承载力确定 ······ 40
3.6　复合地基沉降计算 ······ 43
3.7　复合地基稳定分析 ······ 47
3.8　复合地基载荷试验 ······ 49
思考与练习 ······ 52

第 4 章　换填垫层法 …… 53

4.1　概　述 …… 53
4.2　垫层的作用与机理 …… 53
4.3　垫层的设计与计算 …… 55
4.4　施工与质量检验 …… 60
4.5　EPS 超轻质料填土法 …… 63
思考与练习 …… 67

第 5 章　排水固结法 …… 68

5.1　概　述 …… 68
5.2　加固机理 …… 70
5.3　设计与计算 …… 74
5.4　施工与质量检验 …… 82
5.5　工程实例 …… 91
思考与练习 …… 97

第 6 章　压实法与夯实法 …… 99

6.1　概　述 …… 99
6.2　压实法 …… 99
6.3　重锤夯实法 …… 103
6.4　强夯法 …… 103
思考与练习 …… 113

第 7 章　挤密桩法 …… 114

7.1　概　述 …… 114
7.2　振冲法 …… 115
7.3　沉管法 …… 118
7.4　冲击法 …… 130
7.5　孔内夯扩法 …… 131
7.6　CFG 桩法 …… 134
思考与练习 …… 139

第 8 章　胶结法 …… 140

8.1　概　述 …… 140
8.2　注浆法 …… 140
8.3　高压喷射注浆法 …… 151
8.4　深层搅拌法 …… 161
思考与练习 …… 169

第 9 章 土工加筋技术 …… 171
9.1 概 述 …… 171
9.2 土工合成材料的分类 …… 172
9.3 土工合成材料的特性 …… 173
9.4 土工合成材料的主要功能 …… 176
9.5 加筋的作用机理 …… 178
9.6 加筋地基设计 …… 181
9.7 加筋地基施工要点 …… 183
9.8 工程实例 …… 185
思考与练习 …… 187

第 10 章 其他地基处理方法 …… 188
10.1 概 述 …… 188
10.2 长短桩复合地基法 …… 188
10.3 双向增强复合地基法 …… 191
10.4 TRD 工法 …… 195
10.5 CSM 工法 …… 200
10.6 MJS 工法 …… 205
10.7 微生物固化法 …… 211
思考与练习 …… 216

第 11 章 既有建筑物纠斜和托换技术 …… 217
11.1 概 述 …… 217
11.2 既有建筑物的纠斜与迁移 …… 219
11.3 既有建筑物的托换技术 …… 225
思考与练习 …… 233

第 12 章 特殊土地基处理 …… 234
12.1 概 述 …… 234
12.2 湿陷性黄土地基处理 …… 234
12.3 膨胀土地基处理 …… 238
12.4 液化地基处理 …… 245
12.5 岩溶地基处理 …… 248
思考与练习 …… 251

参考文献 …… 252

第1章 绪 论

本章学习目标

- 掌握地基常见问题和地基处理的目的；
- 熟悉常见的软弱地基和不良土地基的工程特性；
- 了解常用地基处理方法分类及其适用范围。

1.1 地基处理的概念

要正确理解地基处理的概念，首先要明晰场地、地基和基础的概念以及它们之间的关系。

场地是工程建设直接占有并直接使用的有限面积的土地。场地的稳定性受场地范围内及其邻近区域的地质环境的影响。场地的概念是宏观的，它不仅代表着所划定的土地范围，还包括某种地质现象和工程地质问题所涉及的地区。不能简单地将场地理解为建筑占地面积，在地质条件复杂的地区，除建筑占地面积外，场地还应包括微地貌、地形和地质单元。

地基是指受工程直接影响的这一部分范围很小的场地。地基承托建(构)筑物基础，与建筑物的关系极为密切。建(构)筑物地基面临的问题概括起来主要有以下五个方面。

①地基承载力及稳定性问题。当地基的抗剪强度不足以支承上部结构的自重以及外荷载时，地基就会产生局部或者整体剪切破坏，导致地基失稳，这会影响建(构)筑物的正常使用，甚至会引起开裂或破坏。

②变形问题。高压缩性地基可能导致建筑物发生过大的沉降，影响建筑物的正常使用；地基不均匀或荷载不均匀导致的地基不均匀沉降，使建筑物倾斜、开裂、局部破坏，影响建筑物的正常使用甚至发生整体破坏。

③地基渗透破坏问题。土具有渗透性，当地基中出现渗流时，将可能导致流土(流砂)和管涌(潜蚀)现象，严重时能使地基失稳、崩溃。

④动荷载下的地基液化、失稳和震陷问题。饱和无黏性土地基具有振动液化的特性，在地震、机器振动、爆炸冲击、波浪等动荷载作用下，地基可能产生液化、震陷而失稳破坏，软黏土在振动作用下，会产生震陷破坏。

⑤特殊土地基的不良地质特性问题。特殊土地基有不良工程特性，如黄土的湿陷性、膨胀土的胀缩性和冻土的冻胀性等。

地基问题常常是引起各类工程事故的主要原因。

基础是指建(构)筑物向地基传递荷载的下部结构，起到连接上部结构和地基的作用。一方面，它承受上部结构荷载和地基反力的共同作用，由此产生内力；另一方面，基础底面产生的反力也成为地基土的荷载，导致地基产生应力和变形。在进行地基设计时，除了需保证基础结构本身具有足够的刚度和强度外，同时还需选择合理的基础尺寸和布置方案，使地基的强度和沉降保持在规范允许的范围内。另外，一些建(构)筑物并没有一个明确的基础，如堤坝和隧道，在这些工程中，地基和基础的概念不作区分。

建(构)筑物的所有荷载最终会传递到地基上。如果建(构)筑物荷载大且上部材料强度很高，就需要地基具有较高的强度和较小的压缩性。我国地域广阔，自然地理环境差异较大，土质与岩土条件呈区域性，且赋存规律复杂，由此形成的地基情形差异较大。在工程建设中，有时会不可避免地遇到地质条件不良或软弱地基，越来越多的建筑物修建在地质和岩土条件较差的地方；随着科学技术的发展，建(构)筑物形式日新月异，建筑物的高度不断增高，结构物的荷载日益增大，对变形要求也越来越严，因而即使原来一般被评价为良好的地基，也可能在特定条件下不得不进行地基处理。这些需经人工加固后才可在其上修筑建(构)筑物的地基称为人工地基。对地质条件良好的地基，可直接在其上修筑建(构)筑物而无需事先对其进行加固处理，此种地基称为天然地基。

地基处理是指人为地采取各种方法对地基进行加固和改良，提高地基的承载力，改善地基的变形、渗透及动力等性能，以保证上部结构对地基强度、变形及稳定性的要求，也称地基加固。天然地基是否需进行地基处理取决于地基土的性质和建筑物对地基的要求。

根据不同的工程情况和要求以及地基土质条件和组成，地基处理的目的主要表现在以下几个方面。

①提高地基土的抗剪强度。地基承载力、土压力及边坡的稳定性，主要取决于土的抗剪强度。当地基土抗剪强度较低，不足以支撑上部结构传来的荷载时，地基可能会发生局部或整体剪切破坏，从而导致上部结构失稳、开裂甚至倒塌。

②降低地基土的压缩性。附加应力作用下地基将产生压缩变形，从而引起建筑物基础沉降。当基础沉降量或不均匀沉降过大时，可能会引起上部结构的倾斜、开裂，影响其安全和正常使用，此外，土体的侧向流动(塑性流动)亦可导致剪切变形。

③改善地基土的透水性。地下水在地基土中运动时，会引起堤坝等地基的渗漏现象；基坑开挖过程中，也会因土层夹有薄层粉砂或粉土而产生流砂和管涌等渗透破坏现象。这些都会造成地基承载力下降、沉降加大和边坡失稳，而渗漏、流砂和管涌等现象均与土的渗透性密切相关。增加或降低地基土的透水性需根据工程需要和目的来确定，当考虑工程对承载力和变形的要求时，宜增加地基土的透水性，加速固结；而当预防流砂、渗漏等工程问题时，则应降低透水性或减小水压力。

④改善地基土动力特性，提高抗震(振)性能。地基土在地震、波浪、交通荷载、打桩等动荷载作用下，可能会出现液化、震陷、振动下沉，造成地基土承载力丧失，或影响邻近建筑物的正常使用甚至破坏。

⑤改善特殊土的不良工程特性。当在特殊土地基上修建建(构)筑物时，需采取一定措

施，以消除黄土的湿陷性、膨胀土的胀缩性、冻土的冻胀融沉性等，以保证建(构)筑物的安全和正常使用。

1.2 常见的软弱地基和不良土地基

土木工程建设中经常遇到的地基处理对象主要是软弱地基和不良土地基，主要包括：软(黏)土、人工填土、湿陷性黄土、有机质土和泥炭土、膨胀土、多年冻土、盐渍土、岩溶、土洞、山区地基和污染土等。

1.2.1 软弱地基

《建筑地基基础设计规范》(GB 50007—2011)中规定：软弱地基系指主要由淤泥、淤泥质土、冲填土、杂填土或其他高压缩性土构成的地基。

1)软土

淤泥、淤泥质土在工程上统称为软土，具有如下工程特性。

①含水量较高，孔隙比较大。根据统计，软土的天然含水量一般为35%～80%，接近或大于液限，天然孔隙比为1～2。

②渗透性较差。软土的渗透系数一般为 $i\times10^{-8}\sim i\times10^{-4}$ mm/s($i=1,2,\cdots,9$)。因此，软土层在自重或荷载作用下达到完全固结所需的时间较长。

③压缩性较高。软土的压缩系数 $a_{1\text{-}2}$ 为 0.5～1.5 MPa^{-1}，有些高达 4.5 MPa^{-1}，且其压缩性往往随着液限的增大而增加。

④抗剪强度很低。软土的天然不排水抗剪强度一般小于 20 kPa。其变化范围为 5～25 kPa。

⑤具有显著的结构性。特别是滨海相的软土，一旦受到扰动(振动、搅拌或搓揉等)，其絮状结构受到破坏，土的强度显著降低，甚至呈流动状态。软土受到扰动后强度降低的特性可用灵敏度表示。软土的灵敏度一般为3～16。

⑥具有明显的流变性。软土在不变的剪应力的作用下，将连续产生缓慢的剪切变形，并可能导致抗剪强度的衰减。在固结沉降完成之后，软土还可能继续产生可观的次固结沉降。

由于软土具有强度较低、压缩性较高和透水性较差等特性，因此，在软土地基上修建建(构)筑物，必须重视地基的变形和稳定问题。软土地基的承载力常为50～80 kPa，如果不作任何处理，一般不能承受较大的建(构)筑物荷载。此外，软土地基上建(构)筑物基础的沉降和不均匀沉降也是比较大的。根据统计，对于砌体承重结构，四层以上房屋最终沉降可达 200～500 mm。而大型构筑物(如水池、油罐、粮仓和储气柜等)的沉降量一般超过 500 mm，甚至超过 1.5 m。如果上部结构各部分荷载的差异较大，建筑物的体型又比较复杂，而且土层又很不均匀，那么将会引起很大的不均匀沉降。沉降稳定历时较长，在比较深厚的软土层上，建筑物基础的沉降往往持续数年乃至数十年以上。沉降量过大和持续的时间过长，都会给建筑物设计标高的确定和建筑物内设备的安装带来麻烦，而不均匀沉降则可能会造成建筑物开裂或严重影响建筑物的使用。因此，在软土地基上建造建(构)筑物时，必须对软土地基进行处理。

2)人工填土

人工填土是由于人类活动而形成的堆积土。物质成分较杂乱，均匀性差，根据组成物质或堆积方式，又可分为素填土、冲填土(吹填土)和杂填土。

素填土是由碎石、砂或粉土、黏性土等中的一种或几种组成的填土，通常不含杂质或含有较少杂质。经分层压实后则称为压实填土。近年开山填沟筑地、围海筑地工程较多，填土常用大小不一的开山石料，有的直径达数米，有的填筑厚度达数十米，非常不均匀。

冲填土(吹填土)是在整治和疏通江河时，用挖泥船或泥浆泵把江河或港湾底部的泥砂用水力冲填(吹填)形成的沉积土。冲填土的物质成分比较复杂，如以粉土、黏土为主，则属于欠固结的软弱土，而主要由中砂粒以上的粗颗粒组成的，则不属于软弱土。冲填土是否需要进行处理或采用何种方法处理，取决于冲填土的工程性质，如颗粒组成、土层厚度、均匀性和排水固结条件等。

杂填土一般是覆盖在城市地表的人工杂物，包括瓦片砖块等建筑垃圾、工业废料和生活垃圾等。其主要特性是强度低、压缩性高和均匀性差。此外，有机质含量较多的生活垃圾和对基础有侵蚀性的工业废料，未经处理不应作为持力层。

3)其他高压缩性土

其他高压缩性土主要包括饱和松散粉细砂和部分粉土，其在动力荷载(机械振动、车辆荷载、波浪或地震等)反复作用下会产生液化或产生大量的震陷变形，在基坑开挖时也会产生管涌。地基会因土体液化而丧失承载能力，往往需进行地基处理。

1.2.2　湿陷性黄土

湿陷性黄土是在一定压力下(指土的自重压力或自重压力及附加压力之和)被水浸湿，土的结构迅速破坏，并产生显著附加下沉，其强度也迅速降低的黄土。在我国，黄土地域辽阔，面积超过 60 万 km^2，其中湿陷性黄土约占黄土总面积的 3/4，主要分布在山西、陕西、甘肃的大部分地区，河南西部和宁夏、青海、河北的部分地区。地基处理是防止黄土湿陷性危害的主要措施，其目的在于破坏湿陷性黄土的大孔结构，以便全部或部分消除地基的湿陷性，从根本上避免或削弱湿陷现象的发生。

1.2.3　有机质土和泥炭土

土中有机质含量大于 5%时称为有机质土，大于 60%时称为泥炭土。

土中有机质含量高，往往强度低，压缩性大，尤其是泥炭土含水量极高，有时甚至超过 200%，压缩性大且不均匀，一般不宜作为建(构)筑物地基，若要用作建(构)筑物地基则需进行地基处理。

1.2.4 膨胀土

膨胀土指土中黏粒成分主要由亲水性矿物组成，同时具有显著的吸水膨胀和失水收缩两种变形特性的黏性土，亦称为胀缩性土。膨胀土在环境的温度和湿度变化时，会发生显著的膨胀—收缩—再膨胀的周期性变化，因此，将膨胀土作为建(构)筑物地基时，若没有采取必要的地基处理措施，常给工程带来危害。膨胀土在我国分布广泛，据现有的资料，广西、云南、湖北、安徽、四川、河南、山东等地均有不同范围的分布。

1.2.5 多年冻土

冻土是指具有负温或零温度并含有冰的土。冻土根据冻融情况分为季节性冻土、隔年冻土和多年冻土。多年冻土是指含有固态水，且冻结状态持续 2 年或 2 年以上的冻土。当温度条件改变时，多年冻土的物理力学性质会随之改变，并产生冻胀、融陷、热融滑塌等现象。因此，多年冻土作为建(构)筑物地基时需慎重考虑，需采取必要的处理措施。

1.2.6 盐渍土

盐渍土是指土中易溶盐含量超过 0.3%的土。盐渍土地基浸水后，土中盐溶解可能会导致地基的溶陷，某些含硫酸钠、碳酸盐的盐渍土在环境温度和湿度变化时，可能产生土体体积膨胀。此外，盐渍土中含有大量的无机盐，它使土具有明显的腐蚀性，对建筑物基础和地下设施构成一种严重的腐蚀环境，影响其耐久性和安全使用。我国的盐渍土主要分布在新疆、青海、甘肃、宁夏、内蒙古等地势低洼的盆地和平原。

1.2.7 岩溶、土洞和山区地基

岩溶(又称喀斯特)是指可溶性岩层如石灰岩、白云岩、石膏、岩盐等受水的长期溶蚀作用，在岩层中形成沟槽、裂隙、石芽、石林和空洞，以及由于空洞顶板塌落使地表产生陷穴、洼地等现象和作用的总称。土洞是岩溶地区可溶性岩层的上覆土层在地表水冲蚀或地下水潜蚀作用下所形成的洞穴。

岩溶和土洞对建(构)筑物的影响很大，可能造成地面变形，地基陷落，发生水的渗漏和涌水现象。在岩溶地区修建建(构)筑物时要特别注重岩溶和土洞的影响。

山区地形高低不平、基岩表面起伏变化大、地质成分比较复杂，主要表现在地基的不均匀性和场地的不稳定性两方面。在山区修建建(构)筑物时要重视地基的稳定性和避免过大的不均匀沉降，必要时需进行地基处理。

1.2.8 污染土地基

污染土是指由于酸、碱、煤焦油、石灰渣等致污物质的侵入，土的成分、结构和性质

发生了显著变异，直接影响工程活动或有害于人类健康、动物繁衍和植物生长的土。污染源主要有制造酸碱的工厂、石油化纤厂、煤气工厂、污水处理厂以及燃料库和某些行业。地基土受污染腐蚀后，常发生以下两种变形特征：污染导致地基土结构破坏，造成沉陷变形；污染使地基土膨胀，造成基础和墙体开裂。

1.3 地基处理方法分类及其适用范围

地基处理方法的分类多种多样。例如，按时间可分为临时处理和永久处理，按处理深度可分为浅层处理和深层处理，按土性对象可分为砂性土地基处理和黏性土地基处理，饱和土地基处理和非饱和土地基处理，也可按地基处理的作用机理分类。

根据地基处理的作用与原理，常用的处理方法分类及其适用范围如表 1-1 所示。

表 1-1 地基处理方法分类及其适用范围

分类	作用与原理	处理方法	处理特点	适用范围
换填垫层法	以砂石、素土、灰土和矿渣等强度较高的材料，置换地基表层软弱土，提高持力层的承载力，减少沉降量	砂石垫层、素土垫层、灰土垫层、矿渣垫层	表面土层换土	暗沟、暗塘等软弱土地基
排水固结法	通过改善地基排水条件和施加预压荷载，加速地基的固结和强度增长，提高地基的稳定性，并使基础沉降提前完成	堆载预压、砂井堆载预压、真空预压、降水预压、电渗预压	在天然地基上堆载； 在砂井地基上堆载； 利用真空作为预压荷载； 降低地下水位，增加有效自重应力； 利用电渗降水或疏干土体	饱和软弱土层；对于渗透性极低的泥炭土，则应慎重
压实法与夯实法	利用压实原理，减小地基土孔隙比，提高土体强度，减少地基的沉降量	表层压实法、重锤夯实法、强夯法	利用不同质量的锤和夯击能量，将土体夯实	碎石、砂土、粉土、低饱和度的黏性土，杂填土等
振密挤密法	采用一定的技术措施，通过振动或挤密，使土体的孔隙减少，强度提高；必要时，在振动挤密过程中，回填砂、砾石、灰土、素土等，与地基土组成复合地基，从而提高地基的承载力，减少沉降量	振冲挤密法、灰土桩挤密法、石灰桩挤密法、砂桩挤密法、爆破挤密法	在土体中采用竖向扩孔，从横向挤密土体	非饱和松散黏性土、湿陷性黄土、松砂、杂填土等

（续表）

分类	作用与原理	处理方法	处理特点	适用范围
置换法	采用专门的技术措施，以砂、碎石等置换软弱土地基中部分软弱土，或在部分软弱土地基中掺入水泥、石灰或砂浆等形成加固体，与未处理部分土组成复合地基，从而提高地基的承载力，减少沉降量	振冲置换法、（碎石桩法）、强夯置换法、CFG桩法	置换形成的竖向桩（或墩），与桩（或墩）间土形成复合地基，共同承载，协调变形	黏性土、冲填土、粉砂、细砂等
胶结法	利用气压、液压或电化学原理把固化浆液注入土层、岩石裂隙以改良土体或降低渗透性或在软土中掺入、石灰等与土搅拌后胶结成强度较高的土体使地基变成复合地基，提高持力层的强度和模量	渗透注浆、劈裂注浆、压密注浆、电动化学注浆、高压喷射注浆、深层搅拌法	用注浆管把浆液注入地层中，浆液以充填、渗透、挤密等方式，占据土颗粒间孔隙位置； 在形成裂隙的土体中注入浆液利用高气压和水压，使土和水泥浆充分混合； 浆液在土体中发生化学反应生成充填物或胶结土颗粒	黏性土、砂性土 湿陷性黄土 软弱土层
加筋法	在土体中设置土工聚合物或金属带片等拉筋，受力杆件，以提高地基承载力和稳定性	加筋土、土工聚合物、锚固技术、树根桩	利用筋土之间的摩擦力稳定土体； 利用锚固力稳定土体； 设置竖直或斜向小直径灌桩	稳定边坡，人工路堤挡土结构等； 稳定边坡和加固地基
冷热处理法	利用冻结或烧结法加固土体	冷冻法、高温焙烧法		适于水下； 适于湿陷性黄土
托换法	采用支托的方法，转移原有建筑物荷载，然后对地基进行加固		结合结构特点，综合考虑，是一种事后处理技术	根据建（构）筑物和地基基础情况确定

需要注意的是，地基处理方法的严格分类十分困难，很多地基处理方法具有几种不同的作用。例如，碎石桩法具有置换、挤密、排水和加筋等多重作用。另外，为提高地基处理的效果和缩短工期，还常常采用几种单一地基处理方法的组合，充分发挥各自的优点，如长板短桩法（塑料排水板和搅拌桩的组合）、高真空击密法（强夯和真空排水的组合）等。

1.4 地基处理方法的选择原则

地基土质千变万化，不同的建(构)筑物对地基的要求也不尽相同。因此，在选择地基处理方法前，需认真研究上部结构和地基的特点，结合当地经验，选择经济有效的处理方法。地基处理方法选择时需遵循以下原则。

①因地制宜，合理选取处理方法。地基处理方法很多，各有其适用性、局限性及相应的优缺点。在方案选取时应考虑上部结构、基础和地基的共同作用，结合地基条件、土质情况、处理要求、材料来源、机具设备等综合考虑，确定出技术可行、经济合理的处理方案。

②明确目的，符合土力学基本原理。地基处理的目的是改善地基土的性质或受力条件，应根据天然地基存在的主要问题，结合土力学基本原理选取相应的处理方法。例如，对饱和、低渗透性的软土地基，若不改善排水条件，采用密实法处理，在瞬时荷载作用下，孔隙水压力难以迅速消散，将无法达到地基加固的目的。

③考虑时效，贯穿工程全过程。大部分地基处理方法都存在时效特点，不同的时间段，其加固效果亦不同。例如，排水固结需要一定的时间，地基土的强度也随时间而增长，利用时效特点可降低处理成本。然而，注浆、深层搅拌法等，在施工过程中将破坏地基土体，若用于已有建(构)筑物地基，则可能导致沉降增加，若用于处理边坡，则可能使安全系数降低。水泥浆或水泥土在地下环境中强度增长比地上慢得多。当上部结构施工速度很快时，处理后地基土的强度尚未恢复或明显增长，上部荷载已全部施加，则易导致不均匀沉降等。

地基处理的效果受管理水平、人员素质等因素影响突出。因此，还必须严格施工操作秩序，确保材料质量，及时检测发现问题，加强组织管理，尽量减小人为因素影响。此外，还应结合工程情况，了解当地地基处理经验和施工条件，对有特殊要求的工程，还应了解其他地区相似场地上同类工程的地基处理经验和使用情况。

1.5 地基处理方案确定步骤

地基处理方案可按照以下步骤确定。

①搜集详细的工程地质、水文地质及地基基础的设计资料。

②根据上部结构类型、荷载大小及使用要求，结合地形地貌、地层结构、土质条件、地下水特征、周围环境和相邻建筑物等因素，初步选定几种可供考虑的地基处理方案。另外，在选择地基处理方案时，应同时考虑上部结构、基础和地基的共同作用，也可选用结构加强措施(如设置圈梁和沉降缝等) 和地基处理相结合的方案。

③对初步选定的几种地基处理方案，分别从处理效果、材料来源和消耗、施工机具和

进度、环境影响等各方面进行技术经济对比分析，从中选择最佳方案。任何一种地基处理方法都不可能是万能的，都有其适用范围和局限性。也可采用两种或多种地基处理方法组合应用的综合处理方案。

④对已选定的地基处理方案，根据建筑物的安全等级和场地复杂程度，在有代表性的场地上进行相应的现场试验和试验性施工，以便检验设计参数、确定选择合理的施工方法(包括机械设备、施工工艺、用料及配比等各项施工参数)和检验处理效果。若地基处理效果达不到设计要求，则应查找原因并调整设计方案和施工方法。现场试验最好安排在初步设计阶段进行，以便及时地为施工设计方案提供必要的参数。试验性施工一般应在地基处理典型地质条件的场地以外进行，若不影响工程质量，也可在地基处理范围内进行。

1.6 地基处理技术的新发展

地基处理是古老而又年轻的领域。例如，灰土垫层基础和短桩处理地基方法可追溯到2000多年以前，而大量地基处理技术又伴随现代文明而产生。在我国，改革开放促进了基础设施建设持续高速发展。为了满足工程建设的需求，地基处理技术在我国飞速发展，老方法得到改进，新方法不断涌现。高压喷射注浆法、振冲法、强夯法、深层搅拌法等多种地基处理技术从国外引进后，在我国的工程实践中得到较大的发展。表1-2是部分地基处理方法在我国开始应用的时间。

表1-2　部分地基处理方法在我国开始应用的时间

地基处理方法	时间	地基处理方法	时间
普通砂井法	20世纪50年代	石灰桩法	1953年
真空预压法	1980年	沉管碎石桩法	1987年
袋装砂井法	20世纪70年代	土工合成材料	20世纪50年代末
塑料排水法	1981年	强夯置换法	1988年
砂桩法	20世纪50年代	刚性桩复合地基法	1981年
土桩法	20世纪50年代中	低强度桩复合地基法	1990年
灰土法	20世纪60年代中	EPS超轻质填料法	1995年
振冲法	1977年	锚杆静压桩法	1982年
强夯法	1978年	掏土纠倾法	20世纪60年代初
高压喷射注浆法	1972年	顶升纠倾法	1986年
浆液深层搅拌法	1977年	树根桩法	1981年
粉体深层搅拌法	1983年		

近20年来，我国岩土工程工作者在地基处理领域做了很多努力，提出了许多新的加固方法和新的施工技术，如高压注浆碎石桩法、钉形水泥土双向搅拌桩法、X型混凝土桩法、水泥粉煤灰钢渣桩(GFS桩)法、夯扩挤密碎石桩法、孔内深层强夯法(DDC工法)、微生物诱导碳酸钙沉积(MICP)法等。地基处理也从最初的单一加固技术，如置换法、振密挤密法、加筋土垫层法，逐渐向多方法联合技术方向发展，如真空-电渗联合预压、刚-柔性桩复合地基、长短桩复合地基法、双向增强复合地基法(包括桩网复合地基法、桩承式加筋复合垫层法等)等。为了满足日益发展的地基处理工程的要求，地基处理技术在机械设备、材料、设计计算理论、施工工艺、现场检测技术等各个方面都得到了全新的发展。

地基处理机械近年来发展很快，比如我国强夯机械已基本实现了系列化、标准化，符合智能、高效、环保原则的电子化、信息化、多用途的强夯机械将成为其新的发展趋势。深层搅拌机型号增加，除单轴深层搅拌机、固定双轴搅拌机、浆液喷射和粉体喷射深层搅拌机外，已研制成功可变距双轴深层搅拌机、多头深层搅拌机和可同时喷浆和喷粉的深层搅拌机，搅拌深度增大，成桩直径扩大。此外，海上深层搅拌机已投入使用。高压喷射注浆机械发展很快，出现了不少新的高压喷射设备，喷射压力的提高增加了对地层的冲切搅拌能力。水平旋喷机械的成功，使高压喷射注浆法的应用范围进一步扩大。排水固结法中，塑料排水带插带机的出现，大大提高了工作效率，塑料排水带插带深度已超过30 m。振冲器最大功率已达135 kW，振密砂层达26 m。干法振动成孔器研制成功，使干法振动碎石桩技术得到应用。地基处理机械的发展使地基处理能力得到极大的提高。

新材料的应用，不仅使一些原有的地基处理方法效能提高，而且产生了一些新的地基处理方法。土工合成加筋材料的发展促进了加筋土法的发展，EPS作为填土材料形成EPS超轻质料填土法。超细水泥、粉煤灰水泥浆材、硅粉水泥浆材等水泥系浆材和化学浆材等灌浆材料的发展，有效地扩大了灌浆法的应用范围，满足了工程需要。近年来，地基处理还同工业废料的综合利用结合起来。粉煤灰垫层、石灰粉煤灰桩复合地基、钢渣桩复合地基、渣土桩复合地基等的应用取得了较好的社会效益和经济效益。

地基处理的工程实践促进了地基处理计算理论的发展。复合地基理论随着地基处理技术的发展而得到快速发展，逐步形成了复合地基承载力和沉降计算理论。在强夯加固地基的机理、强夯法加固深度、砂井法非理想井计算理论以及真空预压法计算理论方面都有不少新的研究成果。此外，在软弱地基，特别是深厚软弱地基上修建建(构)筑物，(工后)沉降控制非常重要。近年来，越来越多的岩土工程技术人员探索用按变形控制设计理论进行地基处理设计，努力发展按变形控制设计理论和设计计算方法，并取得不少进展。地基处理理论的发展又反过来推动地基处理技术新的进步。

地基处理施工工艺近年来也得到了不断的改进和提高，不仅有效保证了施工质量，提高了工效，而且扩大了应用范围。真空预压法施工工艺的改进使该技术应用得到推广，石灰桩施工工艺的改进使石灰桩法走向成熟，长螺旋钻孔工艺使CFG桩复合地基法在全国得到大面积的推广，高压喷射注浆法施工工艺的完善使之用于第四季覆盖层的防渗工程成为可能，边填碎石(块石或其他材料)边强夯工艺的发展扩大了强夯法的应用范围。目前，每项地基处理方法的施工工艺都在不断改进和完善。

地基处理的监测日益得到工程界的重视。在地基处理施工过程中和施工后进行检测，可用以指导施工、检查处理效果、检验设计参数。检测手段愈来愈多，检测精度日益提高。地基处理信息化施工和管理水平不断提高，有效地保证了施工质量。

此外，在国家大力提倡绿色发展的大背景下，地基处理面临着新的挑战与机遇，符合“四节一环保”的工程理念的绿色地基将成为地基处理技术发展的重要方向。绿色地基是绿色地基处理技术的简称，是指在技术开发、材料选择、施工工艺、设备选用、质量检测等各环节贯彻绿色发展理念，最大程度地节约资源、保护环境、减少污染，与自然和谐共生的地基处理技术，其理念与思路设计：在满足“承载力和沉降控制需求”的基础上，还应满足“节约资源”“减少污染”“可持续发展”这三个基本原则。绿色地基的技术内涵(图 1-1)，主要包括以下几个方面。

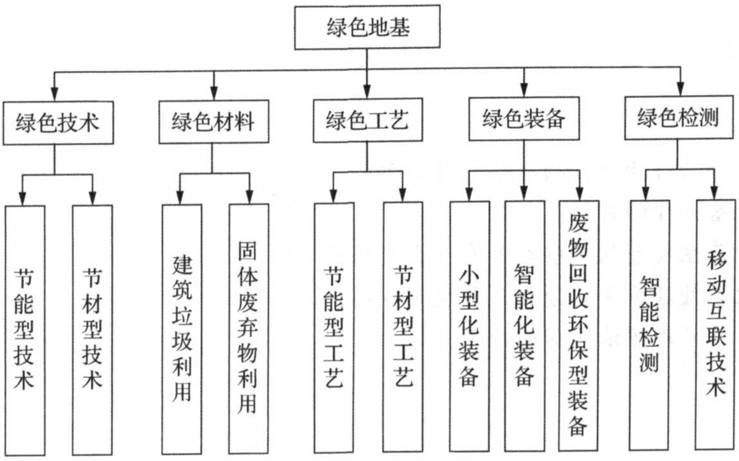

图 1-1　绿色地基的技术内涵

①绿色地基技术创新。在地基处理具体方案设计中考虑节约能源、减少污染的方案。

②绿色地基材料创新。在地基处理实施时运用的填充材料、拌和材料、添加材料等耗材体现节能减排的要求，充分利用建筑垃圾等城市固体废弃物，同时开发环境友好的新型地基处理材料。

③绿色地基工艺创新。在地基处理施工中采用低耗能、低污染、低噪音、低排放的工艺工法。

④绿色地基装备创新。在地基处理施工中采用具有智能化、小型化、可多次重复利用等特点的装备。

⑤绿色地基检测创新。在地基处理检测环节体现绿色节能的特点，采用低耗能、短周期、信息化的检测方法。

新型绿色地基在日后社会经济可持续发展中的作用将毋庸置疑，但绿色地基处理技术和材料仍需较长时间的发展和实践验证。

目前地基处理已成为土力学与岩土工程领域一个主要的分支学科，国际土力学与岩土工程协会下有专门的地基处理学术委员会。中国土木工程学会土力学及岩土工程分会 1984 年成立了地基处理学术委员会，并于 2022 年召开了第十七届全国地基处理学术讨论会；1988 年编著出版了《地基处理手册》，2008 年修订出版了《地基处理手册》(第三版)；1990

年创办了《地基处理》杂志。

有关地基处理设计与施工的规范及规程制定工作也得到了较快发展。现行国家规范有《建筑地基处理技术规范》(JGJ 79—2012)、《建筑地基基础设计规范》(GB 50007—2011)、《复合地基技术规范》(GB/T 50783—2012)、《公路桥涵地基与基础设计规范》(JTG 3363—2019)、《膨胀土地区建筑技术规范》(GB 50112—2013)、《湿陷性黄土地区建筑标准》(GB 50025—2018)、《铁路特殊路基设计规范》(TB 10035—2018)等。此外，北京、上海、河北、天津等地制定了地区性地基处理技术规程。这些规范规程的制定和有效实施都大大促进了地基处理技术的快速有效发展。

思考与练习

1. 一般建(构)筑物面临的地基问题有哪些?
2. 简述地基处理的目的。
3. 软弱地基主要包括哪些? 各有什么工程特性?
4. 试述地基处理方法的分类及其适用范围。
5. 简述地基处理方法选择的原则。

第 2 章　地基处理监测与检验方法

本章学习目标

- 了解地基处理监测的目的、内容和方法；
- 了解常见地基处理质量检验方法。

2.1　概　述

2.1.1　地基处理监测的目的

地基处理过程中，为便于及时发现和处理潜在的问题，需进行监测，以保证地基处理的效果和质量。地基处理监测的目的具体包括以下几个方面。

①确保地基处理的质量和效果。

②保证建筑物的安全和稳定性。地基处理是建筑物建设的重要环节，若地基处理不当，可能会导致建筑物的沉降、倾斜、开裂等问题，对建筑物的安全和稳定性造成影响。监测可帮助及时发现和处理这些问题，保证建筑物的安全和稳定性。

③节约时间和成本。地基处理需要耗费大量的人力、物力和时间。通过监测及时发现和处理潜在的问题，避免不必要的处理和修复工作，可以节约时间和成本。

④促进技术进步和创新。地基处理监测可促进技术进步和创新。通过监测，可发现和解决各种复杂问题，提高地基处理技术水平和创新力，为地基处理技术的发展作出贡献。

2.1.2　现场监测和质量检验的内容

地基处理工程应进行施工全过程的现场监测。通过对地基处理工程进行实时监测和记录，收集并分析相关数据，评价地基处理效果是否符合预期，及时发现地基处理过程中的问题，调整施工方案，提高地基处理工程的效率和成果。

现场检测的内容如下。

①地基土含水量、密度、压缩性、抗剪强度等物理力学性质。

②地基承载力、变形和稳定性。

③基桩的竖向抗压承载力、竖向抗拔承载力、水平承载力。

④基桩完整性和桩身缺陷。

⑤地基在施工过程中的变形和位移情况。

⑥地下水状况和地基的渗流稳定性。

2.1.3 现场监测的方法

常用的地基处理现场监测方法包括以下几种。

①平板载荷试验。通过载荷板在地基上施加竖向荷载，然后测量荷载引起的地面沉降，以评估地基承载力。

②钻芯法。通过钻孔获取地基土样品，然后进行实验室分析，以评估地基土的物理力学性质和强度。

③标准贯入试验。通过将标准贯入器打入地基土中，测量贯入深度和贯入阻力，以评估地基承载力。

④动力触探试验。通过振动触探器在地基上施加振动，测量振动引起的地面沉降，以评估地基承载力。

⑤低应变法。通过在地基上施加低能量冲击，测量冲击引起的地面沉降，以评估地基承载力。

⑥岩基载荷试验。通过在岩基上施加荷载，测量荷载引起的地面沉降，以评估岩基承载力。

2.1.4 地基处理效果检验的基本要求

①地基处理后载荷试验的数量，应根据场地复杂程度和建筑物重要性确定。

②对于简单场地上的一般建筑物，每个单体工程载荷试验点数不宜少于 3 处；对复杂场地或重要建筑物应增加试验点数。

③地基处理的均匀性检验深度不应小于设计处理深度。

④对回填风化岩、山坯土、建筑垃圾等特殊土，应采用波速、超重型动力触探、深层载荷试验等多种方法综合评价。

⑤对遇水软化、崩解的风化岩、膨胀性土等特殊土层，除根据试验数据评价承载力外，还应评价由于试验条件与实际条件的差异对检测结果造成的影响。

⑥复合地基除应进行静载荷试验外，还应进行竖向增强体及周边土的质量检验。条形基础和独立基础复合地基载荷试验的压板宽度宜按基础宽度确定。

2.1.5 现场监测和质量检验的注意事项

地基处理监测和检验是工程建设中非常重要的环节，只有做好地基处理施工中和施工后的监测和检验工作，才能保证地基处理的质量和效果。地基处理现场监测和质量检验应注意以下事项。

①前后两次测试应尽量使用同一仪器，且操作规程及标准相同。

②不同现场条件采用不同测试方法和仪器时，注意适用范围和测试项目要求。

③采用两种及以上测试方法进行综合评价，确保数据和结果准确和可靠。

④选择代表性测点位置时，按有关规范、规程、标准等的规定进行操作。

⑤现场测试与室内试验相互结合验证，增强结果互补性。

2.2 地基水平位移及沉降监测

地基水平位移监测包括地表水平位移和地基深层土体水平位移等项目，地基沉降监测包括地表沉降、地基深层沉降和地基分层沉降等项目。下面分别介绍测斜仪、水准仪、分层沉降仪等监测仪器。

2.2.1 测斜仪

1)用途

测斜仪主要用于观测土体内部的水平位移，通常在基坑周围土层或围护桩(墙)体的混凝土内安装测斜管，通过测斜仪观测不同深度地基土的水平位移，了解和掌握土体的水平位移情况，分析评价土体的稳定性，及时发现和解决潜在的安全风险。同时，测斜仪也用于监测钻孔、基坑、地基基础、墙体、坝体、边坡等结构物的顶角和方位角，是工程监测的常用手段之一。图 2-1 是测斜仪配套的实物图，图 2-2 是邻近桥梁桩基的路基堆载试验现场监测剖面图，利用测斜仪来监测地基不同深度的土体水平位移。

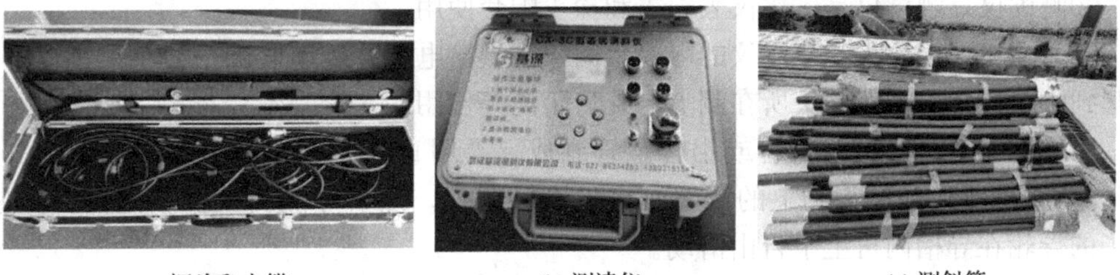

(a) 探头和电缆　　(b) 测读仪　　(c) 测斜管

图 2-1　测斜仪配套实物

2)测斜仪的分类及特点

测斜仪主要分为活动式测斜仪、柔性测斜仪和固定式测斜仪三种。

活动式测斜仪也称便携式测斜仪，是目前应用较广的一种人工监测测斜仪器。依据测头传感元件不同可分为滑动电阻式、电阻片式、钢弦式和伺服加速度计式四种测斜仪。

柔性测斜仪也称为陈列式测斜仪，可根据工程现场的实际需要定制传感器的线缆，传

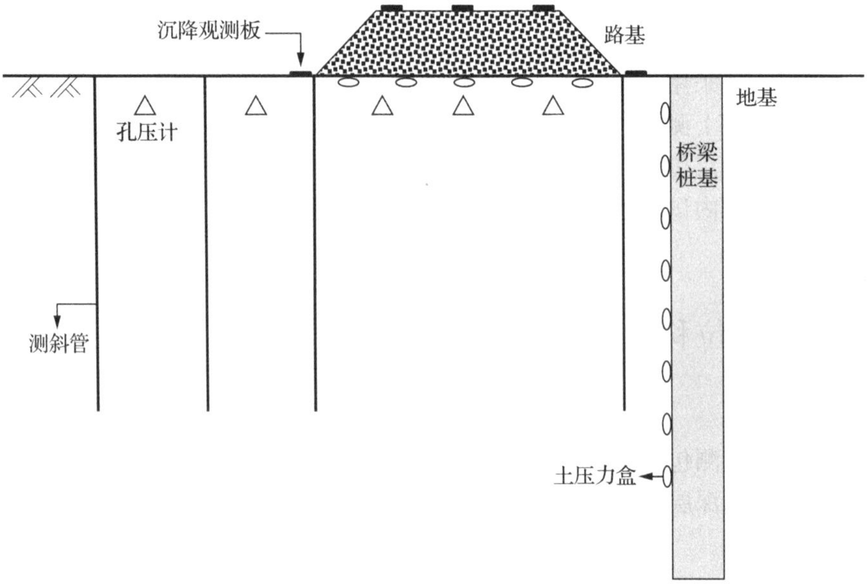

图 2-2　路基堆载试验现场监测剖面图

感器间采用柔性接头连接，有多种长度规格，可适应较大的角度变化，以适应不同行业应用需求。柔性测斜仪造价相对较低，但体积较为庞大和笨重，在安装和使用过程中，需要花费较大的人力物力。

固定式测斜仪则是在钻孔内沉放测斜管，利用手拉滑动式测斜仪在测斜管导轨上下定长定点测量钻孔内部倾斜位移，从而掌握钻孔内部的形变情况。

3)测斜仪的组成

以工程中常用的活动式测斜仪为例，主要由以下四部分组成。

①探头：装有重力式测斜传感器。

②测读仪：测读仪是二次仪表，需和探头配套使用。

③电缆：连接探头和测读仪的电缆，向探头供给电源并传递监测信号给测读仪，同时也起到收放探头、测量探头所在测点与孔口距离等作用。

④测斜管：一般由塑料管或铝合金管制成。常用直径为 50～75 mm，长度每节 2～4 m。安装在土体或结构物上的测斜管内设有导向槽，以引导测斜仪探头定向。测量时，探头的导轮在导槽内可上下自由滑动。

4)使用步骤

测斜仪的使用步骤具体如下。

①安装测斜管。事先对测点位置进行钻孔，为防止软土地基的塌孔等问题，需结合泥浆施工，也可下套管跟进，确保测斜管顺利安装。测斜管安装长度一般比设计埋深大，需每 10 m 多钻深 0.5 m。钻孔期间向管内填充清水以减少浮力，安装后在测斜管周围填入细砂并压密实，以防止测斜管上浮。

②测斜管埋设方向。一般情况下，测斜管的一端为起始端，另一端为自由端，将起始端固定在岩体或土壤中，以起始端为基准来确定测斜管的埋设方向。

③测斜管垂直度。使用仪器自带的水平尺来测量测斜管上每个滚轮的水平位置，确保

所有滚轮在同一水平面上，以确保测斜管的垂直度。

④零点位置。将仪器放在钻孔底部，使仪器与钻孔底部垂直，同时将仪器与测斜管调整至同一水平面。此时，将仪器上显示的角度值记录下来作为零点位置。

⑤测试。将测斜仪沿测斜管向上提升，每隔一段距离记录一次数据，直到达到所需测试高度为止。之后，将探头 180°翻转，按照上述步骤再进行测量，以消除固定误差。

⑥数据记录和整理。记录并整理仪器型号、测试时间、位置、倾斜角度等信息，结合图表进行数据展示和分析，以了解土层形变情况。

2.2.2 水准仪

水准仪是一种用于测量地面两点间高差的仪器，其基本组成部分包括望远镜、管水准器(或补偿器)、垂直轴、基座和脚螺旋。根据结构特点，水准仪分为微倾水准仪、自动安平水准仪、激光水准仪以及数字水准仪(也被称为电子水准仪)等。根据精度等级，水准仪可划分为精密水准仪和普通水准仪两种类型。

1)水准仪的使用步骤

①安置仪器。选择较为平坦的地基作为工作点，确保三脚架稳固。将水准仪安装在三脚架上后，拧紧固定螺旋，确保仪器不会滑动。

②粗平。先移动仪器，将圆水准器气泡移动到中心位置。然后，通过旋转制动螺母来调整仪器水平，使气泡位于圆水准器的中心。

③对准。首先确定目标点，然后旋转望远镜对准目标点。在望远镜对准时，微调微动手轮，确保水准尺的清晰度。同时，需要注意消除视差，确保读数的准确性。

④精平。需要再次移动仪器，使水准器的气泡完全居中。然后，旋转制动螺母调整仪器水平。此时，望远镜的视线应与水准尺垂直。最后，要进行视线检查，确保仪器处于最佳测量状态。

⑤数据处理。记录下每个观测数据，包括每一测站的标高值和观测读数。注意记录各项环境参数，如气压、温度、湿度等，以便进行校正。利用这些数据计算出各点的高程和沉降。

2)水准仪的使用注意事项

使用水准仪时，需要注意以下几点。

①水准仪的使用环境应干燥、明亮且无强磁场干扰。

②气泡是否居中会影响测量结果的准确性，因此在使用前要对气泡进行仔细检查。

③要避免仪器受到污染，及时清理灰尘和污垢。

④要遵循操作规程正确使用水准仪，避免误操作造成损坏。

2.2.3 分层沉降仪

1)分层沉降仪的原理与用途

分层沉降仪主要利用磁感应原理实现土层的沉降变形监测。沉降变形引起磁通量变化，并转化为电信号输出到检测器中，可实现土层与相对不动点(基岩)之间的位移测量。分层沉降仪广泛应用于高速公路、铁路、水电、大坝等工程领域的沉降监测，有助于充分了解深层地基的沉降变化情况。

2)分层沉降仪的分类

按照测量对象，分层沉降仪可分为土体分层沉降仪、地下水分层沉降仪等。按照设计原理，分层沉降仪可分为电法分层沉降仪、磁法分层沉降仪等。

3)分层沉降仪的组成

分层沉降仪主要由三部分构成。

①埋入地下的材料部分由沉降导管、底盖和沉降磁环等组成。

②地面测试仪器由测头、测量电缆、接收系统和绕线盘等组成。

③管口水准测量由水准仪、标尺、脚架、尺垫等组成。

4)分层沉降仪的使用步骤

①安装仪器。按照厂家提供的说明书，将分层沉降仪的各种组件组装在一起，包括传感器、数据采集器和支架等。然后，将传感器放置在待监测的区域，并确保其稳定和水平。

②确定测点。在待监测的区域选择合适的测点，通常选在结构的底部或需要监测的部位。测点应具有代表性，能够反映整个结构或地层的沉降情况。

③调整仪器高度。根据测点的位置，调整仪器的高度，使得传感器与测点处于同一水平面或高度上。注意调整支架的长度，以确保传感器的位置合适。

④沉降监测。启动数据采集器，开始沉降监测。根据实际情况设置监测间隔时间，例如每小时、每天或每周监测一次。确保数据采集器能够正常工作，并记录初始读数。

⑤数据记录与分析。每次监测时，记录传感器的读数及监测时间。比较不同时间点的读数和沉降情况，进行数据整理和分析，绘制沉降曲线，预测未来的沉降趋势。

⑥连续监测。在整个监测过程中，重复以上步骤进行连续监测。根据实际需要，可调整监测间隔时间或增加测点数量，以更全面了解地层沉降情况。

⑦数据分析与报告编写。监测结束后，对监测过程中数据的分布和变化规律进行分析，评估沉降对结构或地层的影响。编写监测报告时，提供沉降趋势、影响因素和应对措施等方面的分析和建议。

5)分层沉降仪的注意事项

①沉降管埋设时应先钻孔，再放入沉降管，沉降管和孔壁之间宜采用黏土水泥浆而不宜用砂进行回填。

②在环形分层沉降标、深层沉降标和多点位移计的安装中，通常会选择钻孔进行安装，并且在安装完成之后，需要确保其稳定性至少持续一周，才能进行初步的数据测算。

③土体分层沉降仪的测量精度与沉降管上设置的钢环数量有关，钢环设置的密度越大，所得到的分层沉降规律就越连贯和清晰。

④测量精度还与沉降管同土层密贴程度以及能否自由下沉或隆起有关，所以沉降管的安装和埋设效果对测试精度至关重要。

2.3 地基中应力监测

开展地基应力监测可实时了解地基中的应力状况，包括竖向土压力、水平土压力和孔隙水压力等监测工作，有助于及时调整地基处理的设计和施工方案，避免出现因地基承载力不足而引发的安全问题。竖向和水平土压力的监测可采用埋设土压力盒的方式实现，孔隙水压力的监测可采用埋设孔隙水压力计的方式实现。

2.3.1 土压力盒

土压力盒一般由压力传感器(感知压力，将压力转换成电信号)、测量板(感知土体侧向压力，并将压力传递给压力传感器)和支撑架(用于将测量板固定在土体中)等部分组成。通过感知土体施加在盒子上的压力，将压力值转换为电压信号并输出到数据采集系统中，从而实现对地基中应力的监测。

1)土压力盒的分类

根据测量类型，可分为静态和动态土压力监测。静态土压力监测主要用于长期监测地基和建筑结构的应力情况，动态土压力监测主要用于监测施工过程中土体的变形和压力变化。根据测量原理，可分为九种土压力盒类型，地基处理监测中常用的包括电阻应变式、振弦式、气压式、光纤传感式、电磁感应式、电压式、应变片式、振动式和压力膜式。

①电阻应变式土压力盒。通过测量电阻值变化来监测土压力。当土体发生变形时，对应的应变片发生形变，导致电阻值发生变化，通过测量电阻值的变化可计算出土压力的变化。电阻应变式土压力盒具有较高的灵敏度和稳定性，适用于长期监测和数据采集。

②振弦式土压力盒。通过测量振弦的振动频率来确定土压力。当土体发生形变时，振弦受到拉伸或压缩，导致其振动频率发生变化。通过测量频率的变化可推算出土压力的变化。振弦式土压力盒具有较高的测量精度和稳定性，适用于各种土质和环境条件。

③气压式土压力盒。利用气压传感器测量土压力。当土体受到压力时，气压传感器会检测到气压变化并输出信号。但在高温和低温环境下可能会出现误差，需要采取相应的防护措施。

④光纤传感式土压力盒。利用光纤传输传感器信号，具有较高的抗干扰能力和安全性。光纤传感器的原理是当光纤受到弯曲或拉伸时，光信号的传输特性会发生变化，通过测量光信号的变化可推算出土压力的变化。光纤传感式土压力盒适用于复杂环境和恶劣条件下的监测。

⑤电磁感应式土压力盒。通过电磁感应原理测量土压力。在土中设置电磁感应器，当土体受到压力时，电磁感应器会感应磁场变化并输出信号。具有非接触和快速测量的特点，适用于各种土质和环境条件。

⑥电压式土压力盒。通过测量电压变化来监测土压力。在土中设置电容器，当土体受到压力时，电容器的电容值发生变化，导致电压发生变化，通过测量电压的变化可推算出

土压力的变化。具有较高的测量精度和稳定性，适用于各种土质和环境条件。

⑦应变片式土压力盒。通过测量应变片电阻值的变化来确定土压力。将应变片贴在被测表面上，当表面发生形变时，应变片会受到拉伸或压缩，导致电阻值发生变化，通过测量电阻值的变化可推算出土压力的变化。实际应用中，应变片式土压力盒通常会采用电桥测量电路，以消除环境噪声等干扰因素，提高测量精度和可靠性。

⑧振动式土压力盒。通过测量振动频率来确定土压力。将振动器置于土中，当振动器受到周围土体的振动时，振动频率发生变化，通过测量频率的变化可推算出土压力的变化。具有较高的灵敏度和响应速度，适用于长期监测和数据采集。

⑨压力膜式土压力盒。利用膜片传感器测量土压力。在膜片上设置压力传感器，当膜片受到土体的压力时，膜片会发生形变并导致传感器输出信号的变化。通过测量信号的变化可推算出土压力的变化。该类型土压力盒具有较高的灵敏度和稳定性，适用于各种土质和环境条件。

2)土压力盒的使用步骤

①布点与准备。根据监测方案进行测量并确定土压力盒埋设位置。清理周围的杂草和碎石，保持接触面光滑平整，以便压力正确地接触和传导。

②安装。土压力盒光滑的一面为工作面，安装时该面须朝向土体并与拟测压力方向垂直。如图 2-3 所示，压力盒周围应由 30 cm 左右厚的细砂包裹并压实。埋设时，应把埋设处的地基夯实找平，土压力盒工作面外的土介质要与扰动前的土体密度尽量一致，土压力盒附近的土宜紧不宜松。

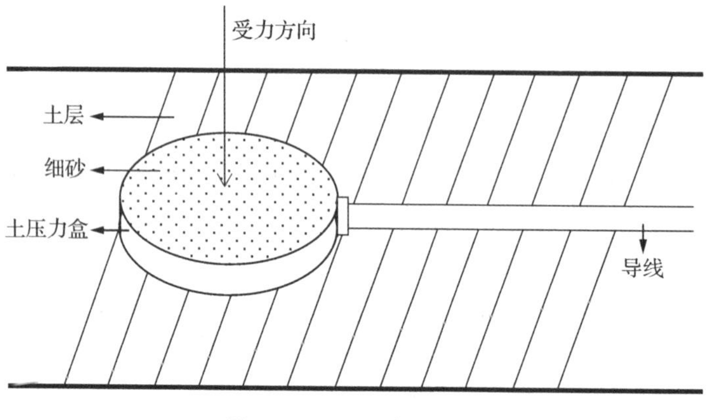

图 2-3　土压力盒安装图

③保护。同断面土压力盒安装完成后，土压力盒测试导线应套上软管进行保护，并集中从一侧引出地面。土压力盒附近不得用大型机械推土碾压，防止土压力盒及导线因施工或自然因素而损坏。

④测量读数。将土压力盒的传感器连接到数据采集器，检查接线是否正确，通信是否畅通，仪器是否损坏。在正式测量之前，需校准土压力盒的零点压力。

3)使用注意事项

①为消除介质不均匀引起的局部应力差别，土压力盒工作面的直径宜大于土体最大颗粒直径的 50 倍，建议在土压力盒周围铺设经分选的细砂。

②从埋设点引出的电缆线应蛇行布置，以免不均匀沉降和变形拉断导线。

③测量边界土压力时，土压力盒工作面应与构筑物底面齐平，不要凸出与凹进。凸出会使测量值增大，凹进会使测量值减小。

2.3.2 孔隙水压力计

通过测试地基中孔隙水压力值及其消散程度和速度，可计算地基在受力情况下的固结度，推算土体强度随时间的变化规律，从而控制施工速度，保证地基的承载能力和稳定性。

1)孔隙水压力计的类型和组成

常见的孔隙水压力计有差动电阻式、振弦式、电阻应变式等几种类型。其中振弦式孔隙水压力计由金属外壳、透水石、传感器、数据传输线等组成。压力传感器是孔隙水压力计的核心组成部分，主要作用是感应孔隙水压力的变化并转换为电信号输出。在选择压力传感器时，需要注意其测量范围、灵敏度和稳定性等参数，以确保仪器能够准确地反映孔隙水压力的变化。

2)孔隙水压力计的使用步骤

以振弦式孔隙水压力计为例，孔隙水压力的使用步骤介绍如下。

①现场钻孔。钻孔直径依据所购置的孔隙水压力型号进行选择，但一般不应小于10 cm。

②套管安装。防止塌孔导致无法安装仪器或深度达不到要求。套管的直径与钻孔直径应相互适应，保证安装和拔出的顺利进行。

③孔隙水压力计埋设。先在孔中填入细砂，达到埋设深度后，将孔隙水压力计垂直放入并填埋。

④数据读取。对孔隙水压力进行连续监测。

3)使用注意事项

①压入法适用于无硬壳层的软土层，并可通过钻孔到达软土层后使用压入法来进行埋设。若采用一钻孔多探头的钻孔法进行埋设，则需要确保良好的封口质量，以防止上下层水压力相互影响。

②在施工之前的 2～3 周内进行埋设，以确保超孔隙水压力的消散，获得合理的初始值。使用泥浆进行护壁成孔后，钻孔不容易清洗干净，可能导致孔隙水压力计前端透水石堵塞。为获得真实的超孔隙水压力值，需进行静水位的测量。

2.4 载荷试验

将一定面积的平板放于地基或桩上，在平板上分级施加荷载，测量平板的沉降量和地基土或桩的变形特征，从而分析地基或桩的承载能力和变形特征等。载荷试验在工程地质勘察、岩土工程设计和施工中应用广泛，能够更好地了解地基特征，为工程设计和施工提供科学依据，对于保障建筑物的安全性和稳定性具有重要意义，常用于天然地基、处理后地基和复合地基承载力等的确定。

载荷试验一般分为平板载荷试验和螺旋板载荷试验。

平板载荷试验又分为浅层平板载荷试验和深层平板载荷试验，浅层平板载荷试验的试坑宽度或直径不应小于承压板宽度或直径的 3 倍；深层平板载荷试验的试井直径应等于承压板直径；当试井直径大于承压板直径时，紧靠承压板周围土的高度不应小于承压板直径。平板载荷试验一般适用于各类地基土，反映了 1.5 ～ 2 倍平板直径或宽度的深度范围内地基土的强度和变形。其中，浅层平板载荷试验适用于深度小于 3 m 的浅层地基土以及破碎、极破碎岩石地基。深层平板载荷试验适用于试验深度不小于 5 m 和在地下水以上的地基土以及大直径桩的桩端土。

螺旋板载荷试验一般用于黏土和砂土地基，适用于深层地基土或地下水以下的地基土的试验。

2.4.1 天然地基载荷试验

天然地基载荷试验是在地基表面放置一定规格的方形或圆形刚性承压板，在其上逐级施加荷载，每级荷载增量、持续时间内按规范规定进行观测，记录每级荷载作用下稳定后荷载板的沉降量等参数，以确定承载力和变形模量。以下以天然地基的浅层平板载荷试验为例介绍。对于换填垫层、预压地基、压实地基、夯实地基和注浆加固等人工处理后地基的载荷试验，总体试验过程与天然地基载荷试验类似，但需注意：压板的面积应根据土层的厚度确定，且不应小于 1 m^2，对于夯实地基，不应小于 2 m^2；试验的基坑宽度不应小于承压板的宽度或直径的 3 倍。

1)试验设备

①承压板。通常用钢质圆板或方板，也可用刚度足够的现浇或预制水泥板。承压板面积应不小于 0.25 m^2，软土不小于 0.5 m^2；对于含碎石的土类，承压板宽度应为最大碎石直径的 10～20 倍。

②压力源。可用液压装置或重物作为压力源。

③载荷台架或反力构架。必须牢固稳定、安全可靠，其承受能力不小于试验最大荷载的 2.0 倍。

④沉降观测装置。其组合必须牢固稳定、调节方便。位移仪表可采用大量程百分表或位移传感器等。

2)试验方法

①平整场地，代表性场地开挖探坑。试验之前需确保试坑或试井底部的土层不受干扰。开挖试坑和安装设备时，需将坑内地下水位降至坑底以下，并防止因降低地下水位而导致土体破坏的现象。

②设备安装。根据荷载施加方式不同，可采用图 2-4 所示的重力式装置或图 2-5 所示的反力式装置，安装时需注意以下几点。

a. 安装承压板前应整平试坑面，铺设不超过 20 cm 厚的中砂垫层找平，使承压板与试验面平整接触，并尽快安装设备。

b. 安放载荷台架或加荷千斤顶反力构架时，其中心应与承压板中心一致。当调整反力构架时，应避免对承压板施加压力。

③安装沉降观测装置时，其固定点应设在不受变形影响的区域，沉降观测点应对称设置。

④试验点应避免冰冻、曝晒、雨淋，必要时设置工作棚。

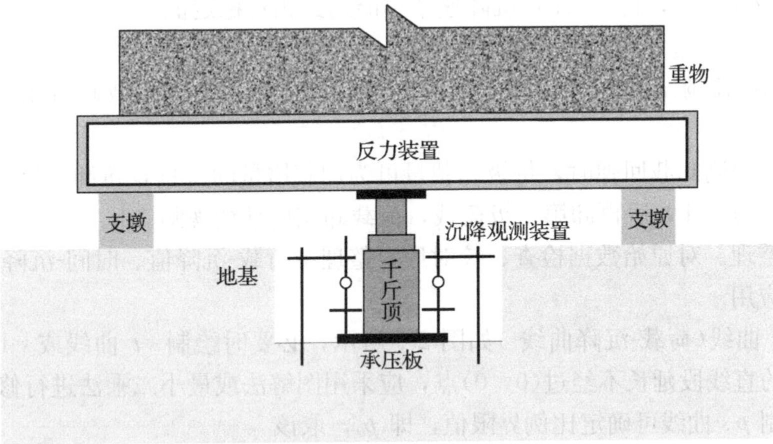

图 2-4　重力式装置示意图

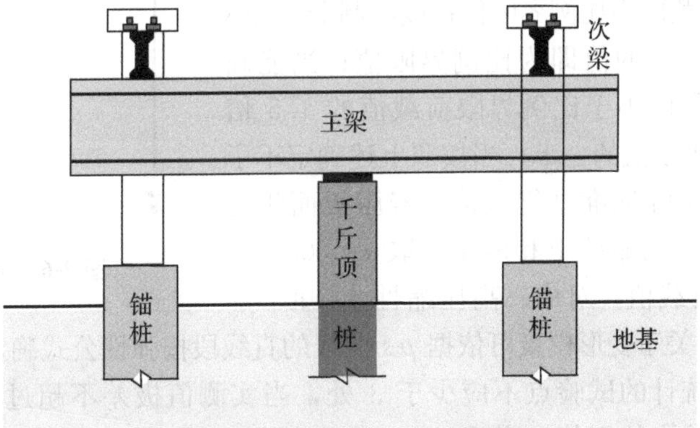

图 2-5　反力式装置示意图

③建议采用分级维持荷载沉降相对稳定的常规慢速法进行加荷。根据地区经验，也可使用分级加荷沉降非稳定法或等沉降速率法。加荷的等级适宜选取 10 级到 12 级，不应少于 8 级，同时最大加载量应不小于设计要求的 2 倍。每级荷载增量一般取预估试验土层极限压力的 1/12～1/10。

④地基土的沉降和设备变形等会引起荷载的减小，试验中应随时观察压力变化，使所加荷载保持稳定。

⑤沉降稳定标准可采用相对稳定法，即每施加一级荷载，待沉降速率达到相对稳定后再加下一级荷载。每级荷载下观测沉降的时间间隔一般采用下列标准：每级荷载施加后，间隔 5 min、5 min、10 min、10 min、15 min、15 min 测读 1 次沉降，以后每隔 30 min 测读 1 次沉降；当连续 2 h 每小时沉降量不大于 0.1 mm 时，认为沉降已达到相对稳定标准，可施加下一级荷载。

⑥试验宜进行至地基达到破坏阶段终止。当出现下列情况之一时，即可终止试验，前三种情况所对应的前一级荷载即为极限荷载。

a. 承压板周围土出现明显侧向挤出，周边土体出现明显隆起和裂缝。

b. 本级荷载沉降量大于前级荷载沉降量的 5 倍，荷载-沉降曲线出现明显陡降段。

c. 在本级荷载下，持续 24 h 沉降速率不能达到相对稳定值。

d. 总沉降量超过承压板直径或宽度的 6%。

e. 当达不到极限荷载时，最大压力应达预期设计压力的 2 倍或超过第一拐点至少三级荷载。

⑦当需要观测卸载回弹时，每级卸载量可为加载增量的 2 倍，每卸一级荷载后，间隔 15 min 观测一次，1 h 后再卸第二级荷载，荷载卸完后继续观测 3 h。

⑧资料整理。对原始数据检查、校对后，整理出荷载-沉降值、时间-沉降值汇总表。

3)成果应用

绘制 p-s 曲线(荷载-沉降曲线)如图 2-6 所示，必要时绘制 s-t 曲线或 s-lg t 曲线。如果 p-s 曲线的直线段延长不经过(0，0)点，应采用图解法或最小二乘法进行修正。

通过绘制 p-s 曲线可确定比例界限值，即 p_0，取该值为地基承载力特征值。当没有明显的转折点时，当在某一级荷载下的沉降增量超过前一级荷载的沉降增量的 2 倍时，该前一级荷载即为比例界限值；或绘制 lg p-lg s 曲线，转折点处所对应的值即为比例界限值；当能确定极限荷载，且极限值小于比例界限荷载值的 1.5 倍时，比例界限值取极限值的一半；当按照上述确定不了比例界限值时，以沉降标准进行取值：若压板面积为 0.25～0.50 m^2，对低压缩性土和砂土，取 $s=(0.01\sim0.015)b$ 所对应的荷载值；对中、高压缩性土，取 $s=0.02b$ 所对应的值。关于变形模量可依据 p-s 曲线的直线段按弹性公式确定。

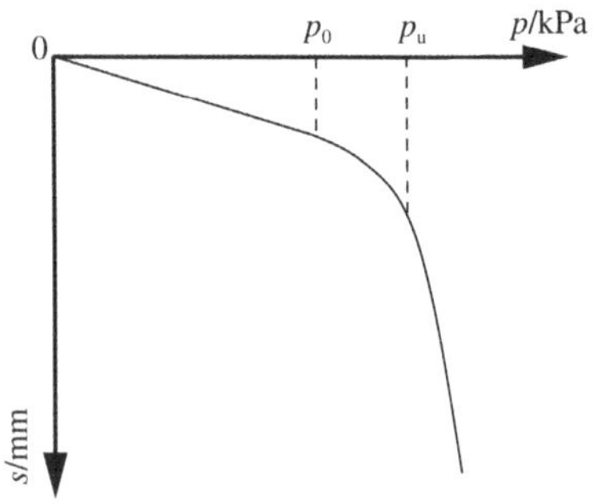

图 2-6　典型 p-s 曲线

同一土层参加统计的试验点不应少于 3 处，当实测值极差不超过平均值的 30% 时，取该平均值作为承载力特征值，当超过 30% 时，分析原因并在需要时增加试验点，结合具体情况确定承载力特征值。此外，承压板尺寸、沉降稳定标准、承压板深、地基土的均匀性等都会影响试验的准确性。

2.4.2　复合地基载荷试验

桩体复合地基载荷试验包括单桩复合地基竖向抗压静载试验、单桩复合地基竖向抗拔静载试验、单桩复合地基水平静载试验、多桩复合地基静载荷试验等。本节以单桩复合地基竖向抗压静载试验为例进行介绍。

1)试验要点

图 2-7 是单桩复合地基竖向抗压静载试验示意图，用于测定承压板下应力主要影响范围内复合地基的承载力。

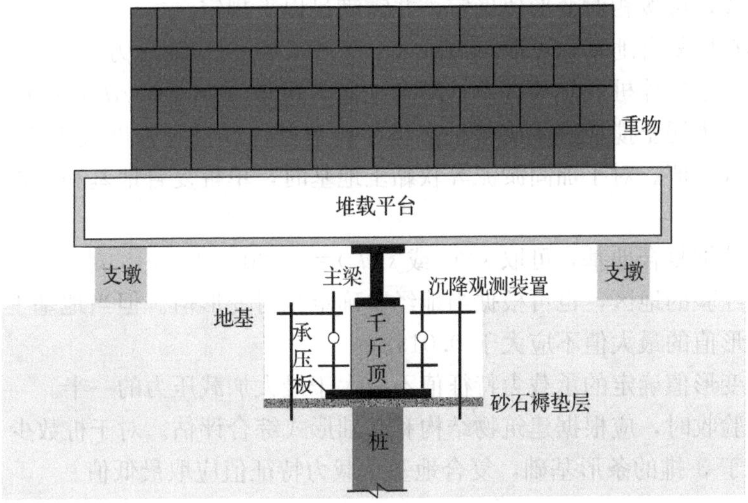

图 2-7 单桩复合地基竖向抗压静载试验示意图

首先，承压板应具备足够的刚度，承压板可是圆形或方形，其面积应为一根桩承担的处理面积。

其次，桩的中心(或形心)应与承压板中心重合，并与荷载作用点一致。对于多桩复合地基静载荷试验，承压板尺寸应根据实际桩数所承担的处理面积来确定。

再次，承压板底面标高应与基础底面设计标高一致。承压板底面下应铺设粗砂或中砂垫层，垫层厚度可取 100～150 mm，承压板尺寸较大时取大值。如果采用设计的垫层厚度进行试验，试验承压板的宽度对独立基础和条形基础应采用基础的设计宽度，对大型基础试验有困难时，应考虑承压板尺寸和垫层厚度对试验结果的影响。垫层施工的夯填度应满足设计要求。试验标高处的试坑长度和宽度不应小于承压板尺寸的 3 倍。

最后，基准梁及加荷平台支点(或锚桩)应设在试坑以外，且与承压板边的净距不应小于 2 m。试验前应采取防水和排水措施。

2)加载要求

采用分级加载，可分为 8 ～ 12 级。开始测试之前，预压荷载不应超过总加载量的 5%。最大加载压力不应低于设计要求的承载力特征值的 2 倍。每施加一级荷载前后，应各读取一次承压板的沉降量，之后每 0.5 h 读取一次。如果 1 h 内沉降量小于 0.1 mm，可施加下一级荷载。

试验中发生以下任一情况可终止加载。

①沉降迅速增加，土被挤出或承压板周围出现明显隆起。

②承压板的累计沉降量已大于其宽度或直径的 6%。

③当无法达到极限荷载，但最大加载压力已大于设计要求的承载力特征值的 2 倍。

卸载量可取加载的 2 倍，等量进行。每卸载一级，间隔 0.5 h，读取回弹量。在卸载全部荷载后，间隔 3 h 读取总回弹量。

3)复合地基承载力特征值

当 p-s 曲线可确定极限荷载时：若极限荷载不小于 2 倍的比例界限，转折点处即为比例界限值；若极限荷载小于 2 倍的比例界限，则比例界限取极限值的一半。当 p-s 曲线为平缓的光滑曲线，可按相对变形值确定，并需满足以下规定。

①对于碎石桩复合地基，可取 s/b(或 s/d)= 0.01 对应的压力。

②对于水泥土搅拌桩或旋喷桩单桩复合地基，可取 s/b(或 s/d)= 0.006～0.008 对应的压力。对于水泥土搅拌桩或旋喷桩多桩复合地基，或桩身强度大于 1 MPa 且桩身质量均匀时，可取高值。对于加固淤泥等软黏土地基时，单桩复合地基和多桩复合地基均应取低值。

③对于刚性桩复合地基，可取 s/b(或 s/d)= 0.001～0.0015 对应的压力。

④对于有经验的地区，也可根据当地经验确定相对变形值。但当地基土为高压缩性土层时，相对变形值的最大值不应大于 0.015。

⑤按相对变形值确定的承载力特征值不应大于最大加载压力的一半。

⑥在工程验收时，应根据建筑物结构和基础形式综合评估。对于桩数少于 5 根的独立基础或桩数少于 3 排的条形基础，复合地基承载力特征值应取最低值。

2.4.3 单桩载荷试验

单桩复合地基竖向抗压静载试验可用于确定单桩极限承载力，本节以复合地基中单桩竖向抗压静载荷为例进行介绍。单桩载荷试验的载荷板尺寸应与桩的断面形状和尺寸相同。

1)试验要点

加载反力设备可根据实际情况选择横梁反力设备、压重平台反力设备、锚桩压重联合反力设备，并需满足以下要求。

①加载反力设备提供的反力不能低于最大试验荷载的 2 倍；百分表应该架设在桩顶标高位置。

②堆载支墩的位置应尽可能避免对试桩和基准桩测试的影响，若无法避免，则需采取有效措施。

③应对加载反力设备的主要构件进行强度和变形计算。

④应对锚桩抗拔力(包括地基土、抗拔钢筋、桩的接头)进行计算；当使用工程桩作为锚桩时，锚桩数量不应少于 4 根，并需监测锚桩的上拔量。

⑤压重应在试验前一次性加足，并均匀稳定地放置在平台上；当堆载量较大时，可利用工程桩作为堆载支点。

⑥压重平台支墩施加于地基土上的压应力不应超过地基土承载力特征值。

⑦进行试压前，应对桩头进行加固处理。对于水泥粉煤灰碎石桩等强度高的桩，桩顶应设置带水平钢筋网片的混凝土桩帽或采用钢护筒桩帽，其所用混凝土应提高强度等级并采用早强剂，桩帽高度不应小于桩径的 1 倍。对于其他强度较低的桩帽，可采用钢筋网片或水泥砂浆找平。

2)加载要点

试验加载采用慢速维持荷载法。开始试验的时间、加载分级、测读沉降量的时间、稳定标准以及卸载观测等应该符合现行的国家标准，在满足以下任一条件时终止加载。

①某级荷载作用下，桩顶沉降量大于前一级荷载沉降量的 5 倍，且桩顶总沉降量超过 40 mm。

②某级荷载作用下，桩顶沉降量大于前一级荷载沉降量的 2 倍，且经 24 h 尚未达到稳定(收敛)标准。

③桩身破坏，桩顶变形急剧增大。

④当达不到极限荷载，但已达到最大试验荷载，桩顶沉降速率达到相对稳定(收敛)标准。

⑤当荷载-沉降曲线呈缓变型时，可加载至桩顶总沉降量 60～80 mm；在特殊情况下，可根据具体要求加载至桩顶累计沉降量 80～100 mm。

⑥验收检验时，最大加载量不应小于设计单桩承载力特征值的 2 倍。

3)单桩竖向抗压极限承载力

绘制竖向荷载-沉降(p-s)关系曲线和沉降-时间对数(s-lg t)关系曲线，确定单桩竖向抗压承载力时的注意事项。

①陡降型 p-s 曲线中，选择明显陡降点对应的荷载值。

②s-lg t 曲线中，选择明显向下弯曲前一级荷载值。

③缓变型 p-s 曲线中，选择达到 40 mm 沉降量对应的荷载值。

当以上方法难以判断时，可结合其他辅助分析方法进行综合判定。

将单桩极限承载力除以安全系数 2，即可得到单桩承载力特征值。

2.5 静力触探试验

静力触探试验(cone penetration test, CPT)是一种原位测试方法，适用于软土、一般黏性土、粉土、砂土和含少量碎石的土，用于评估岩土的物理和力学性质。静力触探试验可测定比贯入阻力(P_s)、锥尖阻力(q_t)、侧壁摩阻力(f_t)和贯入时的孔隙水压力(u)，确定地基处理前后土层状态和性质，对划分土层、查明地基土的承载变形特性以及土的均匀性有很大帮助。

1)试验设备

静力触探仪主要由静力触探头、测量记录仪表和贯入系统组成。其中贯入系统包括触探主机与反力装置，触探主机将探杆底端的探头压入地基土中，而反力装置则提供贯入探头过程中所需的反力。探头根据监测需要分为单桥探头、双桥探头和带孔隙水压力测量的单、双探头，图 2-8 是双桥探头静力触探试验示意图。

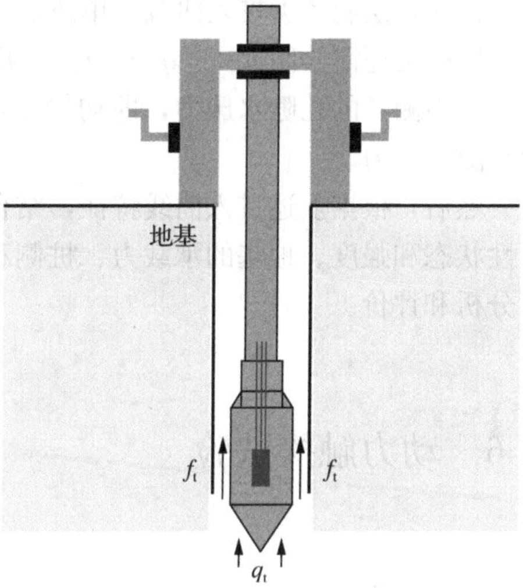

图 2-8　静力触探试验示意图(双桥探头)

2)试验要点

①收集场地地质勘察资料，了解场地地质条件、地形地貌等基本情况。选择合适的设备和仪器，包括静力触探仪、地锚、探头等。将试验场地上的杂物、障碍物等清理干净，在试验场地内布置好作业路线和测试点位。将静力触探仪放置在平整场地上，安装探头，在静力触探头上安装好锥尖、侧壁等传感器。

②探头圆锥锥底截面积可采用 10 cm^2、15 cm^2 和 20 cm^2，单桥探头的侧壁高度可选择 57 mm 或 70 mm，双桥探头侧面积可选择 150～300 cm^2，锥尖的锥角为 60°。贯入过程中，探头应垂直快速贯入土层，贯入速率为 1.2±0.3 m/min。探头上的力传感器应定期进行标定，包括室内标定和现场试验。室内标定时，力传感器的非线性误差、重复性误差、滞后误差、温度漂移和归零误差应小于±1%；现场试验时，归零误差应小于 3%，绝缘电阻不小于 500 MΩ。

③孔压探头在贯入前需在室内饱和，并在现场保持饱和状态，直至探头进入地下水位以下的土层为止。在孔压静探试验过程中，不得上提探头。

④深度记录的误差不应超过触探深度的±1%。当贯入深度超过 30 m 或穿过厚层软土后贯入硬土层时，应采取措施防止孔斜或断杆，也可配置测斜探头，测量触探孔的偏斜角，以校正土层的深度界线。

⑤进行孔压消散试验时，应在预定深度上停止贯入，然后测量不同时间点的孔压值。测量时间间隔应逐渐增大，合理控制。在试验过程中，不得松动探杆。

⑥现场记录每个测试点位的静力触探数据，包括锥尖阻力、侧壁阻力等参数，分类整理和分析数据，计算出地基土的物理力学性质指标，如承载力特征值、压缩模量、抗剪强度指标等。

3)成果汇总

首先，绘制各类贯入曲线。单桥探头、双桥探头需绘制 p_s-z、q_c-z、f_s-z、P_s-z 曲线，而孔压探头还需绘制 u_i-z、q_t-z、f_t-z、B_q-z 和 u_t-lg t 孔压消散曲线。其中，u_i 为孔压探头贯入土中测量的孔隙水压力，即初始孔压；B_q 为静探孔压系数；u_t 为孔压消散过程时刻 t 的孔隙水压力。

然后，根据上述贯入曲线特征，结合钻孔资料和经验，划分土层和判定土类，对土的塑性状态和强度、地基的承载力、桩侧和桩端阻力、渗透系数、固结程度和液化情况等进行分析和评价。

2.6 动力触探试验

动力触探试验(dynamic penetration test，DPT)是岩土工程勘察和测试常用的一种原位测试方法。该方法是利用一定的落锤质量，将一定尺寸、一定形状的探头打入土中，根据打入的难度，即贯入锤击数，判定土层名称及其工程性质，评估地基处理效果和承载力。动力触探仪器由探头、探杆、穿心锤、锤垫座、导向杆和提升架等组成，具有简单、方便、精度较高、工效较好和适应性广的优点。根据地质条件的不同，动力触探试验可分为以下三类。

①轻型。落锤质量为 10 kg，适用于评估黏性土、粉土、粉细砂等地基土和人工地基。

②重型。落锤质量为 63.5 kg，适用于评估黏性土、粉土、砂土、碎石土和软岩等地基土。

③超重型。落锤质量为 120 kg，适用于评估密实碎石土、软岩等地基土。

动力触探试验的效果受到多种因素的影响，包括土层类型、动力设备、贯入深度、探头规格、贯入速度等。

1)试验设备

主要由触探探头、触探杆和穿心锤三部分组成。以重型动力触探试验为例，触探杆一般采用直径为 40 mm 的加厚钻杆，穿心锤质量为 63.5 kg。在试验过程中，贯入前需将触探架安装平稳并保持触探孔垂直，贯入时使穿心锤自由下落，落距为 76 cm，并及时记录贯入深度，并计算每贯入 10 cm 的实测击数 N。

2)试验要点

①对于处理地基的质量验收检测，每个单位工程应不少于 10 个测试点，当面积超过 3 000 m^2时，每增加 500 m^2应增加一个测试点。同一土层的试验数据至少应有 6 个有效数据。

②触探杆应顺直且弯曲度不应超过 0.5%。当探头直径磨损大于 2 mm 或锥尖高度磨损大于 5 mm 时，应及时更换探头。动力触探试验应使用自由落锤，地面上的触探杆高度不应超过 15 m，应防止锤击偏心导致探杆倾斜和侧向晃动。

③锤击贯入应连续进行，保持探杆垂直，并以每分钟 15 至 30 击的速率进行。每贯入 1 m，应将探杆旋转一圈半。如果贯入深度超过 10 m，则每贯入 20 cm 应旋转探杆一次。

④及时记录试验段深度和锤击数。轻型动力触探应记录每贯入 30 cm 的锤击数，重型或超重型动力触探应记录每贯入 10 cm 的锤击数。对于轻型动力触探，当贯入 30 cm 的锤击数大于 100 击或贯入 15 cm 的锤击数超过 50 击时，可停止试验。对于重型动力触探，当连续 3 次锤击数大于 50 击时，可停止试验或改用钻探或超重型动力触探。当遇到硬夹层时，应穿过硬夹层后继续试验。

⑤测试点的布置应均匀并具有代表性，用于检测复合地基增强体施工质量的测试点应位于增强体桩体的中心附近，用于检测桩间土的处理效果的测试点应位于增强体间等边三角形或正方形的中心，用于评价强夯置换墩着底情况的测试点位置可选择在置换墩中心。

⑥评价地基处理效果时处理前后的测试点布置应考虑一致性，天然地基的测试深度应达到主要受力层以下，人工地基的测试深度应达到加固深度以下 0.5 m，复合地基增强体和桩间土的测试深度应超过竖向增强体底部 0.5 m。

3)成果汇总

①评定场地地基土的均匀性。

②确定软弱土层和坚硬土层的分布。

③评定地基土的状态或密实程度。

2.7 标准贯入试验

标准贯入试验(standard penetration test，SPT)是动力触探的一种，用 63.5 kg 的穿心锤，以 76 cm 的落距自由落下，将一定规格的带有小型取土筒的标准贯入器打入土中，记录打入 30 cm 时的锤击数(即标准贯入击数 N)，并以此评价土的工程性质的原位试验。标准贯入试验并不能直接测定地基土的物理力学性质，而是通过与其他原位测试手段或室内试验成果进行对比，利用标准贯入击数 N，结合地区经验，计算天然地基的承载力、单桩的极限承载力以及评价场地砂土和粉土的液化可能性及等级。标准贯入试验操作简单，地层适应性广，对不易钻探取样的砂土和砂质粉土尤为适用，但当土中含有较大碎石时使用受限制。标准贯入试验的缺点是离散性比较大，只能粗略地评定土的工程性质。

1)试验设备

主要由标准贯入器、触探杆和穿心锤三部分组成，如图 2-9 所示。其中标准贯入器用于将锤击能量传递到土体并发生贯入量的探针，触探杆用于传递冲击能量的杆，穿心锤则用于打击标准贯入器并将其打入土中的重锤。

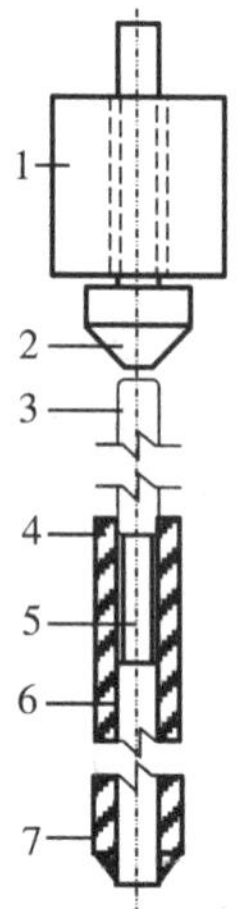

1—穿心锤；2—锤垫；3—触探杆；4—贯入器头；5—出水孔；6—贯入器身；7—贯入器靴

图 2-9 标准贯入试验设备

2)试验要点

①进行标准贯入试验之前，应检查试验所需设备组成是否齐全，设备规格是否符合标准。标准贯入试验设备组成及规格如表 2-1 所示。

表 2-1　标准贯入试验设备组成及规格

设备组成		规格	
落锤		锤的质量/kg	63.5
		落距/cm	76
贯入器	对开管	长度/mm	>500
		外径/mm	51
		内径/mm	35
	贯入器靴	长度/mm	50～76
		刃口角度/°	18～20
		刃口单刃厚度/mm	2.5
钻杆		直径/mm	42
		相对弯曲	<1/1 000

②根据欧洲标准，锤击速度不应超过 30 击/min。

③宜采用回转钻进标准，尽可能减少对孔底土的扰动。

④钻进时应注意保持孔内水位高出地下水位一定高度，保持孔底土处于平衡状态，不使孔底发生涌砂变松，影响 N 值；下套管不要超过试验标高，缓慢下放钻具，避免孔底土的扰动；细心清孔，为防止涌砂或者塌孔，可采用泥浆护壁。

⑤宜采用自动落锤法，不能采用手拉落锤法。

3)成果汇总

标准贯入试验的成果分析主要包括两个方面：一是分析贯入深度和锤击数与地层的关系，以确定地层类型和性质；二是分析贯入试验的误差和可靠性，以保证试验结果的准确性和可靠性。此外，标准贯入试验还可与其他勘探技术如声波探测、地震勘探等结合使用，以提高勘探效果和精度。标贯试验成果分析整理过程中应注意以下几点。

①实际应用 N 值时，应按具体问题，参照有关规范考虑是否做杆长修正或其他修正。

②由于 N 值离散性大，因此依据单孔标准贯入资料提供设计参数是不可信的。在分析整理数据时，应剔除个别异常的 N 值。

③依据 N 值提供定量的设计参数时，应有当地的经验参考，否则只能提供定性的参数，供初步评定使用。

2.8　十字板剪切试验

十字板剪切试验(vane shear test，VST)是一种用于测定饱和软黏性土不排水抗剪强度和灵敏度的试验，属于土体原位测试试验中的一种。通过对插入地基土一定深度的十字板头施加扭矩，使十字板头在土体中等速扭转形成圆柱状剪切破坏面，根据力矩平衡换算和评定地基土不排水抗剪强度。十字板剪切试验不需要采取土样，避免了土体扰动及天然应力状态的改变，是快速测定饱和软黏土抗剪强度的一种简易而可靠的原位测试方法。

1)试验设备

仪器设备包括十字板头、试验用探杆、贯入主机和测力与记录装置仪器等。目前使用的十字板剪切仪主要有两种：机械式十字板剪切仪和电测式十字板剪切仪。机械式十字板剪切试验需要用钻机或其他成孔机械预先成孔，然后将十字板头压入至孔底以下一定深度进行试验。电测式十字板剪切试验可采用静力触探贯入主机将十字板头压入指定深度进行试验。

2)试验要点

①试验过程中，十字板插入深度不应小于钻孔或套管直径的 3 倍。

②十字板插入土后应停留 2～3 min，太短或太长会使强度减小或增大。

③剪切速度宜为 1°/10 s ～ 2°/10 s，过快(黏滞性)或过慢(固结)会使强度增加。

④测出峰值后应快速转动 6 周，测重塑土的不排水抗剪强度。

⑤十字板的规格：板高/板宽＝2，刃角 60°，面积比＝13％～14％(越小越好)。

⑥由于圆柱侧面和顶面不是同时达到剪切破坏，因此强度并非是真正的峰值，而是一种平均剪切强度。

3)成果汇报

①监测地基土强度的变化。快速堆载施工时，地基中孔隙水压力升高会导致土体强度下降，经过一定时间的排水固结，强度又会逐渐恢复和增长。采用十字板剪切试验监测地基土强度变化，可为控制施工加荷速率提供依据。

②检验地基处理效果。对软土地基进行预加固处理时，可用十字板剪切试验监测加固过程中的强度变化，用于控制施工速率和检验加固效果。

③测定饱和黏土的灵敏度。测定原状土的天然强度之后，将十字板旋转 6 格，然后重复进行试验，即可测得扰动土的强度，二者的比值即为灵敏度 S_t。

④计算复合地基承载力。

$$f_{spk} = 3 \times [1 + m_c(n_c - 1)]c_u \tag{2-1}$$

式中，f_{spk}为复合地基承载力特征值；n_c为桩土应力比，无实测资料时，可取 2～4，原状土强度高时取低值，反之取高值；m_c为面积置换率；c_u为现场十字板剪切试验的不排水抗剪强度。

思考与练习

1. 试述地基处理现场监测与质量检验的目的、内容与方法以及应注意的问题。

2. 天然地基载荷试验的影响因素有哪些？它们如何影响试验精度？

3. 简述天然地基载荷试验、单桩竖向静载荷试验和复合地基载荷试验的试验方法及承载力确定方法。

4. 静力触探和动力触探有何区别？在地基处理工程检测中分别有哪些应用？

第 3 章　复合地基理论概论

本章学习目标

- 熟悉复合地基的定义、分类、作用机理及破坏模式；
- 掌握复合地基承载力和沉降计算方法。

3.1　概　述

“复合地基”(composite foundation)一词国外最早见于 20 世纪 60 年代，主要指碎石桩加固的地基。改革开放以后我国引进碎石桩等多种地基处理技术，同时也引进了复合地基理念，并逐渐形成复合地基理论和工程应用体系。随着复合地基技术在工程实践中的推广应用，复合地基的概念和复合地基理论也在不断发展演变。

目前复合地基在我国已成为一种常用的地基基础形式，在房屋建筑(包括高层建筑)、高等级公路、铁路、堆场、机场、堤坝等基建工程中广泛应用，常用类型：由多种施工方法形成的各类砂石桩复合地基、水泥土桩复合地基、低强度桩复合地基、(灰)土桩复合地基、钢筋混凝土桩复合地基、薄壁管桩复合地基、加筋土复合地基等。

3.1.1　复合地基的定义与分类

经过处理形成的人工地基通常有三种类型：均质地基、双层地基和复合地基，如图 3-1所示。其中均质地基[图 3-1(a)]是指天然地基在地基处理过程中加固区土体性质得到全面改良，加固区土体的物理力学性质基本相同，加固区的平面范围和深度与荷载作用下的地基持力层或压缩层范围相比较都已满足一定的要求。例如，均质的天然地基采用排水固结法形成人工地基。在排水固结过程中，加固区范围内地基土体中孔隙比减小，抗剪强度提高，压缩性减小，加固区内土体性质比较均匀。若加固区与荷载作用下的地基持力层和压缩层厚度相比较也已满足一定要求，则这种人工地基可视为均质地基。均质人工地基的承载力和变形计算方法与均质天然地基的计算方法基本相同。

人工地基中的双层地基[图 3-1(b)]是指天然地基经地基处理形成的均质加固区的厚度

与荷载作用面积或者与其相应持力层和压缩层厚度相比较为较小时，在荷载作用影响区内，由两层性质相差较大的土体组成的地基。采用换填法或表层压实法处理形成的人工地基，当处理范围比荷载作用面积大时，可归属于双层地基。双层人工地基承载力和变形计算方法与天然双层地基的计算方法基本相同。

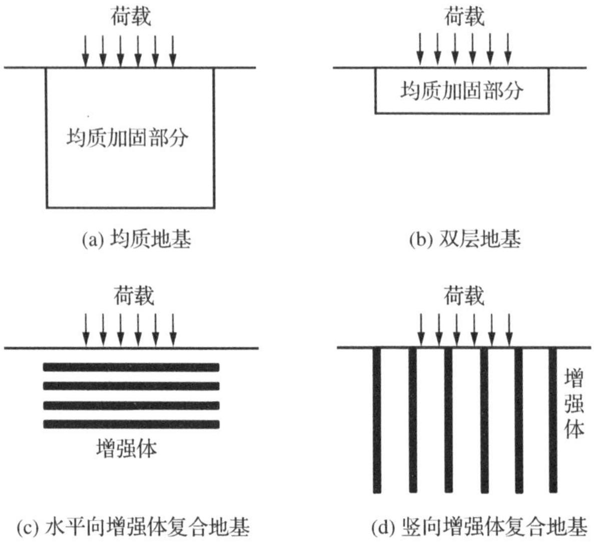

图 3-1　人工地基的分类

复合地基是指天然地基在加固处理过程中部分土体得到增强，或被置换，或在天然地基中设置加筋材料，加固区是由基体（天然地基土体或被改良的天然地基土体）和增强体两部分组成，共同承担上部结构荷载的人工地基。复合地基的本质是基体和增强体共同直接承担荷载作用。大部分地基处理方法形成的人工地基都属于复合地基。

根据增强体的设置方向，可分为水平向增强体复合地基[图 3-1(c)]、竖向增强体复合地基[图 3-1(d)]和双向增强复合地基。

水平向增强体复合地基主要指加筋土地基。随着土工合成材料的发展，加筋土地基应用越来越多。加筋材料主要有土工织物、土工膜、土工格栅和土工格室等。

竖向增强体复合地基习惯上称为桩体复合地基，根据桩体材料的不同，可按图 3-2 分类。各类砂桩复合地基、碎石桩复合地基和矿渣桩复合地基等属于散体材料桩复合地基。各类水泥土桩（深层搅拌桩、高压旋喷桩等）复合地基和各类灰土桩复合地基等一般属于柔性桩复合地基。各类混凝土桩（钢筋混凝土桩、素混凝土桩、预应力管桩、大直径薄壁筒桩等）、类混凝土桩（水泥粉煤灰碎石桩、石灰粉煤灰混凝桩等）和钢管桩复合地基等一般属于刚性桩复合地基；钢筋混凝土桩和素混凝土桩包括现浇、预制，实体、空心以及异形桩等各种形式。采用砼芯水泥土桩、砼芯砂石桩等复合桩作为增强体的复合地基属于复合桩复合地基。当竖向增强体采用刚性桩、柔性桩或散体材料桩中的两种或两种以上时，与天然地基土形成的人工地基称为多桩型复合地基。为更有效地利用复合地基中桩体的承载潜能，桩体的长度可设置为不同的长度以适应附加应力由上而下减小的特征。由不同长度的桩体组成的桩体复合地基称为长短桩复合地基。

由水平向增强体、竖向增强体与天然地基土所形成的人工地基，称为双向增强复合地基。

相对于桩体复合地基，水平向增强体复合地基的工程实践积累较少，而多桩型复合地基、长短桩复合地基及双向增强复合地基的研究尚有待进一步深入，下面主要介绍单一桩体复合地基。

- 桩体复合地基
  - 散体材料桩复合地基
    - 砂桩复合地基
    - 碎石桩复合地基
    - 矿渣桩复合地基
  - 黏结性材料桩复合地基
    - 刚性桩复合地基
      - 钢筋混凝土桩复合地基
      - 素混凝土桩复合地基
      - CFG 桩复合地基
    - 柔性桩复合地基
      - 灰土桩复合地基
      - 石灰桩复合地基
      - 夯实水泥土桩复合地基
      - 深层搅拌桩复合地基
      - 高压旋喷桩复合地基
    - 复合桩复合地基
      - 砼芯水泥土桩复合地基
      - 砼芯砂石桩复合地基
  - 组合桩型复合地基
    - 多桩型复合地基
    - 长短桩复合地基

图 3-2　桩体复合地基的分类

3.2　复合地基形成条件

荷载作用下，桩体和地基土体是否能够共同直接承担上部结构传来的荷载是有条件的，即桩体复合地基的形成是有条件的。

在荷载作用下，增强体与天然地基土体能够共同直接承担荷载作用的条件如图 3-3 所示，$E_p > E_{s1}$，$E_p > E_{s2}$，其中 E_p 为桩体模量，E_{s1} 为桩间土模量，E_{s2} 为加固区下卧层土体模量，E_{s3} 为基础下垫层模量。散体材料桩在荷载作用下产生侧向鼓胀变形，能够保证增强体和地基土体共同直接承担上部结构传来的荷载。因此当增强体为散体材料桩时，图 3-3 中各种情况均可满足增强体和土体共同承担上部荷载的要求。然而，当增强体为黏结材料桩时情况就会发生改变。

①如图 3-3(a)所示，在荷载作用下，刚性基础下的桩和桩间土沉降量相同，可保证桩和土共同直接承担荷载。

②如图 3-3(b)所示，桩端位于不可压缩层上，在刚性基础下设置一定厚度的柔性垫层。在一般情况下，通过刚性基础下柔性垫层的协调也可保证桩和桩间土两者共同承担荷载。但此时需要注意分析柔性垫层对桩土之间差异变形的协调能力与桩土之间可能产生的最大差异变形两者的关系。如果桩土之间可能产生的最大差异变形超过柔性垫层对桩土之间差异变形的协调能力，那么即使在刚性基础下设置了一定厚度的柔性垫层，在荷载作用

下也不能保证桩和桩间土始终能够共同直接承担荷载。

③如图 3-3(c)所示，桩端也位于不可压缩层上，但未设置垫层。在刚性基础传递的荷载作用下，开始时增强体和桩间土体中的竖向应力大致上按两者的模量比分配，但是随着土体产生沉降和蠕变，土中应力不断减小，而增强体中应力逐渐增大，荷载逐渐向增强体上转移。若 E_p 远大于 E_{s1}，则桩间土承担的荷载比例极小。特别是若遇地下水位下降等情况，桩间土体进一步压缩，桩间土可能不再承担荷载。在这种情况下增强体与桩间土体两者难以始终共同直接承担荷载，也就是说桩和桩间土不能形成复合地基以共同承担上部荷载。

④如图 3-3(d)所示，复合地基中增强体穿透最软弱土层，落在相对好的土层上，$E_{s2} > E_{s1}$。在这种情况下，应重视 E_p、E_{s1} 和 E_{s2} 三者之间的关系，在荷载作用下通过桩体和桩间土变形协调来保证桩和桩间土共同直接承担荷载。

因此采用黏结材料桩，特别是刚性桩形成的复合地基，需要重视复合地基形成条件的分析。

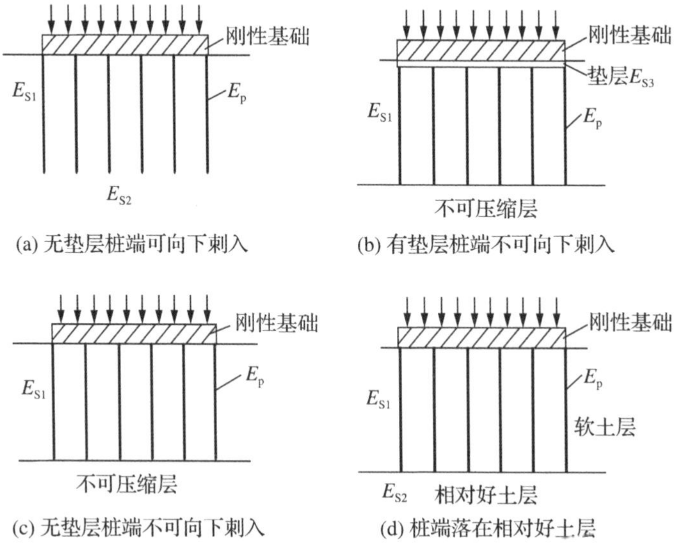

图 3-3　复合地基形成条件

现行国家标准《复合地基技术规范》(GB/T 50783—2012)指出，在复合地基设计中，应根据各类复合地基的荷载传递特性，保证复合地基中桩体和桩间土体在荷载作用下能够共同承担荷载。复合地基中桩体采用刚性桩时，应选用摩擦型桩。当复合地基中的桩体采用端承桩时，很难保证在荷载作用下桩和桩间土共同直接承担荷载。即使在复合地基上铺设一定厚度的柔性垫层，也很可能出现柔性垫层对端承桩和桩间土之间的最大差异变形协调能力超过柔性垫层对桩和桩间土之间差异变形协调能力的现象，不能保证桩和桩间土始终能够共同直接承担荷载。

以上讨论的是建筑工程中刚性基础下复合地基的形成条件。对于交通工程中路堤等柔性基础下复合地基来说，由于路堤刚度较小，复合地基中桩体可通过向上刺入变形来协调桩和桩间土之间的差异变形，保证桩和桩间土共同承担路堤荷载，因此柔性基础下的各种桩型通常都是可形成复合地基的。

在实际工程中设置的增强体和桩间土体不能满足形成复合地基的条件，但仍以复合地基理念进行设计是不安全的。把不能直接承担荷载的桩间土承载力计算在内，高估了地基的承载能力，降低了安全度，有可能造成工程事故。

3.3 复合地基作用机理与破坏模式

3.3.1 复合地基作用机理

桩体复合地基的作用机理主要体现在以下几个方面。

①桩体作用。由于复合地基中桩体刚度大于桩间土体，荷载作用下桩顶产生应力集中现象，刚性基础下尤为明显。桩体承担了较多的荷载，桩间土分担的荷载相应减小，使得复合地基承载力和整体刚度较天然地基提高，沉降量减小。

②加速固结作用。砂桩、碎石桩等具有良好的透水性，在地基中形成排水通道，缩短了排水距离，加速了地基土的排水固结。

③挤密、振密作用。砂桩、土桩、石灰桩、碎石桩等在施工过程中由于振动、挤压、排土等作用，可对桩间土起到一定的密实作用。此外，由于生石灰具有吸水、发热和膨胀等作用，也会对桩间土产生挤密效应。

④加筋作用。各种复合地基除了可提高地基的承载力和整体刚度外，还可提高土体的抗剪强度，增加土坡的抗滑能力。

⑤垫层作用。桩与桩间土共同工作形成的复合地基，可起到类似垫层均化上部荷载和增强应力扩散的作用。若复合地基中竖向桩体贯穿整个软土层，则其垫层作用更为明显。

复合地基的形式、增强体的材料和施工方法等均对复合地基的作用机理产生影响。对于某一具体的桩体复合地基可能具有上述一种或多种作用。

3.3.2 复合地基破坏模式

桩体复合地基的破坏模式与复合地基的桩型、桩身强度、土层条件、荷载形式及复合地基上基础结构的形式有关，主要有鼓胀破坏、整体剪切破坏、刺入破坏和滑动破坏四种(图 3-4)。

①鼓胀破坏。当地基土体较软弱或桩顶荷载较大时，桩周土不能提供足够的围压来阻止桩体发生过大的侧向变形，从而产生桩体鼓胀，并引起复合地基全面破坏[图 3-4(a)]。散体材料桩复合地基往往发生鼓胀破坏，在一定条件下，柔性桩复合地基也可能产生此类破坏。

②整体剪切破坏。在荷载作用下，复合地基将出现图 3-4(b)所示的塑性区，在滑动面上桩和土均发生剪切破坏。低强度的柔性桩复合地基较易发生此类破坏。

③刺入破坏。当桩体刚度较大，地基土强度较低时桩体将刺入土中，桩顶沉降较大，桩土之间不能互相约束形成整体，导致复合地基刺入破坏[图 3-4(c)]。刚性桩复合地基较易发生此类破坏。

④滑动破坏。荷载作用下，复合地基沿某一滑动面产生滑动破坏[图 3-4(d)]，在滑动面上，桩和桩间土均发生剪切破坏。各种复合地基都可能发生这类形式的破坏。

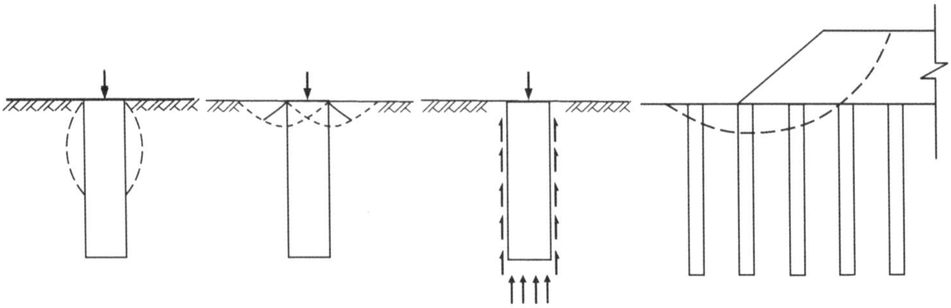

(a) 鼓胀破坏　(b) 整体剪切破坏　(c) 刺入破坏　(d) 滑动破坏

图 3-4　桩体复合地基破坏模式

3.3.3　基础刚度和垫层对桩体复合地基性状的影响

建筑工程中，条形基础、筏形基础等基础刚度很大，属于刚性基础。交通工程中，路堤下的桩体复合地基性状与建筑工程中刚性基础下复合地基性状有较大差别。为叙述方便，将类似土堤下的桩体复合地基称为柔性基础下复合地基。现场试验研究表明：

①柔性基础下桩体复合地基和刚性基础下桩体复合地基破坏模式不同。随着荷载不断增大，柔性基础下桩体复合地基的破坏是桩间土体先破坏，而刚性基础下桩体复合地基破坏是桩体先破坏。

②桩体复合地基极限承载力大小与基础刚度有关。其他条件相同的情况下，刚性基础下复合地基比柔性基础下复合地基的极限承载力大。

③在相同的条件下，柔性基础下复合地基的沉降比刚性基础下复合地基沉降要大。其原因主要有两个方面：一是土中应力大，二是桩会向上刺入土堤等柔性基础。

为改善刚性基础下桩体复合地基性状，常在复合地基和刚性基础之间设置柔性垫层。柔性垫层一般为砂石垫层。设置柔性垫层可减小桩土荷载分担比，改善复合地基中桩体上端部分的受力状态。柔性垫层的存在使桩体上端部分竖向应力减小，水平向应力增大，造成该部分桩体剪应力减小，这对改善低强度桩的桩体受力状态是非常有利的。而且柔性垫层的设置还可增加桩间土承担荷载的比例，充分发挥桩间土的承载潜能。

为提高柔性基础下复合地基桩土荷载分担比，减小复合地基沉降，可在复合地基和柔性基础之间设置刚度较大的垫层，如碎石垫层、土工格栅加筋碎石垫层等。不设较大刚度垫层的柔性基础下桩体复合地基应慎用。

3.4 复合地基有关设计参数

3.4.1 面积置换率

桩体复合地基中，若桩的横截面积为 A_p，单根桩所分担的处理面积为 A，则复合地基面积置换率定义为

$$m = A_p / A \tag{3-1}$$

桩在平面上往往按正方形或三角形布置。按正方形布置时，一根桩分担的处理面积为 S^2（S 为相邻桩的中心距）；按等边三角形布置时，一根桩分担的处理面积为 $\sqrt{3}S^2/2$ 。设计时通常将上述一桩所分担的处理面积换算成大小相等的等效圆面积。

3.4.2 桩土应力比

荷载作用下，设复合地基中桩体的竖向平均应力为 p_p，桩间土的竖向平均应力为 p_s，则桩土应力比 n 为

$$n = p_p / p_s \tag{3-2}$$

桩土应力比是复合地基的一个重要设计参数，它关系到复合地基承载力和沉降计算，其影响因素很多，包括荷载水平、桩土模量比、复合地基面积置换率、原地基土强度、桩长、固结时间和垫层情况等。几种常用桩体复合地基的桩土应力比如表 3-1 所示，可供参考。

表 3-1　几种常用桩体复合地基的桩土应力比

钢或钢筋混凝土桩	CFG 桩	水泥土搅拌桩(水泥掺量 5%～12%)	石灰桩	碎石桩
>50	20～50	3～12	2.5～5	1.3～4.4

3.4.3 复合模量

复合地基加固区由桩体和桩间土体两部分组成，呈非均质。为简化复合地基计算，通常将加固区视为一均质的复合土体，并采用复合模量 E_{sp} 来评价复合土体的压缩性。E_{sp} 可按下式计算：

$$E_{sp} = mE_p + (1-m)E_s \tag{3-3}$$

或

$$E_{sp} = [1 + m(n-1)]E_s \tag{3-4}$$

式中，E_p、E_s 分别为桩和桩间土的压缩模量。

3.5 复合地基承载力确定

复合地基承载力与天然地基承载力的概念相同，代表地基能够承受外界荷载的能力。确定桩体复合地基承载力有两种方法：一是初步设计时，采用理论公式计算得到；二是详细设计以及检验复合地基效果时，通过复合地基载荷试验或综合桩体载荷试验和桩间土载荷试验，并结合工程实践经验综合确定。

3.5.1 桩体复合地基承载力计算

现有的桩体复合地基承载力理论计算公式认为，复合地基承载力是由桩体的承载力和桩间土的承载力两部分组成的，关键是如何合理估计两者对复合地基承载力的贡献。复合地基受荷破坏时，桩体和桩间土体同时达到极限状态的概率很小。刚性基础下，桩体复合地基中的桩体通常先发生破坏，此时桩间土承载力发挥度需要估计；路堤等柔性基础下，复合地基中的桩间土可能先发生破坏，此时桩体承载力发挥度则需要估计。此外，复合地基中的桩间土的极限荷载与天然地基极限承载力不同，复合地基中桩所能承担的极限荷载与天然地基中自由单桩所能承担的极限荷载也不同。因此，精确计算桩体复合地基承载力是非常困难的。

桩体复合地基中，散体材料桩、柔性桩和刚性桩的荷载传递机理不同，且复合地基上基础刚度大小、是否设置垫层、垫层厚度等都对复合地基受力性状有较大影响，在桩体复合地基承载力计算中要综合考虑这些因素的影响。

桩体复合地基承载力计算思路通常是先分别确定复合地基中桩体和桩间土体的承载力，再根据一定的原则叠加得到复合地基的承载力。复合地基极限承载力 p_{cf}可按下式计算：

$$p_{cf}=k_1\lambda_1 m p_{pf}+k_2\lambda_2(1-m)p_{sf} \tag{3-5}$$

式中，p_{pf}为单桩的极限承载力；p_{sf}为桩间土的极限承载力；k_1为反映复合地基中桩体实际极限承载力与天然地基中自由单桩极限承载力不同的修正系数，一般 $k_1>1.0$；k_2为反映复合地基中桩间土实际极限承载力与天然地基极限承载力不同的修正系数，其值视具体工程情况而定，可能 $k_2>1.0$，也可能 $k_2<1.0$；λ_1为桩体极限强度发挥度，反映复合地基破坏时桩体发挥其极限强度的比例，若桩体先达到极限强度，引起复合地基破坏，则 $\lambda_1=1.0$，若桩间土先达到极限强度，则 $\lambda_1<1.0$；λ_2为桩间土极限强度发挥度，反映复合地基破坏时桩间土发挥其极限强度的比例。

桩间土极限承载力 p_{sf}除了直接通过载荷试验以及根据土工试验资料查阅有关规范确定外，常采用 Skempton 极限承载力公式计算：

$$p_{sf}=c_u N_c\left(1+0.2\frac{B}{L}\right)\left(1+0.2\frac{D}{L}\right)+\gamma D \tag{3-6}$$

式中，D、B、L 分别为单桩基础埋深、宽度和长度；γ 为土的重度；c_u为土的不排水抗剪强度；N_c为地基承载力系数。

复合地基的承载力特征值 p_{cc} 为

$$p_{cc} = \frac{p_{cf}}{K} \tag{3-7}$$

式中，K 为安全系数，一般可取 2。

桩体复合地基承载力特征值表达式可采用下式表示：

$$f_{spk} = k_p \lambda_p m R_a / A_p + k_s \lambda_s (1-m) f_{sk} \tag{3-8}$$

式中，f_{spk}为复合地基承载力特征值；f_{sk}为处理后桩间土承载力特征值，应按当地经验取值，当无地区经验时，可取天然地基承载力特征值；R_a为单桩竖向抗压承载力特征值，应通过单桩载荷试验确定；k_p为复合地基中桩体实际承载力与单桩承载力特征值不同的修正系数；k_s为复合地基中桩间土实际承载力与天然地基承载力特征值不同的修正系数；λ_p为复合地基达到承载力特征值时，桩体实际承担荷载与桩体承载力特征值的比例；λ_s为复合地基达到承载力特征值时，桩间土实际承担荷载与桩间土承载力特征值的比例。

实际工程中，常用桩体竖向抗压承载力修正系数 β_p综合考虑复合地基中桩体实际承载力和复合地基破坏时桩体的承载力发挥度，$\beta_p = k_p \lambda_p$，用桩间土承载力修正系数 β_s综合考虑复合地基中桩间土实际承载力和复合地基破坏时桩间土承载力发挥度，$\beta_s = k_s \lambda_s$。β_p、β_s分别可按工程经验取值。

注意：式(3-8)中的 k_p、k_s、λ_p、λ_s取值和式(3-5)中 k_1、k_2、λ_1、λ_2是不相同的。

3.5.2 散体材料桩承载力计算

对于碎石桩等散体材料桩，桩体竖向承载力主要取决于桩周土所提供的侧向约束力。竖向荷载作用下，散体材料桩易发生鼓胀变形，桩周土进入塑性状态，故可通过计算桩周土的最大侧限力计算单桩的竖向承载力，即散体材料桩极限承载力 p_{pf}可按下式估算：

$$p_{pf} = \sigma_{ru} K_p \tag{3-9}$$

式中，σ_{ru}为桩周土所能提供的最大侧限力；K_p为桩身材料的被动土压力系数，$K_p = \tan^2(45° + \varphi_p/2)$；$\varphi_p$为桩身材料的内摩擦角。

桩周土所能提供的最大侧限力常用的计算方法有 Brauns 法、圆孔扩张理论法、Wong H. Y. 法、Hughes 和 Withers 法以及被动土压力法等，这里仅介绍 Brauns 法。

Brauns 法是为计算碎石桩承载力提出的，但其原理及计算式也适用于一般散体材料桩。Brauns 认为，荷载作用下碎石桩鼓胀变形使桩周土进入被动极限平衡状态，桩周土极限平衡区如图 3-5 所示。

计算中，Brauns 作了如下几点假定。

①单桩的破坏是空间轴对称问题。

②桩周土被动破坏，极限平衡区靠近桩顶，滑动面呈漏斗形。

③桩体鼓胀破坏段长度 $h = 2r_0 \tan\delta_p$，其中 r_0 为桩身半径，$\delta_p = 45° + \varphi_p/2$，为散体材料桩桩身材料内摩擦角。

④ 桩周土与桩体间的摩阻力力 $\tau_m = 0$，极限平衡土体中的环向应力 $\sigma_\theta = 0$。

⑤不计地基土和桩的自重。

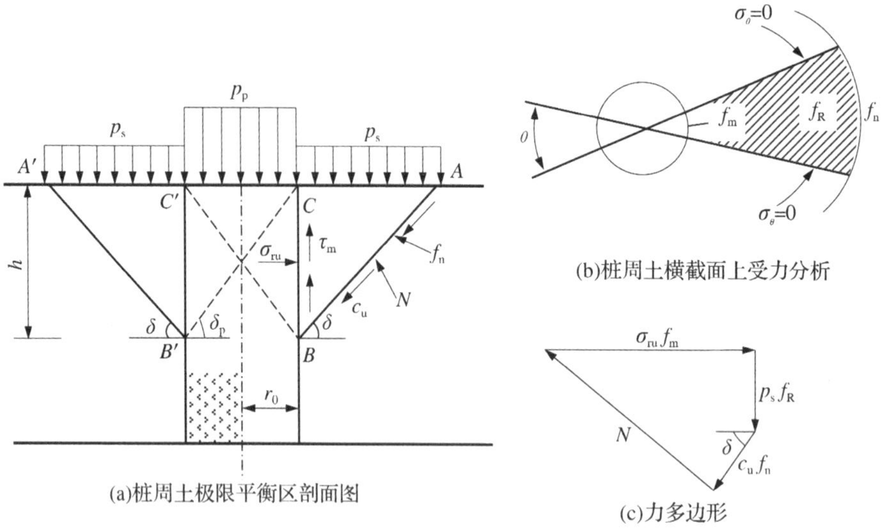

图 3-5　Brauns 法计算示意图

基于上述假定，作用在图 3-5(b)中阴影部分土体上力的多边形如图 3-5(c)所示。图 3-5(b)中 f_m、f_n、f_R 分别为阴影部分所示的平衡土体的桩周界面、滑动面和地表面的面积。

根据力的平衡，可得极限荷载下，桩周土上的极限应力 σ_{ru} 为

$$\sigma_{ru}=\left(p_s+\frac{2c_u}{\sin 2\delta}\right)\left(\frac{\tan\delta_p}{\tan\delta}+1\right) \tag{3-10}$$

式中，c_u 为桩周土不排水抗剪强度；δ 为滑动面与水平面的夹角；p_s 为桩周土表面荷载，如图 3-5(a)所示。

将式(3-10)代入式(3-9)，可得桩体极限承载力为

$$p_{pf}=\sigma_{ru}\tan^2\delta_p=\left(p_s+\frac{2c_u}{\sin 2\delta}\right)\left(\frac{\tan\delta_p}{\tan\delta}+1\right)\tan^2\delta_p \tag{3-11}$$

滑动面与水平面夹角 δ 要按下式用试算法求出：

$$\frac{p_s}{2c_u}\tan\delta_p=-\frac{\tan\delta}{\tan 2\delta}-\frac{\tan\delta_p}{\tan 2\delta}-\frac{\tan\delta_p}{\sin 2\delta} \tag{3-12}$$

当 $p_s=0$ 时，式(3-11)可改写成：

$$p_{pf}=\frac{2c_u}{\sin 2\delta}\left(\frac{\tan\delta_p}{\tan\delta}+1\right)\tan^2\delta_p \tag{3-13}$$

夹角 δ 按下式试算求得：

$$\tan\delta_p=\frac{1}{2}\tan\delta(\tan^2\delta-1) \tag{3-14}$$

碎石桩内摩擦角常取 $\varphi_p=38°$，则 $\delta_p=64°$。由式(3-14)试算得 $\delta=61°$，代入式(3-13)可得 $p_{pf}=21.2\ c_u$。此即为计算碎石桩承载力的 Brauns 法简化计算式。

3.5.3 黏结性材料桩承载力计算

刚性桩、柔性桩等黏结材料桩的承载力取决于桩周土和桩端土抗力可提供的单桩竖向抗压承载力和桩身材料强度可提供的单桩竖向抗压承载力，取两者中的较小值。

若无试验资料，由桩周土和桩端土抗力提供的单桩竖向极限抗压承载力的表达式为

$$p_{pf} = (u_p \sum_{i=1}^{N} q_{si} l_i + \alpha q_p)/A_p \tag{3-15}$$

根据桩身材料强度计算单桩竖向极限抗压承载力的表达式为

$$p_{pf} = \eta_p f_{cu} \tag{3-16}$$

式中，u_p为桩的截面周长；N为桩长范围内所划分的土层数；q_{si}为第i层土的桩侧摩阻力特征值；l_i为桩长范围内第i层土的厚度；q_p为桩端土承载力特征值；α为桩端土承载力折减系数；f_{cu}为桩体抗压强度平均值；η_p为桩体强度折减系数。

黏结性材料桩的承载力特征值p_{pc}为

$$p_{pc} = \frac{p_{pf}}{K} \tag{3-17}$$

式中，K为安全系数，一般可取2。

此外，不同的行业规范在计算桩体复合地基承载力时具体公式略有差异，但其基本原理是一样的，具体工程可根据实际情况查找相应规范。

3.6 复合地基沉降计算

复合地基的沉降由垫层压缩变形量、加固区复合土层压缩变形量和加固区下卧土层压缩变形量组成(图3-6)。当垫层压缩变形量小，且在施工期内已基本完成时，可忽略不计。即此时，复合地基沉降可按下式计算：

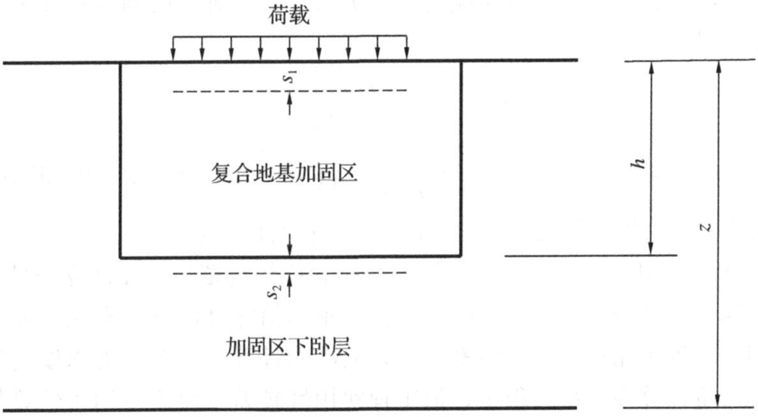

图3-6 复合地基沉降计算模式

$$s = s_1 + s_2 \tag{3-18}$$

式中，s_1为复合地基加固区复合土层压缩变形量；s_2为加固区下卧土层压缩变形量。

若复合地基设置垫层，通常认为垫层压缩量很小，且在施工过程中已基本完成，故可忽略不计。

3.6.1 加固区土层压缩变形量计算

加固区土层压缩变形量 s_1 常用的计算方法有复合模量法、应力修正法、桩身压缩量法等。

1)复合模量法

将复合地基加固区视为复合土体，用复合压缩模量来评价复合土体的压缩性。采用分层总和法计算 s_1，即

$$s_1 = \sum_{i=1}^{n} \frac{\Delta p_{spi}}{E_{spi}} h_i \tag{3-19}$$

式中，Δp_{spi}为第 i 层复合土体的平均附加应力增量；h_i为第 i 层复合土层的厚度；E_{spi}为第 i 层复合土体的压缩模量。

2)应力修正法

在复合地基中，由于桩体的模量大于桩间土模量，作用在桩间土上的应力小于作用在复合地基上的平均应力。采用应力修正法计算变形量时，根据桩间土分担的荷载(忽略桩体的存在)，用分层总和法计算 s_1，即

$$s_1 = \sum_{i=1}^{n} \frac{\Delta p_{si}}{E_{si}} h_i = \mu_s \sum_{i=1}^{n} \frac{\Delta p_i}{E_{si}} h_i \tag{3-20}$$

式中，μ_s为应力降低系数，$\mu_s = \dfrac{1}{1 + m(n-1)}$；$\Delta p_i$为天然地基荷载作用下第 i 层土上的附加应力增量；Δp_{si}为复合地基中第 i 层桩间土中的附加应力增量；E_{si}为复合地基中第 i 层桩间土的压缩模量。

3)桩身压缩量法

桩身压缩量法是将计算的桩身压缩量 s_p与桩端在其下卧层的刺入量 Δ 之和作为加固区土层的压缩变形量 s_1，即

$$s_1 = s_p + \Delta = \frac{(\mu_p p + p_{pl})}{2E_p} l_p + \Delta \tag{3-21}$$

式中，μ_p为应力集中系数，$\mu_p = \dfrac{n}{1 + m(n-1)}$；$l_p$为桩身长度，即加固区厚度 h；p_{pl}为桩端的承载力；p 为桩土顶面的荷载；E_p 为桩身弹性模量。

若刺入量 $\Delta=0$，则 $s_1=s_p$。桩身压缩量法概念比较清楚。但在计算桩身压缩量和桩端刺入量时都会遇到一些困难。桩身压缩量与桩身轴力沿深度的分布有关，而桩身轴力分布又与荷载分担比、桩土相对刚度等因素有关，故准确计算桩身轴力沿深度的分布是比较困难的。桩端刺入量计算模型虽有很多，但工程实用性较差。故难以用于估算复合地基加固区压缩量。

上述复合地基加固区压缩量的三种计算方法中，复合模量法使用比较方便，特别是对

于散体材料桩复合地基和柔性桩复合地基。总的说来，复合地基加固区压缩量数值不是很大，尤其是在深厚软土地基中，加固区压缩量在复合地基沉降总量中的占比较小。因此，加固区压缩量采用上述方法计算带来的误差在工程设计中是可接受的。

3.6.2　加固区下卧层的变形量计算

复合地基加固区下卧层压缩量 s_2 常采用分层总和法计算，即

$$s_2=\psi_{s2}\sum_{i=1}^{N}\frac{\Delta p_i}{E_{si}}l_i \tag{3-22}$$

式中，Δp_i 为基底下第 i 层土的平均附加应力增量；l_i 为基底下第 i 层土的厚度；E_{si} 为基底下第 i 层桩间土压缩模量；ψ_{s2} 为复合地基加固区下卧土层压缩变形量计算经验系数，根据复合地基类型、地区实测资料及经验确定。

计算 s_2 时作用在复合地基加固区下卧层顶部的附加压力难以精确计算。目前在工程上，多采用应力扩散法、等效实体法和改进 Geddes 法等计算附加压力。

1)应力扩散法

该法假定复合地基顶面的荷载 p 在复合地基加固区内按压力扩散角 θ 传递，如图 3-7 所示。对于宽度为 b、长度为 l 的矩形荷载，加固区厚度为 h，则作用在下卧层顶面上的附加压力 p_h 为

$$p_h=\frac{lbp}{(b+2h\tan\theta)(l+2h\tan\theta)} \tag{3-23}$$

对宽度为 b 的条形荷载，仅考虑宽度方向的扩散，则

$$p_h=\frac{bp}{b+2h\tan\theta} \tag{3-24}$$

有研究表明：式(3-23)和式(3-24)与压力扩散法计算双层地基中第二层土上的附加应力计算式形式相同，但荷载作用下复合地基与双层地基中附加应力场分布及变化规律有较大区别，复合地基中压力扩散角与双层地基中压力扩散角的数值不相同，双层地基的压力扩散角远大于复合地基的扩散角，且随着 E_1/E_2 的增大(E_1 为复合地基加固区的复合模量或双层地基上层土体的模量，E_2 为复合地基下卧层的复合模量或双层地基下层土体的模量)，两者之间的差距扩大。

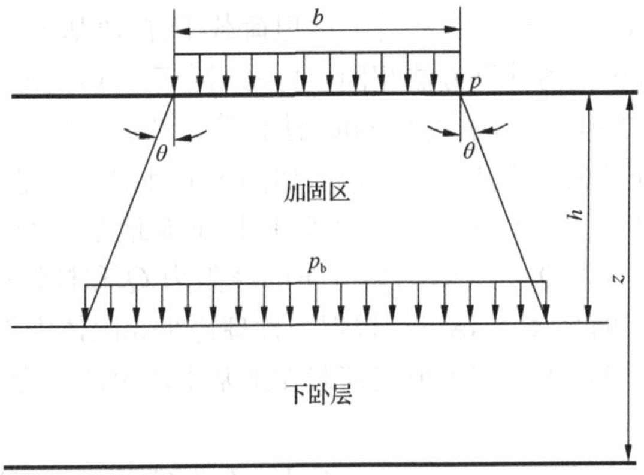

图 3-7　应力扩散法

2)等效实体法

等效实体法假定加固区为一实体，利用实体底面(下卧层顶面)的应力和实体周围与土的摩擦力 f 及实体顶面荷载 p 的平衡条件来求下卧层顶面附加压力 p_h，如图 3-8 所示。

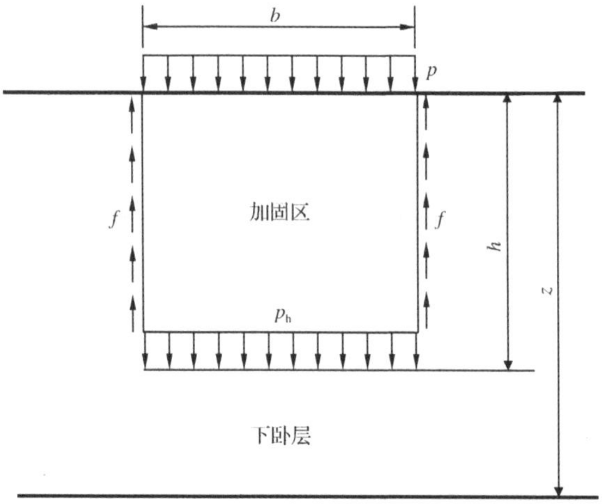

图 3-8　等效实体法

当荷载面积为 lb，加固区厚度为 h 时，则下卧层顶面附加压力 p_h 为

$$p_h = \frac{lbp - 2(l+b)hf}{lb} \tag{3-25}$$

对宽度为 b 的条形荷载

$$p_h = p - \frac{2hf}{b} \tag{3-26}$$

有研究表明：侧摩阻力 f 值的选用是等效实体法计算误差的主要来源。当桩土相对刚度较大时，f 值选用产生的误差可能较小。但当桩土相对刚度较小时，侧摩阻力变化范围很大，很难合理估计，f 值选用比较困难。事实上，将加固体作为一实体分离，两侧面上剪应力分布极其复杂。采用侧摩阻力的概念是一种近似，该法的适用性仍需进一步研究。

3)改进 Geddes 法

黄绍铭等建议采用下述方法计算复合地基土层中应力。复合地基总荷载为 P，桩体承担为 P_p，桩间土承担 $P_s=P-P_p$。桩间土承担荷载 P_s 在地基中所产生的竖向应力 σ_{z,P_s}，其计算方法和天然地基中应力计算方法相同，可采用布辛奈斯克方法求解。桩体承担的荷载 P_p 在地基中所产生的竖向应力采用 Geddes 法计算。然后叠加两部分应力得到地基中总的竖向应力。再采用分层总和法计算复合地基加固区下卧层压缩量 s_2。

J. D. Geddes 认为长度为 l 的单桩在荷载 Q 作用下对地基土产生的作用力，可近似视作图 3-9 所示的桩端集中力 Q_p，桩侧均匀分布的摩阻力 Q_r 和桩侧随深度线性增长的分布摩阻力 Q_t 三种形式荷载的组合。Geddes 根据弹性理论半无限体中作用一集中力的 Mindlin 应力解积分，导出了单桩的上述三种形式荷载在地基中产生的应力计算公式。地基中的竖向应力 $\sigma_{z,Q}$ 可按下式计算：

$$\sigma_{z,Q} = \sigma_{z,Q_p} + \sigma_{z,Q_r} + \sigma_{z,Q_t} = Q_p K_p / l^2 + Q_r K_r / l^2 + Q_t K_t / l^2 \tag{3-27}$$

式中，K_P、K_r、K_t为竖向应力系数，其表达式较烦冗，详见文献①。

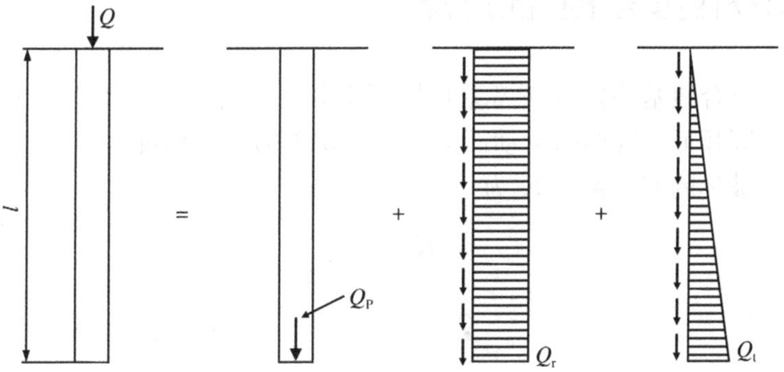

图 3-9　单桩荷载分解为三种形式荷载的组合

对于由 n 根桩组成的桩群，地基中竖向应力可对这 n 个根桩逐根采用式(3-27)计算后叠加求得。

由桩体荷载 P_p和桩间土荷载 P_s共同产生的地基中竖向应力表达式为

$$\sigma_z = \sum_{i=1}^{n} (\sigma_{z,Q_p^i} + \sigma_{z,Q_r^i} + \sigma_{z,Q_t^i}) + \sigma_{z,Q_{ps}} \tag{3-28}$$

根据式(3-28)计算地基土中附加应力，采用分层总和法可计算复合地基沉降。

采用改进 Geddes 法计算加固区下卧层的变形量 s_2除需确定荷载分担比外，还需假定桩侧摩阻力分布，上述两项估计将给计算带来误差。特别是后者，同等效实体法一样，桩土相对刚度对计算结果影响很大，尚需开展深入研究。

此外，计算加固区下卧层压缩变形量的方法还有不考虑桩体存在的分层总和法等。各种计算方法都有其适用范围，实际工程中选取何种方法进行计算，需具体问题具体分析。《复合地基技术规范》(GB/T 50783—2012)建议对散体材料桩复合地基宜采用压力扩散法计算，对刚性桩复合地基宜采用等效实体法，对柔性桩复合地基，可根据桩土模量比大小分别采用等效实体法或压力扩散法计算。

3.7　复合地基稳定分析

刚性基础下复合地基发生失稳破坏的可能性甚小，但路堤等柔性基础下复合地基发生滑塌失稳的事故并不少见。《复合地基技术规范》(GB/T 50783—2012)中指出：用于填土路堤和柔性面层堆场等工程的复合地基除应进行承载力和沉降计算外，还应进行稳定分析；对位于坡地、岸边的复合地基均应进行稳定分析。

① J. D. Geddes. Stresses in foundation soils due to vertical subsurface load[J]. Geotechnique，1966，16：131—255.

3.7.1 散体材料桩复合地基稳定分析

散体材料桩复合地基稳定分析常采用圆弧分析法，计算原理如图 3-10 所示。假设地基土的滑动面呈圆弧形。在圆弧滑动面上，总剪切力为 T，总抗剪切力为 S，则沿该圆弧滑动面发生滑动破坏的安全系数 K 为

$$K=\frac{S}{T} \tag{3-29}$$

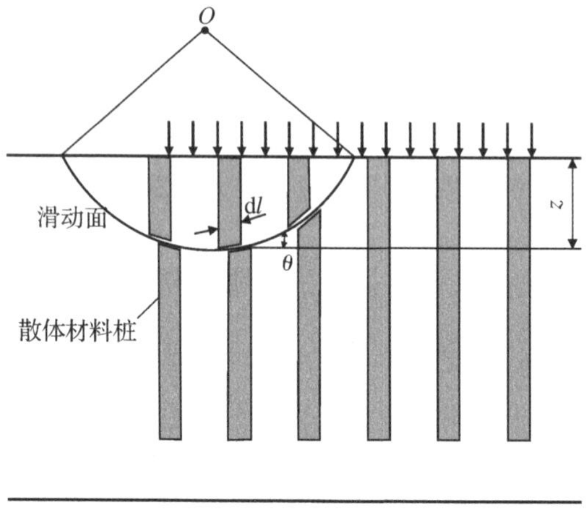

图 3-10 圆弧稳定分析法

取不同的圆弧滑动面，可得到不同的安全系数值，通过试算可找到最危险的圆弧滑动面，确定复合地基在荷载作用下最小的安全系数值，并根据要求的安全系数值判断复合地基的稳定性。

在散体材料桩复合地基圆弧分析法计算中，假设的圆弧滑动面往往经过复合地基加固区和未加固区两部分。地基土的强度计算参数应分区采用。对复合地基加固区的土体强度计算参数可采用复合土体综合强度计算参数，也可分别采用散体材料桩桩体和桩间土的强度计算参数。对未加固区则采用天然地基土体强度计算参数。

散体材料桩复合地基加固区复合土体的抗剪强度 τ_c 可用下式表示：

$$\begin{aligned}\tau_c&=(1-m)\tau_s+m\tau_p\\&=(1-m)[c_s+(\mu_s p_c+\gamma_s z)\cos^2\theta\tan\varphi_s]+m[c_p+(\mu_p p_c+\gamma_p z)\cos^2\theta\tan\varphi_p]\end{aligned} \tag{3-30}$$

式中，τ_s 为桩间土抗剪强度；τ_p 为散体材料桩桩体抗剪强度；m 为复合地基置换率；c_s、c_p 分别为桩间土体、桩体的黏聚力；p_c 为复合地基上作用荷载；μ_s 为应力降低系数，$\mu_s=1/[1+(n-1)m]$，n 为桩土应力比；μ_p 为应力集中系数，$\mu_p=n/[1+(n-1)m]$；γ_s、γ_p 分别为桩间土体、桩体的重度；φ_s、φ_p 分别为桩间土体、桩体的内摩擦角；θ 为滑弧在地基某深度处剪切面与水平面的夹角；z 为分析中所取单元弧段的深度。

若 $\varphi_s=0$，则式(3-30)可改写为

$$\tau_c=(1-m)c+m(\mu_p p_c+\gamma_p z)\cos^2\theta\tan\varphi_p+mc_p \tag{3-31}$$

复合土体综合强度指标可采用面积比法计算。复合土体黏聚力 c_c 和内摩擦角 φ_c 的表达

式分别为

$$c_c = c_s(1-m) + mc_p \tag{3-32}$$

$$\tan\varphi_c = \tan\varphi_s(1-m) + m\tan\varphi_p \tag{3-33}$$

3.7.2 黏结性材料桩复合地基稳定分析

已有的研究结果表明，采用前述散体材料桩复合地基稳定分析方法，假设桩体剪切破坏，进行黏结性材料桩复合地基稳定分析将严重高估地基的稳定性，是偏于不安全的。

国内外学者采用数值分析和离心机试验对黏结性材料桩加固路堤稳定性研究的成果表明，采用黏结性材料桩复合地基加固路堤时桩体的破坏模式有桩体弯曲、受拉、受压或受剪破坏，桩体倾斜或侧移以及桩周土体绕流等多种破坏模式。桩的破坏模式与桩体强度、桩土相对刚度、桩的直径和间距等因素有关。因此，路堤等柔性基础下黏结性材料桩复合地基破坏机理和破坏过程的非常复杂，其稳定分析方法还有待进一步研究。

3.8 复合地基载荷试验

在实际工程中，单桩及其复合地基载荷试验是检验加固效果和工程质量的一种有效而常用的方法。单桩竖向载荷试验用于测定单桩竖向承载力、变形参数和桩身质量；复合地基载荷试验用于测定承压板下应力主要影响范围内复合土层的承载力和变形参数，验证设计方案的合理性。试验过程与天然地基载荷试验过程基本相同，主要包括试验准备、现场试验和数据处理三方面的工作。

3.8.1 开始试验的时间间隔

开始进行载荷试验的时间，应考虑桩体以及复合地基的强度时效，待其强度趋于稳定后再进行。从制桩完成到进行正式试验的时间间隔，可参考表 3-2。

表 3-2　制桩完成到载荷试验的间隔时间

桩类	土类	间隔时间	备注
砂桩、碎石桩	砂土	1 周	试验时间由桩间土中的孔压消散和强度恢复确定
	粉土、杂填土、含粗粒较多的素填土	1～2 周	
	非饱和黏性土	2～3 周	
	饱和黏性土	3～4 周	

（续表）

桩类	土类	间隔时间	备注
石灰桩	黄土、低含水量填土	1～2 周	试验时间由桩的龄期确定；对水泥土桩和石灰桩而言，间隔时间均低于其龄期，试验结果偏安全
	饱和软土	4～6 周	
水泥土桩	各类土	4 周	
CFG 桩	各类土	4 周	

3.8.2 试验前准备工作

试验前需进行加载系统和测量系统传感器的标定和安装、开挖试坑、铺设垫层、放置载荷板等准备工作。相关要求介绍如下。

①载荷板。载荷板可采用钢板或提凝土板，其结构和刚度应保证最大荷载下承压板不翘曲和不开裂。单桩复合地基载荷试验的承压板可为圆形或方形，面积为一根桩承担的处理面积；圆形单桩可采用等直径圆形载荷板，“8”字形水泥土搅拌桩可采用矩形载荷板；多桩复合地基载荷试验的承压板可为方形或矩形，其尺寸按实际桩数所承担的处理面积确定。桩的中心(或形心)应与承压板中心保持一致，并与荷载作用点相重合。

②试坑深度、长度和宽度。载荷板底高程应与基础底面设计高程相同，应采取避免地基土扰动和含水量变化的措施。在地下水位以下进行试验时，应事先将水位降至试验标高以下，之后安装设备，并应待水位恢复后再进行加荷试验。试坑底宽不应小于承压板宽度或直径的 3 倍，基准梁及加荷平台支点(或锚桩)宜设在试坑以外，且与承压板边的净距不应小于承压板宽度或直径，并不应小于 2 m 。

③垫层。载荷板下宜铺设 50～150 mm 厚的中、粗砂或中砂找平层，桩身强度高时取大值，且铺设垫层和安装载荷板时坑底不宜积水，并避免地基土的扰动，以免影响试验结果。

3.8.3 现场试验

通过加荷系统逐级施加荷载，同时定时测量并记录每级荷载下的地基变形，直到荷载达到最大加载量或复合地基破坏。具体要求如下。

①载荷及等级。为提供设计依据的试验桩，应加载至破坏；为工程验收而进行抽样检测的试验桩，最大加载量应分别不小于单桩或复合地基承载力设计值的 2 倍。设计加荷等级可分为 8～12 级，第一级荷载可加倍。

②每级加载后，应按间隔 10 min、10 min、10 min、15 min、15 min，以后每级 30 min 测读一次沉降，当连续测出的沉降速率不大于 0.1 mm/h 时，可加下一级荷载。处理软土地基的柔性桩多桩复合地基竖向抗压载荷试验、散体材料桩复合地基竖向抗压载荷试验时，可根据经验适当放宽相对稳定标准。

③单桩载荷试验出现下列情况之一时，可终止试验：在某级荷载下 s-lg t 曲线尾部明显向下曲折；在某级荷载下的沉降量大于前级沉降量的 2 倍，并经 24 h 沉降速率未能达到

相对稳定标准；在某级荷载下的沉降量大于前级沉降量的 5 倍，且总沉降量不小于 40 mm；相对沉降大于或等于 0.1，且不小于 100 mm；总加载量已经达到预定的最大试验荷载；为设计提供依据的试验桩，应加载至破坏。

④复合地基载荷试验出现以下情况之一时，可终止试验：承压板周围隆起或产生破坏性裂缝；在某级荷载下的沉降量大于前级沉降量的 2 倍，并经 24 h 沉降速率未能达到相对稳定标准；在某级荷载下的沉降量大于前级沉降量的 5 倍，p-s 曲线出现陡降段，且总沉降量不小于承压板边长(直径)的 4%；相对沉降大于或等于 0.1；总加载量已经达到预定的最大试验荷载。

⑤卸载级数可为加载级数的 1/2 ，应等量进行，每卸一级，应间隔 30 min ，读记回弹量，待卸完全部荷载后应间隔 3 h 读记总回弹量。

3.8.4 复合地基承载力特征值确定

根据现场载荷试验测量数据绘制单桩和复合地基的荷载-沉降(p-s)曲线，根据试验曲线确定复合地基承载力特征值。

①当 p-s 曲线上极限荷载能确定，而其值不小于对应比例界限的 2 倍时，可取比例界限；当其值小于对应比例界限的 2 倍时，可取极限荷载的一半。

②当 p-s 曲线为缓变型时，可采用相对沉降确定，按照相对沉降确定的承载力特征值不应大于最大试验荷载的 1/2 。相对沉降 s/b 或 s/d 值(s 为载荷试验承载板的沉降量；b 和 d 分别为承载板的宽度和直径，当其值大于 2 m 时，按 2 m 计算)应根据桩(墩)类型、地区或行业经验、工程特点等确定，并应符合下列规定：散体材料桩可取 0.010～0.020，桩间土压缩性高时取大值；石灰桩可取 0.010～0.015；灰土挤密桩可取 0.008；深层搅拌桩、旋喷桩可取 0.005～0.010，桩间土为淤泥时取小值；夯实水泥土桩可取 0.008～0.01；刚性桩可取 0.008～0.01。

3.8.5 变形模量确定

通过 p-s 曲线还可进一步求得复合地基的变形模量 E_{sp0}，计算公式如下：

$$E_{sp0}=\frac{(1-\mu_{sp}^{2})\pi d}{4}\frac{p}{s} \tag{3-34}$$

式中，d 为圆形载荷板直径，若为矩形载荷板，则按照面积等效的原则换算得到等效直径；μ_{sp}为复合地基泊松比，$\mu_{sp}=m\mu_p+(1-m)\mu_s$ ，μ_p和 μ_s分别为桩和桩间土的泊松比。

因 p-s 曲线呈非线性，故求得的 E_{sp0} 并非定值，而是随着荷载的增大而减小。因此，在进行复合变形计算的时候要根据基础的实际情况(如荷载大小、基础尺寸等)，选用合理的变形模量值。

采用同样的方法，也可通过单桩载荷试验和桩间土载荷试验分别得到单桩和桩间土的变形模量 E_{p0} 和 E_{s0}。

思考与练习

1. 简述复合地基的定义和分类。
2. 简述桩体复合地基的作用机理和破坏模式。
3. 试分析垫层对复合地基性状的影响。
4. 试述复合地基面积置换率、桩土应力比、复合模量的概念。
5. 简述桩体复合地基承载力计算思路。
6. 简述桩体复合地基沉降计算方法。
7. 简述通过复合地基载荷试验确定复合地基承载力特征值的方法。

第4章　换填垫层法

本章学习目标

- 掌握换填垫层法的特点及适用范围、作用原理、设计要点；
- 了解换填垫层法施工与质量检验；
- 了解EPS超轻质料填土法。

4.1　概　述

换填垫层法简称换土法或垫层法，是当软弱土地基的承载力或变形不能满足建(构)筑物的要求，而建(构)筑物荷载不大，且软土层的厚度又不是很大时，将基础下一定深度内的软弱土层部分或全部挖除，分层回填强度较高、性能稳定、无侵蚀性的材料，并夯至密实的一种地基处理方法。换土垫层法具有可就地取材、施工简便、机械设备简单、工期短、造价低等优点。

换填垫层按回填材料可分为砂垫层、砂石垫层、碎石垫层、素土垫层、灰土垫层、二灰垫层、粉煤灰垫层、干渣垫层及用其他性能稳定且无侵蚀性的材料做的垫层等。

换填垫层法按施工机械可分为重锤夯实法、机械碾压法和振动压实法。

随着地基处理技术的发展，一些新的换土垫层技术和方法得到了发展和应用。在垫层中铺设土工合成材料可提高垫层的强度和稳定性，称之为土工合成材料加筋垫层；在堆筑工程中，为了减小堆筑材料荷载，发明了轻质土工材料，如聚苯乙烯板块(EPS)，称之为聚苯乙烯板块垫层。

4.2　垫层的作用与机理

换填垫层法加固原理主要体现在以下五个方面的作用。

①提高地基承载力。浅基础的地基承载力取决于地基土的抗剪强度，以抗剪强度较高

的填料置换基础下较软弱的土，可提高地基的承载力，避免地基剪切破坏。

②减小沉降量。一般地基浅层部分的沉降量在地基总沉降量中所占的比例较大。例如，条形基础在相当于基础宽度的深度范围内的沉降量约占地基总沉降量的50%。若以强度高而密实的填料代替基底浅层软弱土层，就可减小浅层地基的沉降量。此外，由于垫层的应力扩散作用，作用在下卧土层上的附加应力减小，也会相应减小下卧土层的沉降量。

③加速软弱土层的排水固结。建筑物的不透水基础直接与软弱土层接触时，荷载作用下软弱地基土中产生的超孔隙水被迫绕至基础两侧排出，因而使基底下软弱土不易固结，甚至还可能导致地基强度降低进而产生塑性破坏。砂垫层和砂石垫层等垫层材料透水性好，可为基底下软土提供良好的排水面，不仅可加速基底下孔隙水压力的迅速消散，还可加速垫层下一定深度内的软土层排水固结，提高其强度，避免地基的塑性破坏。

④防止冻胀。粗颗粒垫层材料孔隙大，不易产生毛细现象，因此可防止寒冷地区土中因结冰而造成的冻胀。但垫层的厚度应满足当地冻结深度的要求。

⑤消除膨胀土的胀缩作用。膨胀土地基垫层材料可选用砂、碎石、煤渣、二灰或灰土等消除胀缩作用。垫层厚度可根据变形计算确定，一般不小于0.3 m，且基础两侧宜用与垫层相同的材料回填。

在实际工程中，垫层所起的主要作用有时也是不同的，例如，房屋建筑基础下的砂垫层主要起换土的作用，而路堤、土坝等工程中的砂垫层则主要起排水固结的作用。

换土垫层法适用于淤泥、淤泥质土、湿陷性黄土、素填土、杂填土地基及暗沟、暗塘等不良地基的浅层处理。各种不同材料垫层的适用范围如表4-1所示。

表 4-1　垫层的适用范围

垫层种类		适用范围
砂(砂石、碎石)垫层		多用于中小型建筑工程的浜、塘、沟等的局部处理；适用于一般饱和、非饱和的软弱土和水下黄土地基处理；不宜用于湿陷性黄土地基、大面积堆载、密集基础和动力基础的软土地基处理
土垫层	素土垫层	适用于中小型工程及大面积回填、湿陷性黄土地基的处理
	灰土或二灰垫层	适用于中小型工程，尤其适用于湿陷性黄土地基的处理
粉煤灰垫层		用于厂房、机场、港区陆域和堆场等大、中、小工程的大面积填筑，粉煤灰垫层在地下水位以下时，其强度降低幅度在30%左右
干渣垫层		用于中小型建筑工程，尤其是地坪、堆场等大面积地基处理，铁路、道路地基等；不得用于受酸性或碱性废水影响的地基
土工合成材料加筋垫层		护坡、堤坝、道路、堆场、高填方及建(构)筑物垫层等
土工合成材料轻质垫层、聚苯乙烯(EPS)垫层		道路工程路基不均匀沉降处理、深软基低填方且工期紧迫的路堤修筑工程、高填方工程置换等

4.3 垫层的设计与计算

不同材料的垫层，其应力分布有所差异，但从试验结果分析，发现其极限承载力比较接近，通过沉降观测资料，发现不同材料垫层上的建筑物的沉降特点也基本相似，因此，各种材料的垫层都可近似按砂垫层的计算方法进行。

垫层的设计不仅要满足建(构)筑物对地基承载力、变形和稳定的要求，而且应符合经济合理的原则。

4.3.1 砂(砂石、碎石)垫层设计

砂垫层设计的主要内容是确定断面的合理厚度和宽度。既要求有足够的厚度来置换可能被剪切破坏的软弱土层，又要有足够的宽度来防止垫层向两侧挤出。作为排水垫层还要求形成一个排水面，以利于软土层的排水固结。

1)垫层的厚度确定

垫层的铺设厚度即为需置换的软弱土层厚度，要求垫层底面处土的自重应力与附加压力之和不大于同一标高处土层的地基承载力特征值，如图 4-1 所示。其表达式为

$$p_z + p_{cz} \leqslant f_{az} \tag{4-1}$$

式中，p_z为垫层底面处土的附加压力；p_{cz}为垫层底面处土的自重应力；f_{az}为垫层底面处经深度修正后的地基承载力特征值。

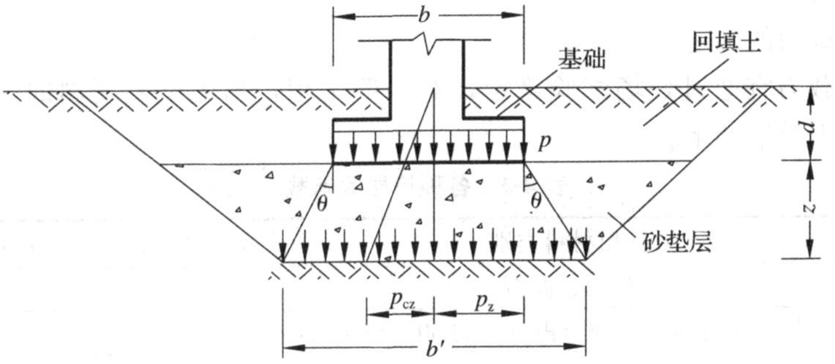

图 4-1　垫层内部应力分布

垫层底面处的附加压力值 p_z可按应力扩散角 θ 进行简化计算。

条形基础
$$p_z = \frac{b(p - p_c)}{b + 2z\tan\theta} \tag{4-2}$$

矩形基础
$$p_z = \frac{bl(p - p_c)}{(b + 2z\tan\theta)(l + 2z\tan\theta)} \tag{4-3}$$

式中，p 为基础底面平均压力；p_c为基础底面处土的自重应力；b 为矩形基础或条形基础底面的宽度；l 为矩形基础底面的长度；z 为基础底面下垫层的厚度；θ 为垫层的压力

扩散角，如表 4-2 所示。

表 4-2　垫层压力扩散角 θ/°

z/b	换填材料		
	中砂、粗砂、砾砂、圆砾、角砾、石屑、卵石、碎石、矿渣	粉质黏土、粉煤灰	灰土
0.25	20	6	28
≥0.50	30	23	

注：①当 $z/b<0.25$ 时，除灰土仍取 $\theta=28°$ 外，其余材料均取 $\theta=0°$，必要时，宜由试验确定；

②当 $0.25\leqslant z/b<0.5$ 时，θ 值可内插求得；

③土工合成材料加筋垫层 θ 宜由现场载荷试验确定。

具体计算时，可根据垫层的承载力特征值确定出基础宽度，再根据下卧土层的承载力确定出垫层的厚度。载荷试验表明：当下卧软弱土层的承载力特征值为 60～80 kPa 时，压缩模量为 3 MPa 左右；当换填厚度为（0.5～1）基础宽度时，垫层地基的承载力特征值为 100～200 kPa，平均变形模量约为 14 MPa。一般可初步拟定垫层厚度，再用式(4-1)验算。若不符合要求，则调整厚度，重新验算，直至满意为止。垫层厚度一般宜为 0.5～3 m，太厚施工较困难且不经济，太薄(<0.5 m)则换土垫层的作用不明显。

2)垫层的宽度确定

垫层底面宽度应满足基底应力扩散和防止垫层向两侧挤出的要求。如条形基础，垫层底宽 b'可按下式或根据当地经验确定：

$$b'\geqslant b+2z\tan\theta \tag{4-4}$$

垫层顶面每边宜比基础底面宽 0.3m，也可根据施工要求垫层底面两侧向上按当地开挖基坑的经验要求放坡。

3)垫层承载力的确定

垫层的承载力宜通过现场试验确定，对一般工程，当无试验资料时，可按表 4-3 选用，并应验算下卧层的承载力。

表 4-3　各种垫层的承载力

施工方法	换填材料类别	压实系数 λ_c	承载力特征值 f_k/kPa
碾压、振密或重锤夯实	碎石、卵石	≥0.97	200～300
	砂夹石(其中碎石、卵石占全重的 30%～50%)		200～250
	土夹石(其中碎石、卵石占全重的 30%～50%)		150～200
	中砂、粗砂、砾砂、角砾、圆砾、石屑		150～200
	粉质黏土		130～180
	灰土	≥0.95	200～250
	粉煤灰	≥0.95	120～150
	矿渣		200～300

注：①压实系数小的垫层，承载力特征值取低值，反之取高值；原状矿渣垫层取低值，分级矿渣或混合矿渣垫层取高值；重锤夯实土的承载力标准值取低值，灰土取高值。

②采用轻型击实试验时，压实系数 λ_c 宜取低值；采用重型击实试验时，压实系数 λ_c 宜取高值。

③矿渣垫层的压实指标为最后两遍压实的压陷差小于 2 mm。

④土的最大干密度可采用击实试验确定，碎石或卵石的最大干密度可取(2.0～2.2)×10^3kg/m^3。

4)沉降计算

垫层地基的变形由垫层自身变形和下卧层变形组成，可采用分层总和法计算。粗粒换填材料的垫层其自身变形在施工期间基本完成，故对于碎石、卵石、砂夹石、砂和矿渣垫层，在沉降计算时，可忽略垫层自身的变形，仅考虑其下卧层的变形；对于细粒材料，尤其是厚度较大的换填垫层，应计入垫层自身的变形；对沉降要求严的或垫层厚的建(构)筑物，应计算垫层自身的变形。计算时垫层的模量应根据试验或当地经验确定，无试验资料或经验时，可参见表 4-4 选用。

表 4-4 各种垫层的模量

模量	垫层材料			
	砂	碎石、卵石	粉煤灰	矿渣
压缩模量 E_s/MPa	20～30	30～50	8～20	
变形模量 E_0/MPa				35～70

注：压实矿渣的 E_0/E_s的值可按 1.5～3 取用。

例 4.1 某四层砌体结构住宅承重墙下为条形基础，承重墙传至基础的荷载 F_k 为 120 kN/m，基础的平均重度为 20.0 kN/m^3。地表为 1 m 厚的粉质黏土层，重度为 17.5 kN/m^3；第二层为 15 m 厚的淤泥层，重度为 17.8 kN/m^3，地基承载力特征值 f_{ak}= 50 kPa，承载力修正系数 η_b=0，η_d=1；第三层为密实的砂砾石。地下水距地表为 1 m。试设计基础的垫层。

解 ①垫层材料选用粗砂，要求压实系数 λ_c=0.97，根据表 4-3 查得砂垫层承载力特征值 f_{ak}=150 kPa。

②考虑淤泥层土质软弱，基础宜浅埋，基础埋深定为 d=1 m。

③基础宽度 b 需满足：

$$b \geqslant \frac{F_k}{f_{ak} - \gamma d} = \frac{120}{150 - 20 \times 1} \approx 0.92(\mathrm{m})$$

取 b=1.2 m。

④粗砂垫层厚度先设为 z=1.5 m，则 z/b=1.5/1.2=1.25。

⑤垫层底面处土的自重应力 p_{cz}为

$$\begin{aligned} p_{cz} &= \gamma_1 h_1 + (\gamma_2 - 10) \times (d + z - h_1) \\ &= 17.5 \times 1 + (17.8 - 10) \times (1 + 1.5 - 1) = 29.2(\mathrm{kPa}) \end{aligned}$$

⑥垫层底面的附加应力采用简化计算法，查表 4-2，附加应力扩散角 θ 取 30°。

基础底面平均附加应力 p_0 为

$$\begin{aligned} p_0 &= p_k - p_c = \frac{F_k + G_k}{b} - \gamma_1 d \\ &= \frac{120 + 20 \times 1 \times 1.2}{1.2} - 17.5 \times 1 = 102.5(\mathrm{kPa}) \end{aligned}$$

则砂垫层底面的附加应力 p_z 为

$$p_z = \frac{bp_0}{b+2z\tan\theta}$$

$$= \frac{1.2\times 102.5}{1.2+2\times 1.5\times \tan 30^\circ} \approx 42.0(\text{kPa})$$

⑦软弱下卧层顶面以上土的加权平均重度为

$$\gamma_m = \frac{1.0\times 17.5+1.5\times(17.8-10)}{2.5} \approx 11.7(\text{kN/m}^3)$$

垫层底面埋深 D 为

$$D = d+z = 1+1.5 = 2.5(\text{m})$$

下卧层淤泥修正后的地基承载力特征值为

$$f_{az} = f_{ak}+\eta_d\gamma_m(D-0.5) = 50+1\times 11.7\times(2.5-0.5) = 73.4(\text{kPa})$$

⑧验算垫层下卧层的强度。

$$p_z+p_{cz} = 42.0+29.2 = 71.2(\text{kPa}) < f_{az} = 73.4(\text{kPa})$$

这说明所设计的垫层厚度满足要求，垫层厚度选定为 1.5 m 合适。

⑨确定砂垫层的底宽 b'。按扩散角计算：

$$b' = b+2z\tan\theta = 1.2+2\times 1.5\times \tan 30^\circ \approx 2.93(\text{m})$$

取 b'=3 m，按 1∶1.5 边坡开挖。

⑩沉降验算，略。

绘制砂垫层剖面图，如图 4-2 所示。

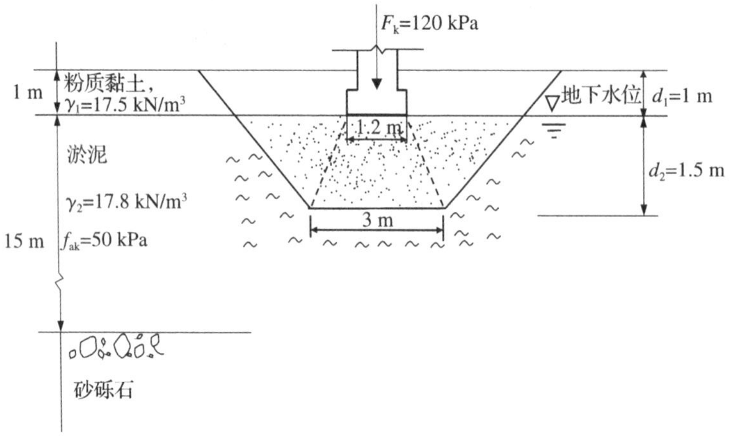

图 4-2　例 4.1 砂垫层剖面图

4.3.2　土垫层设计

素土、灰土、二灰土垫层总称土垫层，适用于处理 1～4 m 厚的软弱土层。

素土垫层是采用素土作为垫层材料，素土土料中的有机质含量不得超过 5%，也不得含有冻土或膨胀土，不得夹有砖、瓦、石块等渗水材料，碎石粒径不得大于 50 mm。

灰土垫层采用石灰和土的混合物作为垫层材料，石灰和土的体积比一般以 2∶8 或 3∶7为最佳。土料宜采用黏性土及塑性指数大于 4 的粉土，不得含有松软杂质，并应过筛，颗粒粒径不得大于 15 mm。石灰宜采用新鲜的消石灰，其颗粒粒径不大于 5 mm。垫层强度随含灰量的增加而提高。但含灰量超过一定值后，灰土强度增加很慢。

二灰垫层是将石灰和粉煤灰两种材料按 2∶8 或 3∶7 的体积比加适当水拌和均匀后分层夯实。其强度比灰土垫层高得多，常用于处理湿陷性黄土的湿陷性。

1)厚度确定

软土地基上土垫层厚度的确定与砂垫层相同。

对非自重湿陷性黄土地基上的垫层厚度应保证天然黄土层所受的压力小于其湿陷起始压力值。根据试验结果，当矩形基础的垫层厚度为（0.8～1.0）基底宽度，条形基础的垫层厚度为（1.0～1.5）倍基底宽度时，能消除部分至大部分非自重湿陷性黄土地基的湿陷性。当垫层厚度为（1.0～1.5）倍柱基基底宽度或（1.5～2.0）倍条基基底宽度时，可基本消除非自重湿陷性黄土地基的湿陷性。

在自重湿陷性黄土地基上，垫层厚度应大于非自重湿陷性黄土地基上垫层的厚度，或控制剩余湿陷量不大于 20 cm 才能取得好的效果。

2)宽度确定

灰土垫层的宽度可取 $b'=b+2.5z$，素土垫层的宽度可按下列方法之一确定。

①当垫层厚度小于 2 m 时，宽度可取 $b'=b+2/3\cdot z$，且 $b'\geqslant b+0.6$；当垫层厚度大于 2 m 时，应考虑基础宽度的影响，可适当放宽，且 $b'\geqslant b+1.4$。

②每边按 $0.2b\sim0.3b'$ 加宽，但不得小于 30 cm 和不得大于 70 cm。

③按 $b'=b+2.5z\mathrm{tg}\,\theta$ 计算，素土取 $\theta=22°$，灰土取 $\theta=30°$。

3)平面处理范围

素土垫层或灰土垫层可分为局部垫层和整片垫层。

整片素土垫层宽度可取 $b'\geqslant b+3$，当 $z>2$ m 时，b' 还可适当放宽。

在湿陷性黄土场地，若仅要求消除基底下处理土层的湿陷性，宜采用局部或整片素土垫层；若还要求提高土的承载力或水稳定性，宜采用局部或整片灰土垫层。

局部垫层的平面处理范围，其宽度 b' 可按下式计算：

$$b'=b+2z\tan\theta+c \quad (b'\geqslant 0.5z) \tag{4-5}$$

式中，c 为考虑施工机具影响而增加的附加宽度，宜为 200 mm。

整片垫层的平面处理范围，每边超出建筑物外墙基础外缘的宽度不应小于垫层的厚度并不应小于 2 m。

4.3.3 粉煤灰垫层

粉煤灰和天然土中的化学成分具有很大的相似性，其主要化学成分为硅、铝、铁等的氧化物，其中硅、铝氧化物总量超过 70%。有关研究证实，粉煤灰具有火山灰的特性，在潮湿条件下具有凝硬性，且在碱性物质激发作用下，与 SiO_2、Al_2O_3 等物质进行水化反应，生成水化产物，使碾压密实的粉煤灰颗粒胶结固化形成块体结构，提高粉煤灰的强度，降低压缩变形，增强抗渗性和水稳定性。

粉煤灰具有良好的物理、化学性能，是一种良好的换填材料。其压实曲线与黏性土相似，具有相对较宽的最优含水量区间，即其干密度对含水量的敏感性比黏性土小。因此，粉煤灰在换填施工中达到最大干密度时，所对应的最优含水量易于控制。

粉煤灰压实垫层遇水后强度会降低，降低幅度为 20%～30%，压缩变形量增大约 10%。

粉煤灰的内摩擦角、黏聚力、压缩模量、渗透系数等随粉煤灰的材质和压实密度而变化，应通过室内土工实验确定。

粉煤灰垫层的设计可参照砂垫层设计方法和有关的技术要求进行。在缺少资料和没有工程经验的情况下采用粉煤灰垫层，应对使用的材料进行物理、化学和力学性质试验，为设计提供资料及技术参数。

在确定粉煤灰垫层厚度时，可取其压力扩散角为 22°，计算方法同砂垫层。

粉煤灰垫层的承载力一般应通过现场试验确定，当无试验资料时，经过人工压实(夯实)的粉煤灰垫层，可参考以下数据。

①当压实系数控制在 0.9 及其干密度为 $0.9\rho_{dmax}$时，其承载力可达 120～150 kPa。

②当压实系数控制在 0.95 及其干密度为 $0.95\rho_{dmax}$时，其承载力可达 300 kPa，但应进行下卧层强度验算。

4.4 施工与质量检验

4.4.1 施工

1)砂(砂石、碎石)垫层施工

(1)垫层材料

用砂石等作垫层填料时，应选用颗粒级配良好、质地坚硬的中砂、粗砂、砾砂、圆砾、卵石或碎石等，料中不得含有草根、垃圾等杂物，且含泥量不应超过 5%。当使用粉细砂时，应掺入 25%～30%的碎石或卵石，最大粒径不宜大于 50 mm。对湿陷性黄土地基，不得选用砂石等渗水材料。

(2)施工要点

①砂石垫层施工宜采用振动碾和振动压实机等机具，其压实效果、分层铺填厚度、压实遍数、最优含水量等，应根据具体施工方法及施工机具等通过现场试验确定。当无试验资料时，砂石垫层的每层铺填厚度及压实遍数可参考表 4-5。

表 4-5　垫层的每层铺填厚度及压实遍数

碾压设备	每层虚铺厚度/cm	每层压实遍数	土质环境
平碾(8～12 t)	200～300	6～8	软弱土、素填土
羊足碾(5～16 t)	200～350	8～16	软弱土
蛙式夯(碾)(0.2 t)	200～250	3～4	狭窄场地

（续表）

碾压设备	每层虚铺厚度/cm	每层压实遍数	土质环境
振动碾(8～15 t)	600～1 500	6～8	砂土、碎石土、湿陷性黄土等
振动压实机	1 200～1 500	10	
插入式振动机	200～500		
平振振动机	150～250		

②砂及砂石料可根据不同的施工方法控制其最优含水量。用平振式振动器时，最优含水量为 15%～20%，用平碾及蛙式夯时，其最优含水量为 8%～12%，当用插入式振动器时，宜为饱和的碎石、卵石。

③垫层底部存在古井、古基、洞穴、旧基础、暗塘等软硬不均的部位时，应先予以清理再用砂石或好土逐层回填夯实，经检查合格后，再铺填垫层。

④严禁扰动垫层下卧的淤泥和淤泥质土层，防止践踏、受冻、浸泡或暴晒过久。在卵石或碎石垫层的底部宜设置 150～300 mm 厚的砂层，以防止下卧淤泥和淤泥质土层表面的局部破坏。如淤泥和淤泥质土层厚度过小，在碾压荷载下抛石能挤入该土层底面时，可先在软弱土层面上堆填块石、片石等，然后将其压入以置换或挤出软弱土。

⑤砂石垫层的底面宜铺设在同一标高上。如果深度不同，基底土层面应挖成阶梯或斜坡搭接，并按先浅后深的顺序施工，搭接处应夯压密实。垫层竣工后，应及时进行基础施工、回填基坑。

⑥地下水高于基坑底面时，宜采取排(降)水措施，注意边坡稳定，以防止坍土混入砂石垫层中。

2)土垫层施工

(1)土料

素土垫层、灰土垫层的土料要求见 4.3.2 节。

(2)施工要点

①素土及灰土垫层的施工，施工含水量应控制在 $w_{op}\pm2\%$的范围内。w_{op}可通过室内击实试验确定，或根据当地经验取用。

②土垫层施工时，不得在柱基、墙角及承重窗间墙下接缝，上下两层的缝距不得小于 0.5 m，接缝处应夯压密实，灰土、二灰土应拌和均匀并应当日铺填压实，灰土压实后 3 天内不得受水浸泡，冬季应防冻。

③其他要求参见砂垫层的施工要点。

3)粉煤灰垫层施工

(1)粉煤灰材料

燃煤电厂排出的湿排粉煤灰、调渣灰及干排粉煤灰均适用于做粉煤灰垫层的填筑材料，但不应混入植物、生活垃圾和有机质等杂物。装运时粉煤灰不宜过多或过少，以 15%～25% 为好。

(2)施工要点

①粉煤灰的最大干密度和最优含水量与粉煤灰颗粒粗细、形态结构和压实能量有关，

应由室内击实试验确定。施工时分层摊铺，逐层振密或压实。

②粉煤灰垫层在地下水位以下施工时，应采取排(降)水措施，严禁在饱和和浸水状态下施工，更不宜采用水沉法施工。

③在软土地基上填筑粉煤灰垫层时，应先铺填 20 cm 左右厚的粗砂或高炉干渣，以免表层土体扰动，同时有利于下卧土层的排水固结，并切断毛细水上升。

④每一层粉煤灰垫层验收合格后，应及时铺筑上层或采用封层，以防干燥松散起尘污染环境，并禁止车辆在其上行驶通行。

4.4.2 质量检验

1)垫层的质量控制标准

根据地基承载力的设计要求，垫层的质量控制通常采用干密度法和压实系数法两种。

①砂垫层。要求最小干密度 $\rho_{dmin}>1.6\times10^3\ kg/m^3$。

②灰土垫层最小干密度以土料种类区分，分别为黏土 $\rho_{dmin}=1.45\times10^3 kg/m^3$、粉质黏土 $\rho_{d\,min}=1.5\times10^3\ kg/m^3$、粉土 $\rho_{dmin}=1.55\times10^3\ kg/m^3$。灰土垫层的压实系数 $\lambda_c=0.93\sim0.95$。

③素土垫层。密实度可用压实系数 λ_c 来控制，一般要求 $\lambda_c\geqslant0.94$。处理湿陷性黄土时也可掺入适量的石灰或水泥，控制干密度 $\rho_d\geqslant1.6\times10^3\ kg/m^3$。

④碎石垫层。要求最小干密度 $\rho_{dmin}\geqslant1.6\times10^3\ kg/m^3$。

⑤处理膨胀土垫层时，垫层材料可采用砂、碎石和灰土等，要求干密度 $\rho_d\geqslant1.55\times10^3\ kg/m^3$。

2)垫层的质量检验

垫层的质量检验包括分层施工质量检查和工程质量竣工验收。分层施工的质量和质量标准应使垫层达到设计要求的密实度，在每层的压实系数符合设计要求后才能进行下一层的施工。当有成熟经验表明通过分层施工质量检查能够满足工程要求时，也可不进行工程质量的整体验收。

对粉质黏土、灰土、砂石、粉煤灰垫层的施工质量可选用环刀取样、静力触探、轻型动力触探或标准贯入试验等方法进行检验；对碎石、矿渣垫层的施工质量可采用重型动力触探试验等进行检验。

采用环刀法检验垫层的施工质量时，取样点应选择位于每层垫层厚度的 2/3 深度处。检验点数量，条形基础下垫层每 10～20 m 不应少于 1 个点，独立柱基、单个基础下垫层不应少于 1 个点。采用标准贯入试验或动力触探法检验垫层的施工质量时，每分层平面上检验点的间距不应大于 4 m。

对重锤夯实垫层的质量检验，除按照试夯要求检查施工记录以外，总夯沉量不应小于试夯总夯沉量的 90%。

竣工验收采用载荷试验检验垫层承载力时，每个单体工程不宜少于 3 个点，对于大型工程，应按单体工程的数量或工程划分的面积确定检验点数。为保证载荷试验的有效影响深度不小于换填垫层处理的厚度，载荷试验压板的边长或直径不应小于垫层厚度的 1/3。

4.5 EPS 超轻质料填土法

4.5.1 EPS 超轻质填料物理力学特性

泡沫聚苯乙烯(expanded polystyrene，EPS)是一种轻型高分子聚合物，是以石油为原料，经加工提炼出苯和乙烯，苯与乙烯经脱氢处理可得到苯乙烯，苯乙烯经聚合反应生成聚苯乙烯，然后添加发泡剂，并加热软化，产生气体，形成的一种硬质闭孔结构的泡沫塑料。这种均匀封闭的空腔结构使 EPS 具有吸水性小、保温性好、质量轻及机械强度较高等特点。常见的 EPS 材料主要有三类，即 EPS 块体、EPS 颗粒混合土和泡沫混凝土。EPS 块体是聚苯乙烯发泡形成的块体。EPS 颗粒混合土是将原料土、EPS 球状颗粒、固化材料(一般为水泥)和水混合搅拌均匀后，经固化形成的一种改性土。泡沫混凝土是将发泡剂、水溶液用物理方法制备成泡沫群，并加入由水泥、水、外加剂(集料)制成的浆液中，经混合搅拌、浇筑成型的含有大量封闭气孔的轻质材料。

岩土工程中应用的 EPS 材料具有以下物理力学性质。

①密度。EPS 的密度由成型阶段聚苯乙烯颗粒的膨胀倍数决定，一般介于 10～45 kg/m^3 之间，工程中使用的 EPS 表观密度一般为 15～30 kg/m^3。目前在道路工程中用作轻质填料的 EPS 密度为 20～25 kg/m^3，为普通道路填料的 0.5%～1%。用于填方工程可有效减小填方作用在地基上的荷载，用于挡土墙台背填方可有效减小作用在挡土墙上的侧压力。

②力学性能。抗压强度是 EPS 作为路堤轻质填料的重要指标。边长 50 mm 的 EPS 正方体试件在 10 mm/min 的应变速率和典型条件(温度为 23 ℃，相对湿度 50%)下，采取应变控制形式得到的无侧限单轴压缩试验的应力-应变曲线，在变形初始阶段(1%～2%的应变范围内)表现出很好的弹性性状。随着 EPS 密度的增大，抗压强度和弹性极限也会增大。在压缩条件下，即使超出了线弹性范围，EPS 仍保持弹性性质。吸水、低温、冻融循环对 EPS 的抗压强度无不利的影响。相反，潮湿状态下 EPS 抵抗变形的能力甚至优于干燥状态。前者的抗压强度比后者要高出 10%。随着温度的下降，EPS 的抗压强度还有所上升。

EPS 材料抗压强度为 100～350 kPa，变形模量一般为 2.5～11.5 kPa。EPS 材料用于填方工程具有较大的刚度和强度，是砌筑和填方的好材料。

③变形特性。根据试验，EPS 在三向应力状态下和单向应力状态下的受压过程基本类似。存在弹性极限应变，当轴向应变超过该弹性极限应变时，应力-应变曲线出现明显转折，EPS 开始表现出弹塑性。当围压很小时，对应力-应变关系和屈服强度的影响非常有限。当超过某一围压时，屈服强度可能明显下降，这显然与土的变化规律不同。当轴向应变小于弹性极限应变时，无论围压是多大，体积应变 ε_v 接近于轴向应变 ε_a，即 EPS 侧向变形小，换言之，其泊松比较小。

④摩擦特性。EPS 自立性强，利于高边坡的稳定。根据试验研究，EPS 块与砂的摩擦

系数 f，干砂 $f=0.46$(松)～0.58(密)，湿砂 $f=0.25$(松)～0.52(密)；EPS 块与块之间，以及 EPS 块与砂浆面的摩擦系数 $f=0.6$～0.7。

⑤耐水性。EPS 的空腔结构使水的渗入极其缓慢。当其在地下水中长期浸泡，气泡间可能产生吸水，但限于表层。挪威曾有报道，EPS 在地下水位以下长期浸泡 9 年，最大吸水量仅为其体积的 9%，且泡水后 EPS 材料强度和变形特征不变。

⑥化学特性。耐热性方面，EPS 材料在 70℃以下强度和变形特性不会改变。日本一实验工程的火灾试验表明只要以一定土厚加铺覆盖，地面发生火灾，对地面以下的 EPS 影响很小。EPS 材料在制造工艺中还可添加难燃剂，称为阻燃型 EPS。阻燃型 EPS 离开火源后，在 3 s 内自行熄灭。EPS 在土壤中化学性质稳定，不能被微生物分解；长时间受紫外线照射，EPS 表面会由白色变为黄色，且材料在某种程度上呈现脆性，因此，EPS 与许多高分子土工材料一样，不允许长时间暴露在紫外线下。另外，EPS 在大多数溶剂中性质稳定，但可溶解于汽油、柴油、煤油、甲苯、丙酮等有机溶剂。

4.5.2 适用范围

EPS 材料在公路工程中的主要应用范围和作用如下。

①软土地基桥头或箱涵连接部位填筑，可降低基底压力，减少路基总沉降和工后沉降，减小路基对桥头结构的侧向推力，提高路基和桥台整体稳定性。

②处理路堤滑动后的工程抢险，可快速施工修复路堤并提高其稳定性，减少工后沉降。

③软土性能较差的高路堤拓宽，可降低拓宽路堤部位的基底压力，提高地基稳定性，降低新路堤对老路堤的影响，减少新老路堤之间的不均匀沉降。

④山区傍山路段高路堤、隧道洞口处往往施工较为困难，利用轻质材料的整体性采用直立边坡的形式填筑路基，可增大路基的整体稳定性，并能减小用地范围。

⑤天然气管线、军用光缆、输油管线等构造物下穿路基时，与路基交叉的公路、铁路桥的桥台位于新建路基下方时，采用轻质材料回填，可减小路基对构造物的影响。

目前，EPS 超轻质填料在岩土工程中应用还不是很多，其原因是材料价格较贵，在我国主要用于事故补救，新建工程应用较少。随着 EPS 超轻质填料生产成本的降低，劳动力和土地价格的上涨，EPS 超轻质填料将会在我国工程建设中得到愈来愈多的应用。

4.5.3 设计

与常规路堤相比，EPS 超轻质材料填筑路堤除需进行沉降及稳定性验算外，还需进行抗浮验算、与常规填土之间的衔接设计，具体设计内容如下：

①轻质材料的选用设计，以及 EPS 颗粒混合土、泡沫混凝土等的配合比设计。

②轻质路堤的形状设计，包括路堤宽度、高度以及轻质土与常规填土路堤间的衔接坡比、路堤顶面纵横坡调节台阶等。

③强度验算，轻质材料自身强度应满足路堤各部位路用规范要求。

④沉降计算，需满足工程容许总沉降和工后沉降要求。

⑤稳定性验算，包括地基稳定性验算及某些情况下(如作为拓宽路堤、挡墙、护岸结构物或作为这些结构物墙背填料时)轻质土路堤的抗滑、抗倾覆及地基承载力验算等。

⑥当轻质路堤在地下水位以下或被洪水淹没时，应考虑浮力影响及吸水导致材料容重增加，进行抗浮验算。

⑦防排水设计，为防止轻质土吸水后容重增加而导致其轻质性损失，应根据实际情况，在路堤基底设置排水沟或其他排水措施，排除基底积水及地表水，还宜在轻质土表面设置一层防水土工布。

⑧轻质土附属构造设计，包括包边土设计、钢筋网片布置、沉降缝的设置、轻质材料间的连接等内容。

沉降计算、稳定性及抗浮验算简单介绍如下。

1)沉降计算

固结沉降采用分层总和法确定，其中附加荷载应考虑路堤的自重荷载、交通荷载、施工车辆荷载及浮力等的影响，最终沉降量根据分层总和法计算结果乘以经验系数修正得到。

2)稳定性验算

稳定性验算包括整体稳定性验算和坡面稳定性验算。

①整体稳定性。在软弱地基上填土施工，路基可能发生整体滑动破坏，其整体稳定性验算可采用圆弧滑动法分析。在有斜坡地基或软弱滑动面的地基上进行施工，可采用不平衡推力法分析确定稳定安全系数。

②坡面稳定性。当轻质路堤所在的原地面线为坡面时或为拓宽路堤时，可将其分成坡前和坡上两部分分别计算下滑力和滑动抵抗力，计算简图如图 4-3 所示。抗滑安全系数 F_s 计算公式为

$$F_s=\frac{F_1+F_2\cos\theta}{N_1\cos\theta}=\frac{fW_1+fW_2\cos\theta\cos\theta}{W_2\sin\theta\cos\theta}\geqslant 1.3 \tag{4-6}$$

式中，F_1为坡前轻质土在底面产生的抗滑力；F_2为坡面上轻质土沿斜面方向产生的抗滑力；N_1为坡面上轻质土沿斜面方向的滑动力；θ为斜坡倾角；W_1为坡前轻质土自重及路面荷重；W_2为坡面上轻质土自重及路面荷重；f为坡面上(或坡前)轻质土底面与天然坡或基础地基的摩擦系数，若轻质土与地基之间铺设防水土工布，应通过试验确定摩擦系数。

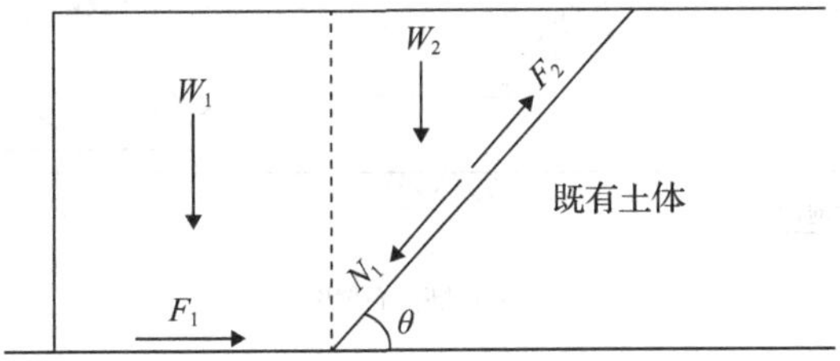

图 4-3　坡面抗滑稳定性验算简图

3)抗浮验算

当轻质路堤位于地下水位以下或被洪水淹没时，需按下式进行抗浮验算：

$$W\geqslant 1.2F_{浮} \tag{4-7}$$

式中，W 为轻质路堤总质量；$F_{浮}$为作用在轻质路堤上的浮力。

4.5.4 工程实例

嘉绍跨江通道南岸接线工程为双向八车道高速公路，全长 16.018 km，全线共有互通立交 3 座，分离式立交 2 座，特大桥 4 座。路基平均填土高度 4.5 m，宽度 42.0 m，下卧深厚软土层，上覆较厚粉土、粉砂层。中心河大桥桥头段(K59＋621～K59＋671)位于钱塘江南岸冲积平原区，地基土层上部为厚 14.7～17.2 m 的冲海积粉土、粉砂，呈松散-稍密状，天然孔隙比 $e=0.8$，压缩模量 $E_s=8.6$ MPa；下部为厚 16.6～20.6 m 的冲海积淤泥质粉质黏土，呈流塑-软塑状，天然含水量 $w=35.6\%$，孔隙比 $e=1.026$，压缩模量 $E_s=3.76$ MPa。

为满足工后沉降要求，设计采用泡沫混凝土对中心河大桥桥头段软基进行处理。泡沫混凝土轻质路堤设计图如图 4-4 所示。路堤不同部位设计采用不同重度及强度标准的轻质混凝土：对路面底面以下 0～0.8 m 处，要求湿重度为 6.5 kN/m³，28 d 无侧限抗压强度≥0.8 MPa；对路面底面以下超过 0.8 m 处，要求湿重度为 6.0 kN/m³，28 d 无侧限抗压强度≥0.6 MPa。

为协调桥头沉降与一般路段沉降并节约工程造价，采用渐变式填筑泡沫混凝土，不同厚度之间通过 1∶1.5 的坡度渐变过渡。因泡沫混凝土具有一定的整体强度，其桥头路基取消桥头搭板设置。为增强抗裂性，泡沫混凝土轻质路堤距顶(底)面以下(上)0.5 m 处设置一层网眼为 5 cm×5 cm 的钢筋网，钢筋直径为 3 mm。

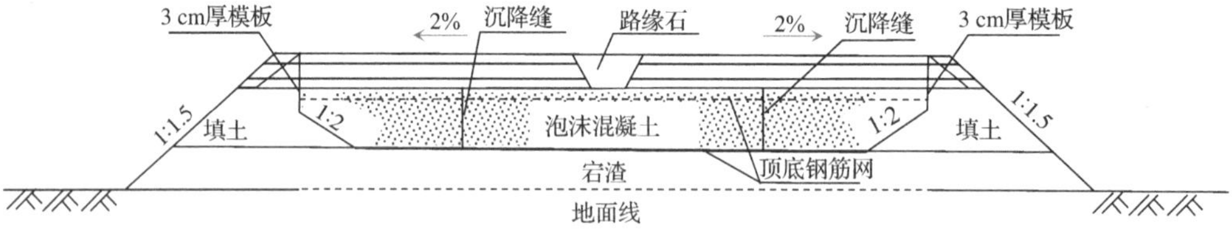

(a) 横断面布置图

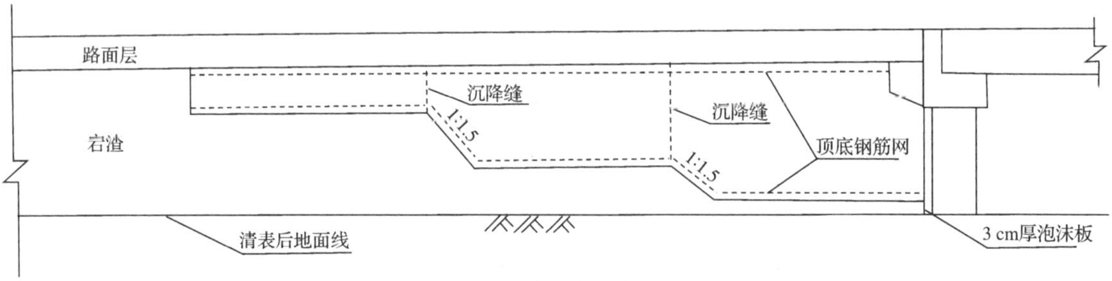

(b) 纵断面布置图

图 4-4 泡沫混凝土轻质路堤设计图

在桩号 K59＋640 处布置沉降板，观测泡沫混凝土轻质路堤填筑期及工后沉降的变化情况。监测结果表明，经处理后桥头总沉降量仅 11 cm，工后沉降也较小且收敛很快。由此可见，采用泡沫混凝土轻质路堤对桥头段软基处理中减少沉降的效果非常明显。

思考与练习

1. 简述换填垫层法的概念及作用机理。

2. 简述垫层的分类和适用范围。

3. 如何确定砂垫层的厚度和宽度?

4. 粉煤灰垫层有何特点?

5. 砂垫层的施工要点是什么?

6. 换填垫层常用的检测方法有哪些?

7. 简述EPS超轻质填料的物理力学特性及EPS超轻质填料法的优缺点。

8. 某砖混结构住宅，承重墙下为条形基础，宽1.2 m，埋深1 m，上部结构传至基础顶部的竖向力F_k=150 kN/m。场地地质条件：第一层为粉质黏土，层厚1 m，重度18.3 kN/m^3；第二层为淤泥质土，层厚10 m，含水量65%，重度17.2 kN/m^3，承载力特征值f_a=65 kPa；第三层为密实砂砾层。试设计该墙基的垫层。

第 5 章　排水固结法

本章学习目标

- 掌握排水固结法的类型和系统构成、各类排水固结法的加固机理和适用范围；
- 掌握砂井地基平均固结度计算方法，以及竖井堆载预压法设计计算方法；
- 了解各类排水固结法的施工设备、工艺以及施工与质量检验方法。

5.1　概　述

排水固结法又称预压法，是利用土体的固结特性来对地基进行加固，对软黏土地基进行加载预压，加速土体中的孔隙水排出，地基发生固结变形，逐渐沉降，进而强度增大的加固方法。排水固结法适用于处理饱和软弱土层，解决地基沉降和稳定问题，对设置排水系统的地基施加预压荷载，在加载预压期间基本完成地基沉降，并使卸载后的建(构)筑物不再发生较大的沉降，同时提高地基的强度，使地基拥有足够的承载力和稳定性。

如图 5-1 所示，排水固结法主要由排水系统和加压系统组成。

- 排水固结法
  - 排水系统
    - 水平排水垫层
      - 砂垫层
      - 复合垫层
    - 竖向排水通道
      - 普通砂井
      - 袋装砂井
      - 塑料排水带(板)
  - 加压系统
    - 堆载预压法
    - 超载预压法
    - 真空预压法
    - 降水预压法
    - 电渗预压法
    - 真空联合堆载预压法

图 5-1　排水固结法的组成

1)排水系统

排水系统通常由水平排水垫层和竖向排水通道两部分组成。通过设置排水系统来增加排水途径，改变排水边界条件，缩短排水距离，加速软黏土地基沉降，提高地基土强度。当软黏土地基较薄或者地基的渗透性较好而施工工期允许较长时，可铺设一定厚度的砂垫层进行加载，也可铺设一层砂垫层加土工合成材料的复合垫层作为水平排水垫层。然而，当地基的渗透性较差或土层较厚时，可在地基中设置竖向排水通道来连接地表水平排水垫层，构造完整的排水系统(图 5-2)。

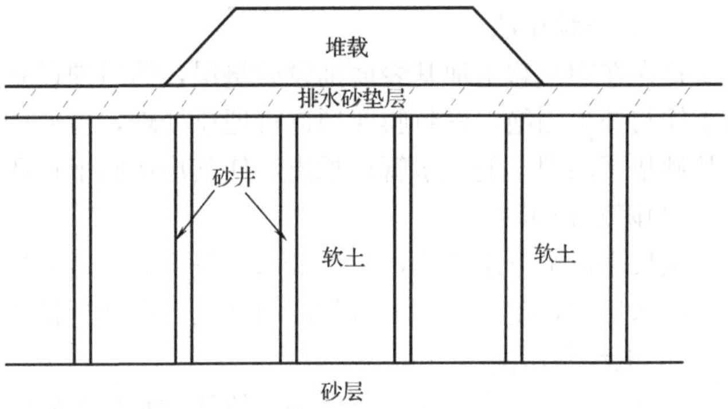

图 5-2　排水固结法示意图

(1)普通砂井

普通砂井可为低透水性软黏土提供一个排水通道，以加快土层固结的速度。一般采用射水法、爆破法或沉管法在地基中打孔，然后灌入中、粗砂，在地基中形成柱状的竖向排水体来达到加速地基排水固结的目的，砂井直径一般在 300 mm 以上，深度在 30 m 以内(视不同土层要求)。

(2)袋装砂井

袋装砂井是在聚丙烯或其他纺织物的砂袋中装入中、粗砂并进行振捣、压密、扎紧后，用专业的定型埋设机械，如沉管式打桩机，将其打入软土地基中作为竖向排水体。与普通砂井相比，袋装砂井具有施工简便、成本较低、耗砂量少、可减轻施工设备质量、简化施工工艺及提高打设砂井效率等特点，针对深层软土地基进行排水固结最为合适。

(3)塑料排水带

塑料排水带由连续塑料芯板和外包裹的滤膜组成，用专业插板机将塑料排水带插入软土地基后形成排水体，可将软土地基中孔隙水排到上部铺垫的砂层或水平塑料排水管中。具有材料强度和延展性好、滤水性好、施工快、工期短等优点。

普通砂井、袋装砂井和塑料排水带作为竖向排水体各有优势，需根据实际工程条件进行合理选用。

2)加压系统

预先对软土地基施加荷载作用，孔隙水所产生的压力差使其从地基中被逐渐排出，土体开始固结。加压系统包括堆载预压法、超载预压法、真空预压法、降水预压法、电渗预压法及复合方法等，其中，堆载预压法、真空预压法和真空联合堆载预压法在实际工程中使用较为普遍。

(1)堆载预压法

在对饱和软土地基施加荷载(土石、砂料或建筑本身等)后，软土地基在附加荷载作用下产生超静水压力，使孔隙水被缓慢排出，地基逐渐固结。与此同时，随着超静水压力逐渐消散，有效应力逐渐提高，地基土强度逐渐增长，达到预定标准后再卸载，使地基完成固结沉降。

(2)超载预压法

从本质上来说，超载预压法属于堆载预压法，是在饱和软土地基上采用施加荷载达到预压目的的排水固结方法，当预压荷载大于使用荷载时，即为超载预压法。

(3)真空预压法

首先在饱和软土地基表面铺设砂垫层，然后埋设垂直排水管道，再用不透气的密封膜将土体与外界隔绝，密封膜四周进行埋压处理，再使用真空泵或其他真空手段将土体内空气从砂垫层内埋设的吸水管道抽出，使其形成膜下负压，增加地基的有效应力。

(4)降水预压法

又称降低地下水位法，采用抽水泵等设备将地基地下水抽出，进而降低地下水位，减少孔隙水压力，使地基土的有效应力增大，以达到排水固结加固地基的目的。

(5)电渗预压法

在软黏土地基中形成直流电场，使孔隙水从阳极向阴极方向逐渐排出，通过电渗作用达到排水固结加固地基的目的。

(6)真空联合堆载预压法

首先进行真空预压，当膜下真空度达到设计要求并稳定后，再进行分级堆载预压，并根据地基变形情况和孔隙水压力的变化调节堆载速率，是真空预压和堆载预压加固手段的叠加。

排水固结法适用于处理各种淤泥、淤泥质土、泥炭土以及冲填土等饱和黏性土地基，也可用于可压缩粉土、有机质黏土和泥炭土地基等。主要用于消除或减少建筑地基沉降，提高地基承载力。目前排水固结法已经成功用于码头、堆场、道路、机场跑道、油罐、桥台、房屋建筑等对沉降和稳定性要求比较高的建(构)筑物地基。

5.2 加固机理

5.2.1 堆载预压法

如图 5-3 所示：加载前土体的初始固结压力为 σ_0' 时，土体初始孔隙比为 e_0，a 点为其在 e-σ_0' 坐标轴上相对应的点，当加载排水固结后土体中的应力从 σ_0' 增加到 σ_1' 时，土体从图中 a 点沿正常固结线下滑至 c 点，土体孔隙比相应减少了 Δe，曲线 abc 称为压缩曲线。与此同时，土体抗剪强度与固结压力相应从 a 点提高到 c 点。所以土体排水固结时，土体被压缩，孔隙比降低，抗剪强度提高。若被加载土体固结后从 c 点卸除加载压力 $\Delta\sigma'$，则土体会回弹膨胀，图中的 cef 曲线为卸荷膨胀曲线，沿卸荷膨胀曲线由图中 c 点经 e 点到达 f 点。若卸载后再从 f 点施加荷载 $\Delta\sigma'$，土样会再次进行压缩，从图中 f 点沿虚线再回到 c'点，从再压缩曲线 fgc'可清楚地看出，固结压力同样从 σ_0' 增加 $\Delta\sigma'$，而孔隙比减小值为 $\Delta e'$，$\Delta e'$ 与 Δe 的值相差显著。

从上述分析中可知：若在建筑场地预先施加一个和上部建筑物重量相同的压力进行预压，使土层固结(相当于压缩曲线上从 a 点变化到 c 点)，然后卸除荷载(相当于膨胀曲线由 c 点变化到 f 点)，再建造建筑物(相当于再压缩曲线上从 f 点变化到 c'点)，则建筑物引起的沉降即可大大减小。若预压荷载大于建筑物荷载，则效果更好。因为地基土体经过超载预压后，当土层的固结压力大于使用荷载下的固结压力时，土体处于超固结状态，而使土层在使用荷载作用下的变形作用明显减小。

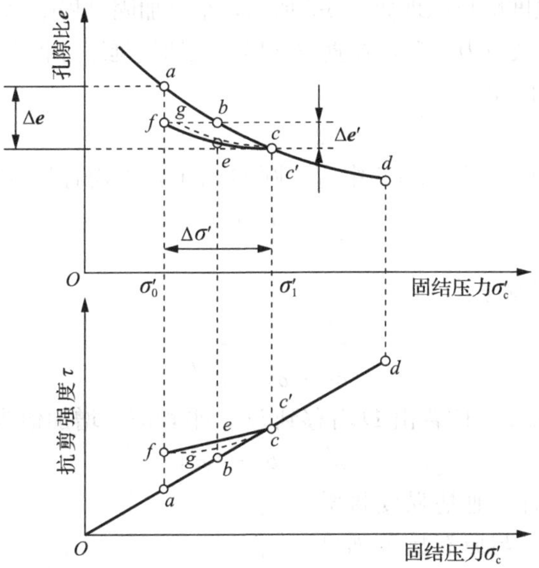

图 5-3　堆载预压法加固地基原理

5.2.2　真空预压法

采用真空预压法对软土地基进行加固时，主要是将大气作为一种附加荷载施加于土体上。首先在饱和软土地基表面铺设砂垫层，再埋设垂直排水管道，用密封膜将地基土体与大气隔绝，并将密封膜四周进行压埋处理，通过使用真空泵或其他真空手段将土体内空气从砂垫层内埋设的吸水管道抽出，使其形成真空状态。射流泵在开始抽真空时产生负压，并迅速向砂垫层及竖向排水通道中传递，使下部土体内部与排水通道、砂垫层之间产成气压差，土体中的孔隙水和气体在气压差作用下，由塑料排水通道从砂垫层中逐渐排出，最后由射流泵抽出。随着孔隙水和气体的不断排出，土体有效应力不断增加，地基土发生固结沉降并得到加固，其加固原理如图 5-4 所示。

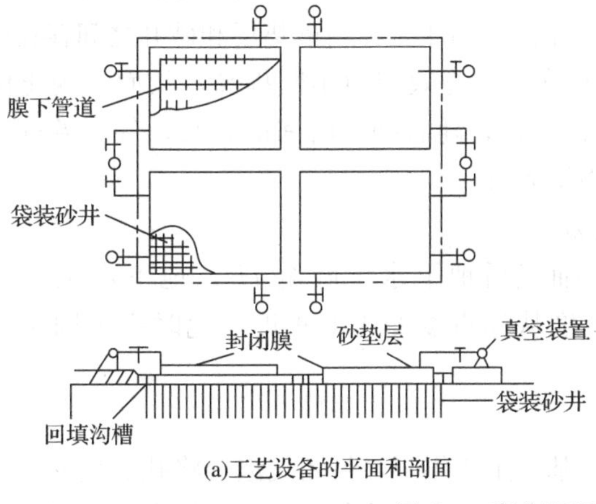

(a)工艺设备的平面和剖面

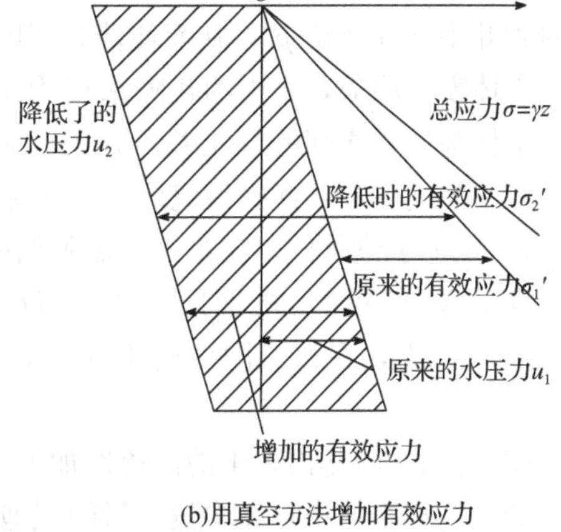

(b)用真空方法增加有效应力

图 5-4　真空预压法加固原理

真空预压固结的强度增长原理如图 5-5 所示，整个加固过程中总应力保持不变，即 $\Delta\sigma=\Delta\sigma'+\Delta u=0$。而根据有效应力原理，在真空度形成及抽气延续过程中，土中降低的孔隙水压力等于增加的有效应力，即

$$\Delta\sigma'=-\Delta u \tag{5-1}$$

加固前地基中应力状态如图 5-5 中应力圆 D 所示，平均有效应力为

$$p'_0=\frac{\sigma'_{10}+\sigma'_{30}}{2} \tag{5-2}$$

固结完成后应力增加 $\Delta\sigma'$，有

$$\sigma'_1=\sigma'_{10}+\Delta\sigma' \tag{5-3}$$

$$\sigma'_3=\sigma'_{30}+\Delta\sigma' \tag{5-4}$$

此时应力圆半径未变，位置由 D 右移到 D'，平均应力增加值为

$$p'=p'_0+\Delta\sigma' \tag{5-5}$$

当真空预压完成后，地基强度将沿超固结包线滑到 F 点，与原有抗剪强度 τ_0 相比，抗剪强度增加了 $\Delta\tau'$，即加固后地基强度得到了提高。

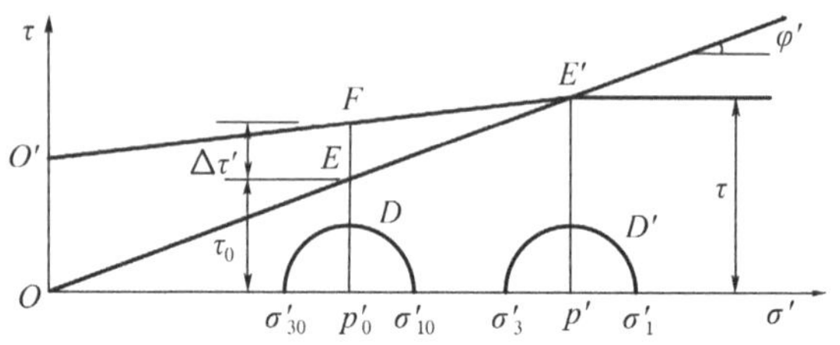

图 5-5　真空预压法强度增长机理示意图

需要注意的是，真空预压加固地基中，垂直排水体不仅起着排水通道的作用，还兼具传递真空的作用，即预压荷载是通过垂直排水体向土体施加的。

在真空预压过程中，土体的应力状态始终要满足如下两个平衡条件。

①土体中各点处与周围压力边界及负压边界上的孔隙压力保持平衡。

②整个加固过程中土体中的总应力始终保持不变。

整个真空预压过程中，土体的固结变形以及孔隙水的渗流都是基于上述两个平衡条件产生和演变而来的，因此真空预压的加固原理主要体现在以下三个方面。

(1) 薄膜上面承受的荷载等于薄膜内、外压的差

在抽气之前薄膜内、外均承受一个大气压 p_a。抽气后薄膜内的气压逐渐下降，从砂垫层向砂井中逐渐降至 p_v，从而使薄膜紧贴砂垫层。由于土体与砂垫层和砂井之间存在气压差，土体发生渗流，土中的孔隙水压力不断降低，有效应力不断提高，从而实现土体固结。土体与砂井之间的气压差，开始时为 p_a-p_v，随着抽气时间的延长，气压差逐渐变小，最终趋向于零，此时渗流停止，土体固结完成。

(2)地下水位降低，相当于增加附加应力

地下水位在抽气之前距离地面 H_1，抽气后地下水位降至 H_2，地下水位下降了 $\Delta H=H_1-H_2$，在该范围内的土体，其重度从浮重度变为湿重度，此时土体固结压力提高。

(3)封闭气泡排出，土的渗透性加大

如果饱和土体中存在少量的封闭气泡，基于正压作用，封闭气泡会将孔隙堵塞，使土体的渗透性下降，固结速度因此降低。但在真空吸力产生的负压下，土体中的封闭气泡被吸出，从而使土体的渗透性提高，固结速度重新提高。

5.2.3 真空联合堆载预压法

真空联合堆载预压法是首先进行真空预压，并在此基础上堆载材料作为附加荷载，两种应力相互叠加，同时起到对土体双重加固的效果。它是基于真空预压和堆载预压两种预压方法进一步演变而来的新型预压方法。使用此法时，首先需要在软黏土地基表面预先铺设一层水平排水垫层(一般为 30～50 cm 砂或砂砾垫层)，然后打设垂直排水通道(袋装砂井或塑料排水板)，再用密封膜将土体与外界隔绝，防止气体连通，然后使用真空泵等装置将土体中的空气通过砂垫层中的吸水管道抽出。在膜下和整个预压区形成真空，使薄膜内外产生一个气压差。通过抽真空形成负压，当真空度超过 80 kPa 时，相当于一次性加载 4～5 m 高度的填土荷载，极大地缩短了加载时间。

如图 5-6 所示为真空联合堆载预压法的有效应力分布图，真空联合堆载预压的有效应力由真空预压和堆载预压引起的有效应力进行线性叠加而来。真空联合堆载预压可利用工程堆载的客观要求在真空预压的基础上利用堆载施加外荷载，增大总应力，减小软土中孔隙水压力，从而加大软土与砂井中的孔隙水压力差，加快软土排水固结。

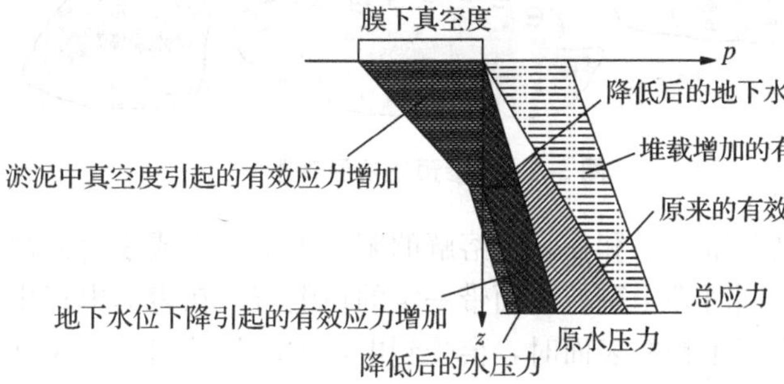

图 5-6　真空联合堆载预压有效应力分布图

5.2.4 降水预压法

如图 5-7 所示，降水预压法是通过抽取地下水来降低地下水位进而提高土的自重应力，实现预压的一种方法。

当降水高度达到 4～6 m 时，降水预压荷载可达 40～60 kPa，相当于在地基表面堆砌了 3 m 左右高的砂石，而对于降水预压法来说，所需施工量要比采用堆载预压法小得多，如果采用多层轻型井点或喷射井点等其他降水方法，其加固效果将更为显著。

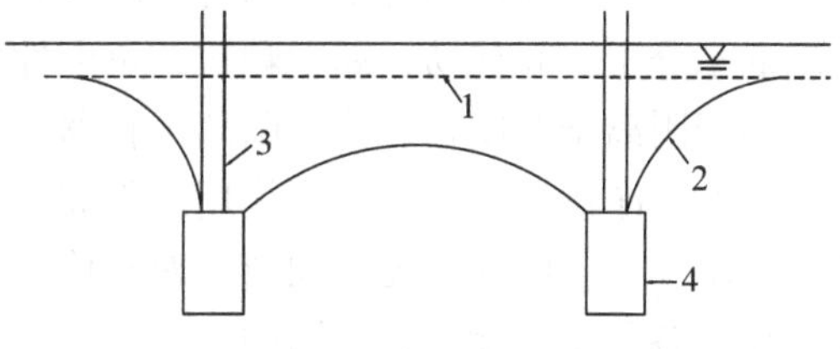

1—抽水前的地下水位线；2—抽水后的水位降落线；3—抽水井管；4—滤水管

图 5-7　井点降水图

相对于堆载预压法来说，降水预压法可使土体中的孔隙水压力大为降低，所以土体未被破坏，因此不需控制加荷速率，可一次性将地下水位降低到预定位置，从而大幅缩短固结所需时间。

5.2.5 电渗预压法

电渗预压法与通常的加荷排水固结法加固软土技术不同，如图 5-8 所示，它是通过在地基中埋入正负电极来对土体施加直流电的方式，在电场作用下，使土体中孔隙水从正极向负极流动，并从负极区域逐渐排出，从而实现对软黏土地基的排水固结，电渗法对渗透性小、加荷固结缓慢的淤泥及黏土等作用效果显著，并且尤其适用于含水量极高、土体处于流塑泥浆状的情况。

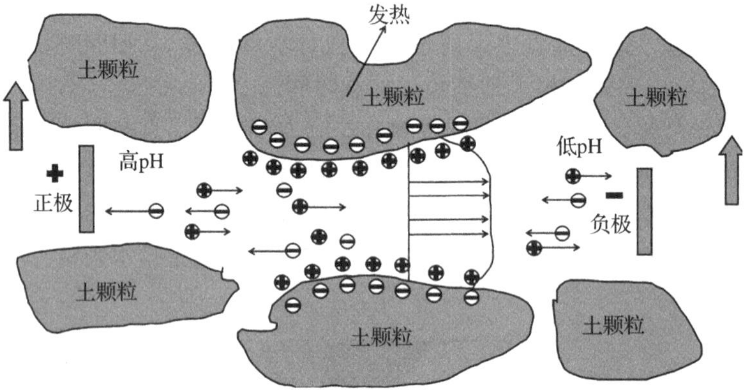

图 5-8 电渗预压法原理图

水分子的极性使其非常容易和在水中溶解的阳离子结合生成水合阳离子，在外界电场作用下产生定向排列，同时黏土颗粒表面带一定的负电荷。在表面电荷电场的作用下，当水分子和水合阳离子靠近土颗粒表面时，会受到电场中较强的引力作用从而牢牢吸附于土颗粒表面，形成强结合水固定层，强结合水在强力的吸附作用下不易被排出。在紧贴固定层外面，水分子和水合阳离子受到的静电引力较小，分子间的扩散运动相对明显，形成扩散层，也叫弱结合水层，该层中水分子及水合阳离子仍受到静电引力的影响，因此，普通的堆载预压和真空预压法不易将其排出，而电渗预压法因其在土体中施加电压而将原有的静电平衡打破，可达到排出弱结合水的效果。离子在电场作用下发生迁移运动，并且拖拽周围的水分子一起移动，黏土颗粒的负电性使得离子较多地聚集在双电层中，且阳离子浓度要高于阴离子浓度，这使得阳离子转移的水量高于阴离子转移的水量，于是在阳离子迁移方向产生净渗流，即为电渗作用。因此，电渗的本质是在电场作用下离子拖拽水分子的迁移运动。由于电渗法无需加荷，对土体的扰动程度远远小于其他各种加固方法，因此也被应用于各种工程除险、加固中。

5.3 设计与计算

在进行预压设计之前，应该提前开展详尽的岩工程地质勘察，并进行相关的室内土工试验，进而得出基础设计资料报告。尤其要对下列各项资料数据加以重视。

①土层条件。通过开展钻孔试验，根据钻孔数据绘制出该区域的地质剖面图，并在现场开采足量的试样以确定地基土的类别和厚度、土的成层程度、透水层位置、地下水位深度等。

②固结试验。开展固结试验并绘制出固结压力与孔隙比的关系曲线，得出固结系数。

③计算土层的抗剪强度并绘制抗剪强度沿深度的变化曲线。

④砂井及砂垫层所用砂料的粒度分布、含泥量等。

图 5-9 所示为排水固结法的设计与计算流程图。

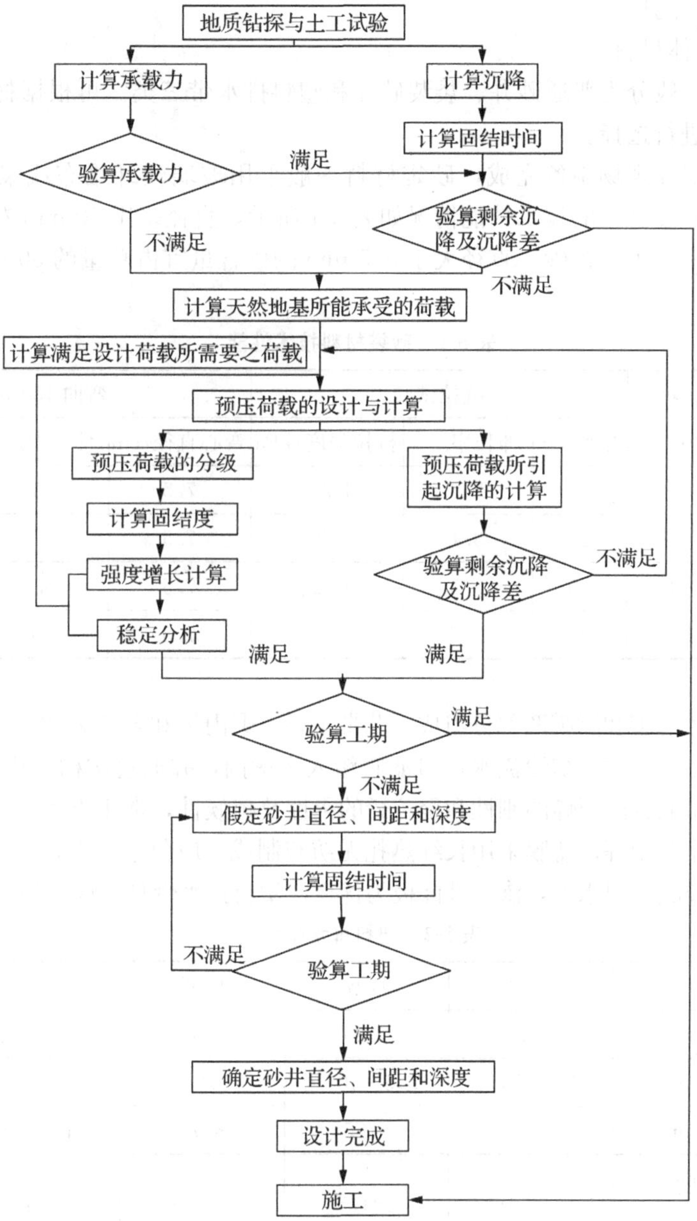

图 5-9　排水固结法设计流程

5.3.1　堆载预压法设计

堆载预压法的设计内容主要包括两个方面，即排水系统和加压系统的设计。其中排水系统设计应包括确定竖向排水体的类型，确定其材料选用、断面尺寸、间距、排列方式和深度等，以及水平排水体设计；加压系统的设计主要为堆载预压进度安排、堆载材料选用以及对堆载预压过程进行现场监测等。

堆载预压法设计计算步骤如下。

1)竖向排水体选择

(1)竖向排水体材料

竖向排水体一般分为普通砂井、袋装砂井和塑料排水带三类。可根据材料类别、施工情况和经济成本进行选择。

袋装砂井一般在现场制备完成，砂袋材料一般采用玻璃丝纤维布或聚丙烯布、再生布、黄麻片等，砂袋材料的技术性能情况如表 5-1 所示，直径多用 70 mm 左右，砂袋材料应选用渗透性较高的中、粗砂，直径大于 0.5 mm 的砂含量宜占总量的 50%以上，含泥量不应超过 3%。

表 5-1　砂袋材料技术性能

砂袋材料	渗透性/(cm/s)	抗拉试验			弯曲 180°试验		
		标距/cm	伸长率/%	抗拉强度/kPa	弯心直径/cm	伸长率/%	破坏情况
聚丙烯编织袋	$>1\times10^{-2}$	20	25.0	1 700	7.5	23	完整
玻璃丝纤维布		20	3.1	940	7.5		未到 180°折断
黄麻片	$>1\times10^{-2}$	20	5.5	1 920	7.5	4	完整
再生白布		20	15.5	450	7.5	10	完整

塑料排水带由芯带和滤膜两部分组成，芯带主要由聚丙烯和聚乙烯加工而成，两面有间隔沟槽的带体，土层中的固结渗流水通过滤膜渗入沟槽内，并通过沟槽从排水垫层中排出。塑料排水带的芯带兼具聚丙烯的刚性和聚乙烯的柔性及耐候性，常用类型：口琴型、长城垛型、乳头型及十字筋型等；滤膜采用长纤热扎无纺布制成，应包紧芯带，包覆时用热合法或黏合法，滤膜需要具备耐水性，渗水性能极为优良，塑料排水带具体性能如表 5-2 所示。

表 5-2　塑料排水带性能

项目	A 型	B 型	C 型	条件
纵向通水量/(cm^3/s)	≥15	≥25	≥40	侧压力
滤膜渗透系数/(cm/s)	$\geq5\times10^{-4}$	$\geq5\times10^{-4}$	$\geq5\times10^{-4}$	试件在水中浸泡 24 h
滤膜等效孔径/μm	<75	<75	<75	以 D_{98} 计，D 为孔径
复合体抗拉强度/[kN/(10cm)]	≥1.0	≥1.3	≥1.5	延伸率 10%时

（续表）

项目		A 型	B 型	C 型	条件
滤膜抗拉强度/(N/cm)	干态	≥15	≥25	≥30	延伸率 10%时，试件在水中浸泡 24 h
	湿态	≥10	≥20	≥25	
滤膜重度/(N/m²)			0.8		

(2)竖向排水体平面设计

在实际工程中，普通砂井直径通常为 300～500 mm，采用 400 mm 较多，井径比 n(砂井的有效工作半径与砂井半径之比)通常为 6～8。当所需加固土层厚度较大时，砂井直径可大于 1 000 mm。

袋装砂井的直径通常取 70～100 mm，井径比 n 通常为 15～30。

塑料排水带常用当量直径 D_p 表示。

$$D_p = \frac{2(b+\delta)}{\pi} \tag{5-6}$$

式中，b 为塑料排水带宽度；δ 为塑料排水带厚度。

塑料排水带井径比 n 通常为 15～30。

竖向排水体平面通常采用等边三角形或正方形布置，如图 5-10 所示。每根砂井为一独立排水体系。若采用等边三角形布置时，每根砂井的有效影响范围为正六边形；若采用正方形布置时，其有效范围为正方形。

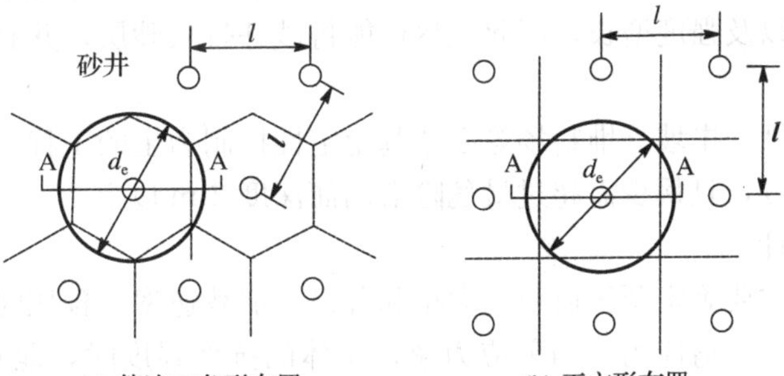

图 5-10　竖向排水体布置方式

可根据竖向排水体间距 l 将每根砂井影响范围通过等面积圆代替，得到有效排水直径 d_e。

等边三角形布置时：

$$d_e = 1.05l \tag{5-7}$$

正方形布置时：

$$d_e = 1.13l \tag{5-8}$$

竖向排水体的间距 l 和井径比 n 可根据地基土的固结特性和预定时间内所要求达到的固结度确定。

(3)竖向排水体深度设计

竖向排水体的深度应根据工程对地基的稳定性、变形条件要求以及工期进度安排来确定。其中，若工程以地基抗滑移稳定性控制为主要目标，竖向排水体深度应大于最危险滑动面以下 2 m；若工程以变形控制为主要目标，竖向排水体的深度应根据在限定的预压时间内需完成的变形量确定。如果受压层厚度不大，竖向排水体可贯穿软土层以减小预压荷载或缩短预压时间。若待处理的软土层含有砂层，且砂层中没有承压水，应尽量打至砂层；若砂层中有承压水，则不应打至砂层，应留有一定厚度的软土层，防止承压水与竖向排水体连通。

(4)水平排水体设计

水平排水通常为砂垫层，其厚度一般超过 400 mm，应采用干净的中、粗砂进行铺设，含泥量不能高于总量的 5%，砂料中可含有少量粒径不大于 50 mm 的砾石，砂垫层的干密度需大于 1.5 g/cm^3。

砂垫层的宽度应大于堆载宽度或建筑物的基底宽度，并向外延伸至砂井区外边线 2 倍砂井直径。砂井的布置范围一般稍稍大于建筑物的基础范围。扩大的范围可由基础的轮廓线向外增大 2～4 m。

(5)砂井深度

应根据荷载大小、软土层厚度和工程要求选择的砂井深度。设置砂井的目的是加速地基固结沉降，但排水固结的效果与固结压力的大小成正比。当软黏土层较薄时，砂井应穿透软黏土层；当软黏土层较厚、但其间有砂层或砂透镜体时，砂井应尽可能打入砂层或砂透镜体；当软黏土层很厚、但其间又无透水层时，可按地基的稳定性以及建筑物沉降所要求的处理深度来决定砂井深度。当工程主要目标为控制沉降时，砂井深度可依据加载后的沉降量满足上部建筑物容许的沉降量的原则来确定。

当勘探发现砂层中存在承压水时，在承压水的长期作用下，黏土中所含有的超静水压力抑制黏土的固结以及强度增长，因此宜尽可能将砂井打入砂层，并利用砂井来加快承压水的消散。

对于路堤、土坝、岸坡、堆料场等以地基稳定性控制为主的工程，应根据稳定性分析结果来确定砂井深度，且最少需超过最危险滑动面深度 2 m 以上。

2)预压荷载设计

预压荷载设计主要确定预压荷载的大小和分级、加载速率、预压时间。软黏土地基上的堆载会在地基内产生剪应力，当剪应力超过土体的抗剪强度时，地基将发生剪切破坏。所以堆载预压需分级逐步加载，在前期荷载作用下地基进行固结沉降，必须在强度满足下一级荷载作用要求后，才可进行下一级荷载的施加。其设计步骤具体如下。

① 利用地基的天然抗剪强度计算第一级容许施加的荷载。

② 计算第一级荷载下地基强度增长值，并以此确定第二级所能施加的荷载。

③ 计算第一级荷载下达到指定固结度所需的时间，此时间亦为第二级荷载开始施加的时间。

④ 以此类推完成整个加载过程。

5.3.2 真空预压法设计

真空预压法设计与计算的内容主要包括：竖向排水体的类型与断面尺寸、间距、排列方式和深度，水平排水体设计，预压区面积与分块大小，真空预压工艺，要求达到的真空度与地基固结度，真空预压下的变形计算，真空预压后地基的强度增长计算等。

真空预压法设计中的排水竖井间距、固结度计算、变形计算、强度增长计算等均可参照前述堆载预压法。

(1)砂井选择

砂井的砂料应选用中、粗砂。当袋装砂井的深度为 10 m 时，真空度将会降低 10%，因此为了减少真空度的损失，当砂井深度超过 10 m 时，应提高砂料的选择要求。

(2)排水通道及其参数

真空预压法虽与堆载预压法作用机理不同，但同属预压排水固结方法，都需根据土质条件、预压要求和加固时间等因素来设计排水通道。

(3)真空预压区要求

真空预压区的边缘应超过建筑物的轮廓线范围，且真空预压区每边增加量不得小于 3.0 m，根据所需密封膜的流水化加工能力以及现场施工工艺的要求，真空预压区的单块预压面积应尽可能大，区域形状应尽可能为正方形或接近方形，形状比(加固面积与周长之比)亦应尽可能大。

由于真空度在真空预压区的边缘会向外界扩散消失，排水固结效果远低于中心区域，因此预压区的边缘必须大于建筑物的外包轮廓线。真空预压的效果与膜内真空度高低关系很大，真空度越高，预压效果越好。如果真空度不高，加上砂井井阻影响，真空度传递受到阻碍，加固效果将受到较大影响。

(4)膜内真空度及加固要求达到的固结度

真空预压的膜下真空度应稳定地保持在 650 mm 汞柱，即 86.7 kPa 以上，且分布均匀，预压时间不宜低于 90 d。排水竖井深度范围内土层的平均固结度应大于 90%。为保证稳定的真空度，一般需在边界设置竖向隔离密封墙，以有效隔断水平向透气层或透水层。当浅层存在透气、透水性较好的砂性土层时，设置密封墙尤其重要。

(5)抽真空设备要求

通常采用射流泵进行抽真空，单机功率一般高于 7.5 kW，在进气孔密闭的状态下，其真空压力应高于 95 kPa。抽真空设备宜均匀布置在加固区四周，也可适量布置在加固区中部，每台设备的控制面积宜为 900 ～1 100 m^2。施工后期抽真空设备开启数量应大于总数的 80%。

5.3.3 真空联合堆载预压法设计

当设计地基预压荷载大于 80 kPa，且地基进行真空预压处理也不能满足设计要求时，可在进行真空预压抽真空的同时再施加定量的堆载。

预压区边缘应大于建筑物基础轮廓线，且预压区每边的增加量不得小于 3.0 m。对于一般软黏土地基，在膜下真空度稳定地达到 650 mm 汞柱后，抽真空 10 d 左右可进行上部堆载预压施工，即边抽真空边堆载。对于高含水量的淤泥类土，在膜下真空度稳定地达到 650 mm 汞柱后，一般抽真空 20～30 d 后可进行堆载施工。

当所需堆载较大时，真空联合堆载预压法应进行荷载分级施加，分级数应根据地基土稳定计算来确定。加载过程中地基向加固区外的侧向位移速率应小于 5 mm/d，沉降速率应小于 30 mm/d。真空联合堆载预压法预压地基固结度和强度增长的计算可根据堆载预压中的相关方法进行计算。以真空预压为主时，最终竖向变形可按堆载预压中地基最终变形量计算公式计算。其中参数 ξ 可取 0.9。真空联合堆载预压法预压地基固结度、承载力增长以及最终竖向变形的计算可按《建筑地基处理技术规范》(JGJ 79—2012)相关条文执行。

5.3.4 排水固结法计算

1)地基固结度计算

固结度计算是堆载预压地基处理设计的重要内容，各级荷载下的固结度可用以推算地基强度增强值，分析地基稳定性，确定加荷计划，估算加荷期间地基的沉降量，确定预压时间等。曾国熙建议地基平均固结度采用下述普遍表达式表示：

$$\bar{U} = 1 - \alpha e^{-\beta t} \tag{5-9}$$

式中，α、β 为参数；t 为固结时间。

不同条件下的平均固结度计算公式及参数 α、β 值如表 5-3 所示。

表 5-3　不同条件下的平均固结度计算公式

序号	条件	平均固结度计算公式	系数 α、β		备注
1	竖向排水固结 ($\bar{U}_z > 30\%$)	$\bar{U}_z = 1 - \alpha_z e^{-\beta_z t}$	$\alpha_z = \frac{8}{\pi^2}$	$\beta_z = \frac{\pi^2 C_v}{4H^2}$	Terzaghi 解
2	径向排水固结	$\bar{U}_r = 1 - \alpha_r e^{-\beta_r t}$	$\alpha_r = 1$	$\beta_r = \frac{8C_h}{Fd_e^2}$	Barron 解
3	砂井地基	$\bar{U}_{rz} = 1 - (1 - \bar{U}_r)(1 - \bar{U}_z) = 1 - \alpha_{rz} e^{-\beta_{rz} t}$	$\alpha_{rz} = \frac{8}{\pi^2}$	$\beta_{rz} = \frac{8C_h}{Fd_e^2} + \frac{\pi^2 C_v}{4H^2}$	$F = \begin{cases} F_n, (\text{理想井, Barron 解}) \\ F_n + F_s + F_w, (\text{非理想井, 谢康和解}) \end{cases}$ $F_n = \frac{n^2}{n^2 - 1}\ln n - \frac{3n^2 - 1}{4n^2}, n = \frac{d_e}{d_w}$ $F_s = \left(\frac{k_h}{k_s} - 1\right)\ln\frac{d_s}{d_w}, F_r' = \pi\frac{k_h}{k_w}\left(\frac{H}{d_w}\right)^2$
4	通用表达式	$\bar{U} = 1 - \alpha e^{-\beta t}$	α	β	曾国熙

注：C_v、C_h 分别为竖向、径向固结系数；H 为竖向最大排水距离；n 为井径比，普通砂井，n=6～8，袋装砂井和塑料排水板，n=15～22；d_w 为砂井直径；F_s、F_w 分别为反应涂抹效应、井阻效应的影响因子；d_s 为涂抹区直径[可取 d_s=(2～3)d_w，中等灵敏土取低值，高灵敏土取高值]；k_s 为涂抹区的渗透系数，可取 k_s/k_h=1/5～1/3；k_w 为砂井的渗透系数；k_h 为土的水平向渗透系数。

考虑到实际工程的预压荷载是逐渐施加的，如果将实际加荷过程简化成如图 5-11 所示的多级等速加荷时，可采用下式简化计算各阶段的地基平均固结度。

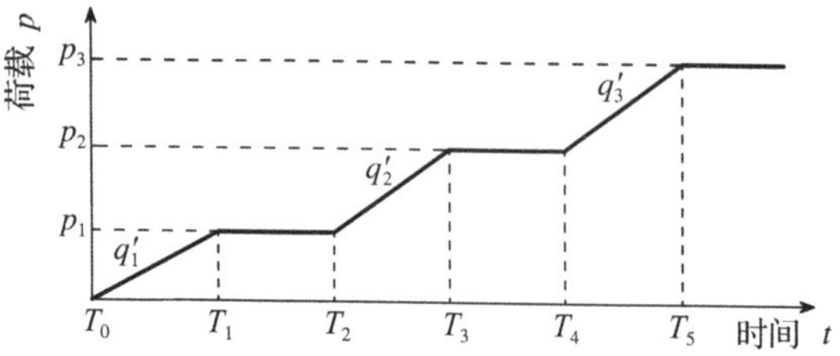

图 5-11　分级加载条件下地基平均固结度计算

$$\bar{U}'_t = \sum_{1}^{n} \frac{q'_i}{p_t}\left[(T_i - T_{i-1}) - 1 - \frac{\alpha}{\beta} e^{-\beta t} (e^{\beta T_i} - e^{\beta T_{i-1}}) \right] \tag{5-10}$$

式中，U_t'为 t 时多级荷载等速加荷修正后的平均固结度；p_t为与多级加荷历时 t 对应的荷载，$p_t = \sum \Delta p$；q'_i 为第 i 级荷载的平均加载速率；T_{i-1}、T_i为第 i 级荷载的加荷起点和终点历时(从零点起算)；t 为所求固结度历时，当计算第 i 级荷载 $T_{i-1} < t < T_i$时，则式中的 T_i应改为 t；n 为加荷级数；α、β 为参数，根据地基土排水固结条件按表 5-3 采用。

2)考虑井阻作用的固结度计算

在塑料排水带插带、砂井施工过程中会无法避免地对地基土造成扰动，进而在塑料排水带或砂井周边形成相对不透水的土层。此类因地基土扰动而造成周边土层透水性降低的作用被称为涂抹作用。同时，只有在一定的水头差(水力梯度)作用下，塑料排水带或砂井的导水能力才能发挥，并排出从地基土流入的水，这种砂井导水能力的有限性称为井阻。

当排水竖井采用挤土方式施工时，应当考虑涂抹对土体固结的影响；当竖井的纵向通水量与天然水平向渗透系数的比值较小，且竖井的长度相对较长时，应当考虑井阻的影响。

在瞬时加载条件下，并考虑涂抹和井阻影响时，竖井地基径向排水平均固结度可按下式计算：

$$U_r = 1 - e^{-\frac{8T_h}{F}} \tag{5-11}$$

式中，T_h为径向排水固结因子，$T_h = \dfrac{C_h t}{d_e^2}$；$F$ 为综合参数，其表达式为

$$F = F_n + F_s + F_w \tag{5-12}$$

式中下标 n、s、r 分别表示井径比、涂抹作用、井阻作用的影响。

$$F_n = \ln n - \frac{3}{4} \quad (n \geqslant 20) \tag{5-13}$$

$$F_s = \left(\frac{k_h}{k_s} - 1\right) \ln S \tag{5-14}$$

$$F_w = \frac{\pi^2 H^2}{4} \frac{k_h}{q_w} \tag{5-15}$$

式中，k_h为天然土层水平向渗透系数；k_s为涂抹区土的水平向渗透系数，可取 $k_s = (1/5 \sim 1/3) k_h$；S 为涂抹区直径 d_s与竖井直径 d_w的比值，可取 $S = 2 \sim 3$，对中等灵敏黏性土取低值，对高灵敏黏性土取高值；H 为砂井贯穿土层最大排水距离；z 为竖向坐标；q_w为竖井纵向通水量，为单位水力梯度下单位时间的排水量，其表达式为

$$q_w = k_w A_w = k_w \frac{\pi d_w^2}{4} \tag{5-16}$$

式中，k_w为竖向排水体渗透系数。

3)地基固结抗剪强度增长计算

地基土体在荷载作用下进行排水固结。土体中超孔隙水压力在固结过程中逐渐消散，有效应力增大，地基土体抗剪强度提高。同时，地基土体在荷载作用下产生蠕变，并造成

地基土体抗剪强度减小。因此，计算预压荷载下饱和黏性土地基中某点的抗剪强度时，应考虑土体原来的固结状态。对正常固结饱和黏性地基，基本点某时刻的抗剪强度可按下式计算：

$$\tau_f = \tau_{f0} + \Delta\tau_{fc} - \Delta\tau_{ft} \tag{5-17}$$

式中，τ_{f0}为地基中某点初始抗剪强度；$\Delta\tau_{ft}$为土体蠕变引起的抗剪强度的减少量；$\Delta\tau_{fc}$为因排水固结而增长的抗剪强度增量，其表达式为

$$\Delta\tau_{fc} = \frac{\cos^2\varphi'}{1+\sin\varphi}\sigma'_1 = K\Delta\sigma'_1 \tag{5-18}$$

式中，$\Delta\sigma'_1$为土体固结产生的有效应力增量。

设在预压荷载作用下，地基中某点总主应力增量为 $\Delta\sigma_1$。当该点土体固结度为 U 时，土体中相应的有效主应力增量 $\Delta\sigma'_1$为

$$\Delta\sigma'_1 = \Delta\sigma_1 - \Delta u = U\Delta\sigma_1 \tag{5-19}$$

考虑到由蠕变引起的抗剪强度的减少量 $\Delta\tau_{ft}$难以计算，曾国熙建议将式(5-17)改写为

$$\tau_f = \eta(\tau_{f0} + \Delta\tau_{fc}) \tag{5-20}$$

式中，η 为考虑土体蠕变及其他因素对土体抗剪强度的折减系数，并建议在软黏土地基工程设计中取 $\eta=0.75\sim0.9$。

结合式(5-18)、式(5-19)和式(5-20)，可得

$$\tau_f = \eta[\tau_{f0} + K(\Delta\sigma_1 - \Delta u)] = \eta(\tau_{f0} + KU\Delta\sigma_1) \tag{5-21}$$

式中，K 为土体有效内摩擦角的函数，$K=\frac{\sin\varphi'\cos\varphi'}{1+\sin\varphi}$；$U$ 为地基中某点固结度，简便起见，常用平均固结度代替；$\Delta\sigma_1$为荷载引起的地基中某点最大主应力增量，可按弹性理论计算；Δu 为荷载引起的地基中某点超孔隙水压力增量。

5.4 施工与质量检验

5.4.1 堆载预压法施工技术

1)竖向排水体施工

竖向排水体主要有 300～500 mm 宽的普通砂井、70～120 mm 宽的袋装砂井和 100 mm宽的塑料排水带。不同的竖向排水体施工方法各有不同。

(1) 砂井施工

砂井施工首先在待加固地基中成孔，再往孔中灌砂形成砂井。工艺流程主要包括：确定施工顺序→放线定出井位→桩机就位→打入(或振动沉入)桩管→灌砂→边拔管边振动或边锤击管直到桩顶→铺设砂垫层→堆载预压。

表 5-4 为砂井成孔和灌砂方法，应根据工程情况和地质条件等选用对周围土体扰动小

且施工效率高的方法。

表 5-4　砂井成孔和灌砂方法

<table>
<tr><th>类型</th><th colspan="2">成孔方式</th><th colspan="2">灌砂方法</th></tr>
<tr><td rowspan="4">使用套管</td><td rowspan="3">管端封闭</td><td>冲击打入</td><td>用压缩空气</td><td rowspan="4">静力提拔套管</td></tr>
<tr><td>振动打入</td><td>用饱和砂</td></tr>
<tr><td>静力打入</td><td></td></tr>
<tr><td>管端敞开</td><td></td><td>浸水自然下沉</td></tr>
<tr><td>不使用套管</td><td>旋转射水、冲击射水</td><td colspan="3">用饱和砂</td></tr>
</table>

砂井的灌砂量应根据井孔的容积以及砂在中密时的干密度进行计算，其实际灌砂量不得小于计算值的 95%。所灌之砂宜采用干砂，并进行压密处理，砂袋需至少高出井孔顶端 200 m，进而方便砂垫层填埋。

砂井的施工方法通常分为沉管法、射水法、螺旋钻成孔法和爆破法四种。

①沉管法。沉管法是指将带有活瓣管尖(或混凝土端靴)的套管沉至预定深度，然后在管内灌砂、拔出套管形成砂井。根据沉管工艺不同，主要分为锤击沉管法、静压沉管法、振动沉管法、锤击静压联合沉管法等。其中以振动沉管法在实际工程中使用最为频繁。

锤击、静压及其联合沉管法提管时易将管内砂拔出，造成砂井缩颈或断开，抑制排水效果，辅以气压法虽可在一定程度上进行改善，但施工工艺较为复杂。

振动沉管法以振动锤为动力，将套管沉到预定深度，灌砂后进行振动，再提管形成砂井。采用这种方法施工避免了提管时砂随管带上，保证砂井的连续性，同时砂还被振密，砂井的质量较好。但是，沉管法的一个缺点是击土效应产生一定的涂抹作用，影响孔隙水排出。

②射水法。射水法是指利用喷头通过射水管形成高速水流冲击成孔和环刀机械切削，使土体被破坏，并形成一定直径和深度的砂井孔，再进行灌砂而成砂井。该法比较适用于土质较好且均匀的黏性土地基，但对土质很软的淤泥，由于成孔和灌砂过程中容易缩孔，因此很难保证砂井的直径和连续性。

射水成孔的施工器具较为简单，对土的扰动程度较小，但对于施工过程中的泥浆排放、塌孔、缩颈、串孔、灌砂等方面的问题都有待进一步解决。

③螺旋钻成孔法。螺旋钻成孔法是指用动力螺旋钻具进行钻孔，在提钻后孔内灌砂形成砂井，此方法形成砂井长度在 10 m 之内，不会出现缩颈和塌孔现象。其成孔尺寸较为统一，但灌砂质量难以掌握，对于软弱程度较高的地基不太适用。

④爆破法。首先用直径 73 mm 的螺纹钻钻成一个满足砂井所要求深度的孔，并在孔中放置由传爆线和炸药所组成的条形药包，爆破后将孔扩大，然后向孔内灌砂形成砂井。这种方法施工简易，不需要复杂的机具，适用于深度为 6～7 m 的浅砂井。

上述的四种砂井施工方法，必须保证砂井的施工质量以防出现缩颈、断颈或错位现象。

制作砂井所用的砂宜用中砂，砂的粒径必须能保证砂井具有良好的渗水性，国外要求作粒径分析。为了最大限度的发挥砂井的排水过滤作用，砂的 d_{15}(小于某粒径的含量占砂总重 15%的粒径)应不小于压密层土 d_{15} 的 4 倍和不大于压密层土 d_{85}(小于某粒径含量的 85%的粒径)的 4 倍，即

$$4d_{15}(土)\leqslant d_{15}(砂)\leqslant 4d_{85}(土) \tag{5-22}$$

砂井的灌砂量应按砂在中密状态时的干密度和井管外径所形成的体积计算，其实际灌砂量按质量控制要求，不得小于计算值的 95%。为避免出现砂井断颈或缩颈现象，可用灌砂的密实度来控制灌砂量。灌砂时可适当灌水，以利密实。

(2)袋装砂井施工

袋装砂井施工的工艺流程：确定施工顺序→放线定出井位→桩机就位→整理桩尖(活瓣桩尖或预制混凝土桩尖)→沉入导管→将砂袋放入导管→往管内灌水(减少砂袋与管壁的摩擦力)→拔管→铺设砂垫层→堆载预压。

装填砂袋中的砂宜采用洁净中砂，并应灌制密实，砂袋的直径、长度和间距应视工程对固结时间的要求、工程地质情况等计算而定。常用的袋装砂井直径为 70 mm。

袋装砂井成孔方法通常有锤击打入法、水冲法、静力压入法、钻孔法和振动贯入法等。以锤击打入法为例，其施工过程为打入成孔套管→套管到达规定标高→在套管内放下砂袋→拔套管，袋装砂井施工完毕。砂袋长度比砂井孔长度应至少长 50 cm，使其放入井孔内后能露出地面，以便埋入排水砂垫层中。袋装砂井施工时，所用钢管的内径宜略大于砂井直径，以减小施工过程中对地基土的扰动。

(3)塑料排水带施工

塑料排水带的施工方法和工艺流程大致与袋装砂井相同，使用时采用专门插板机将其插入地基中，然后在地基表面加载预压，土体中孔隙水沿塑料排水带的通道渗出，从而使地基土得到加固。塑料排水带堆载预压工艺流程如图 5-12 所示。

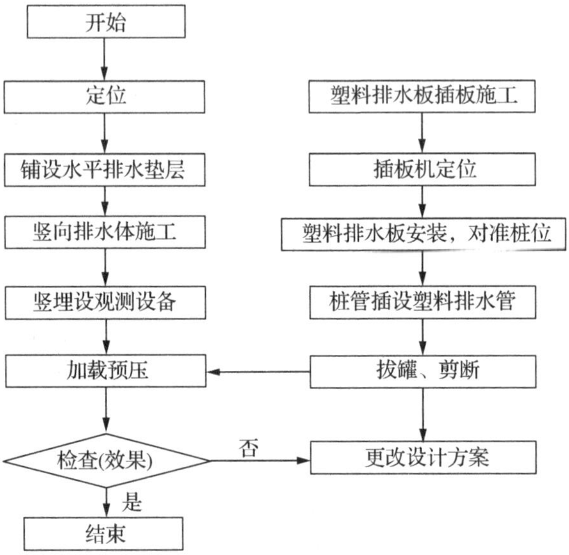

图 5-12　塑料排水带施工工艺流程

塑料排水带施工时，平面井距偏差应小于井径，垂直度偏差应小于 1.5%，深度不应小于设计要求。塑料排水板埋入砂垫层中的长度不应小于 200 mm。

所用套管需保证插入地基中的排水带保持竖直。塑料排水带需接长时，应采用滤膜内芯带平搭接的连接方法，搭接长度不宜小于 200 mm。进行塑料排水带施工时应配置能检测其插入深度的相应器具。

①插带机械。除了专业机械之外，用于插设塑料排水带的机械也有用挖掘机、起重机、打桩机等机械改装而成的。插带机的运移方式有轨道式、轮胎式、链条式、履带式和步履式等。

②塑料排水带管靴与桩尖。打设塑料带的导管靴一般有圆形和矩形两种。由于导管靴的断面不同，所用桩尖也各不相同，桩尖一般与导管分离。桩尖的主要作用是在打设塑料带的过程中防止淤泥进入导管内，并且对塑料带起到锚定的作用，防止提管时将塑料带拔出。

a. 圆形桩尖应配圆形管靴，通常采用混凝土制成，如图 5-13(a)所示。

b. 倒梯形绑扎连接桩尖应配矩形管靴，通常采用塑料制品，也可使用薄金属板，如图 5-13(b)所示。

c. 楔形挤压连接桩尖固定塑料带比较简单，一般为塑料制品，也可用薄金属板，如图 5-13(c)所示。

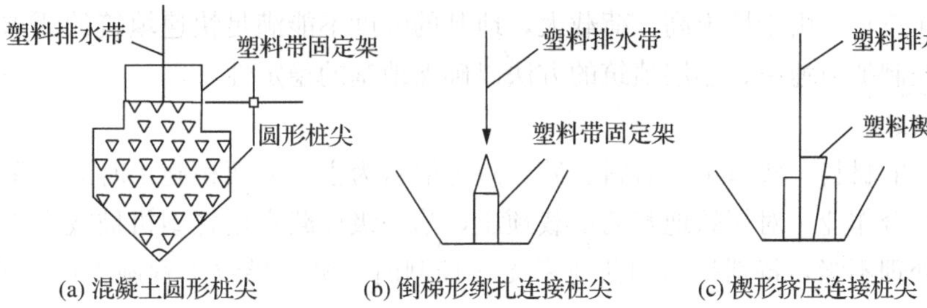

图 5-13 塑料排水带管靴与桩尖形式

③塑料排水带打设顺序。塑料排水带的打设顺序一般为定位→将塑料带通过导管从管靴穿出→将塑料带与桩尖连接贴紧管靴并对准桩位→插入塑料带→拔管剪断塑料带→移位，如图 5-14 所示。

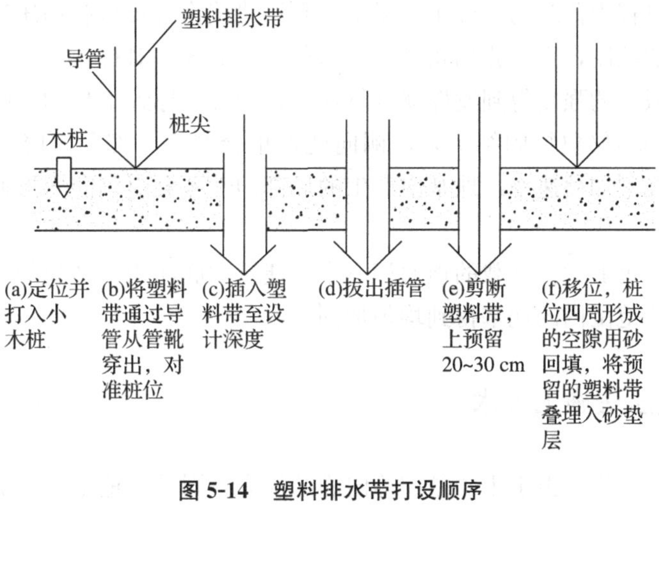

图 5-14 塑料排水带打设顺序

2)水平排水垫层施工

目前水平排水砂垫层主要有以下四种施工方法。

①当地基表层有一定厚度的硬壳层，其承载力较好，能上一般运输机械时，可采用机械分堆摊铺法，即先堆成若干砂堆，然后用机械或人工摊平。

②当软土地基表面很软，如新沉积或新吹填不久的超软地基等，首先要改善地基表面的持力条件，使其能上施工人员和轻型运输工具进行摊铺。

③当硬壳层承载力不足时，一般采用顺序推进摊铺法。

④尽管对超软地基表面采取了加强措施，但地基持力条件仍很差，一般轻型机械无法上去，通常采用人工或轻便机械顺序推进铺设的方法。

3)预压荷载施工

产生固结压力的荷载一般可分为以下三类：一是利用建筑物自重加压，二是外加预压荷载，三是通过减小地基土的孔隙水压力而增加固结压力。

(1)利用建筑物自重加压

利用建筑物自重对地基加压是一种经济而有效的方法。此法一般应用于以地基的稳定性为控制条件，能适应较大变形的建筑物，如路堤、土坝、储矿场、油罐、水池等。对路堤、土坝等建筑物，由于填土高、荷载大，地基的强度不能满足快速填筑的要求，工程上都采用严格控制加荷速率、逐层填筑的方法以确保地基的稳定性。

(2)堆载预压

堆载预压的材料一般以土、石料、砂、砖等散料为主。大面积施工时通常采用自卸汽车与推土机联合作业。对超软地基的堆载预压，第一级荷载宜用轻型机械或人工作业。堆载预压如果处理不当，特别是当加荷速率无法控制时，极易导致工程施工的失败。因此，施工时应注意以下几点。

①必须严格控制加载速率。除严格执行设计中制定的加载计划外，还应通过施工过程中的现场观测掌握地基变形动态，以保证在各级荷载下地基的稳定性。当地基变形出现异常时，应及时调整加载计划。为此，加载过程中应每天进行竖向变形、边桩位移及孔隙水压力等项目的观测。

②注意堆载过程中荷载均匀分布。无论是利用建筑物自身荷载加压还是堆载加压，应注意对加荷速率的控制，不要施加超过地基承载力的荷载。对打入式砂井地基，若未待因打砂井而使地基减小的强度得到发挥就进行加载，则容易导致工程的失败。从沉降角度来分析，地基的沉降不仅包括固结沉降，侧向变形也会产生一部分沉降，特别是当荷载大时，如果不注意控制加荷速率，地基内产生的局部塑性区会因侧向变形而引起沉降，从而增大总沉降量。

③堆载面积要足够大。堆载的顶面积不小于建筑物底面积。堆载的底面积也应适当扩大，以保证建筑物范围内的地基得到均匀加固。

5.4.2 真空预压法施工技术

对于真空预压工程，由于土体是在等向固结压力下固结，地基土内剪应力不变，不会发生剪切破坏，故真空度可一次抽至最大，整个施工过程如图 5-15 所示。

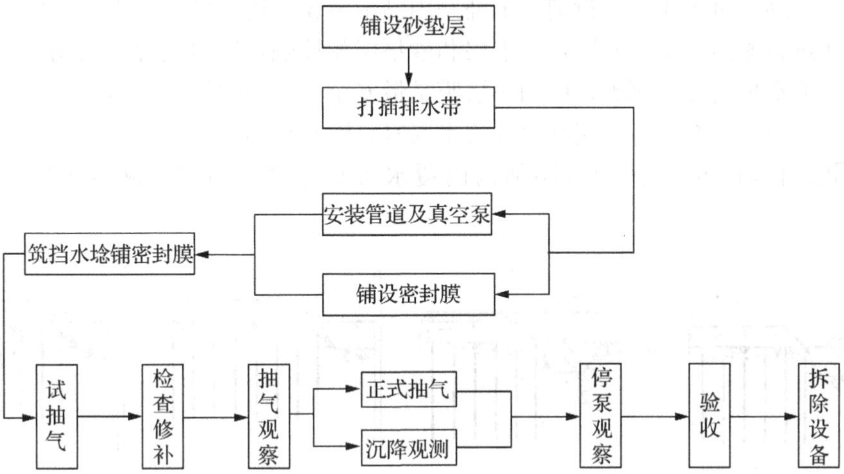

图 5-15　塑料排水带打设顺序

1)排水通道施工

排水通道施工是指在软基表面铺设砂垫层和在土体中埋设袋装砂井或塑料排水带，其施工工艺参见堆载预压法施工。

2)膜下管道施工

滤水管在预压过程中应可适应地基的变形。如图 5-16 所示，采用钢管或塑料管作为滤水管，并在管外包裹尼龙纱或土工织物等滤水材料。水平向分布滤水管可采用条状、梳齿状及羽毛状等多种形式，滤水管布置宜形成回路，真空管路的连接处应严格密封，在真空管路中应设置止回阀和截门。滤水管应设在砂垫层中间，其上覆盖 100～200 mm 厚的砂层。

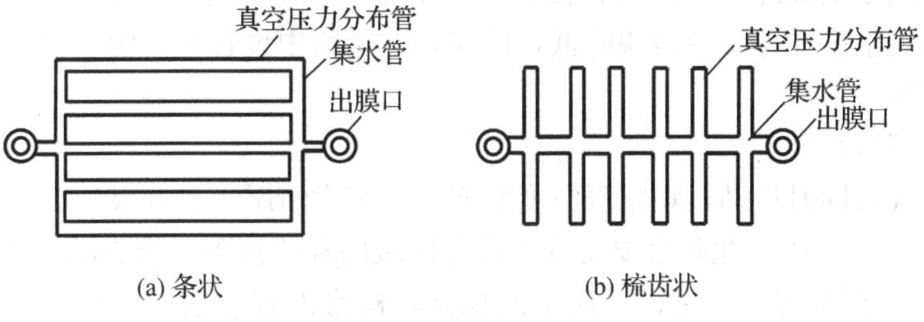

图 5-16　真空滤管的形式

3)密封系统施工

(1)密封膜施工

① 密封膜材料。密封膜应采用韧性好、抗穿刺能力强、抗老化性能强的不透气材料，如线性聚乙烯等。

② 密封膜热合。密封膜热合时宜采用两条热合缝的平搭接方式，搭接长度应大于 15 mm。在热合时，应根据密封膜的材料、厚度，选择合适的温度、压力和热合时间，使热合缝黏结牢固而不熔。

③ 密封膜铺设。为保证真空预压全过程的密封性，密封膜应铺设三层，来确保密封效果，覆盖膜周边可采用挖沟折铺、平铺并用黏土覆盖压边，围埝沟内覆水以及膜上全面覆水等方法进行密封。主要原因：最下层和砂垫层相接触，密封膜容易被刺破；最上层膜易受环境影响造成老化、刺破；中间一层膜是最安全、作用效果最好的一层膜。

当处理区内包含有充足水流补给的透水层时，因在加固区内仍存在不密封因素，故应采取封闭式板桩墙、封闭式板桩墙加沟内覆水或其他密封措施隔断透水层，如图 5-17 所示。

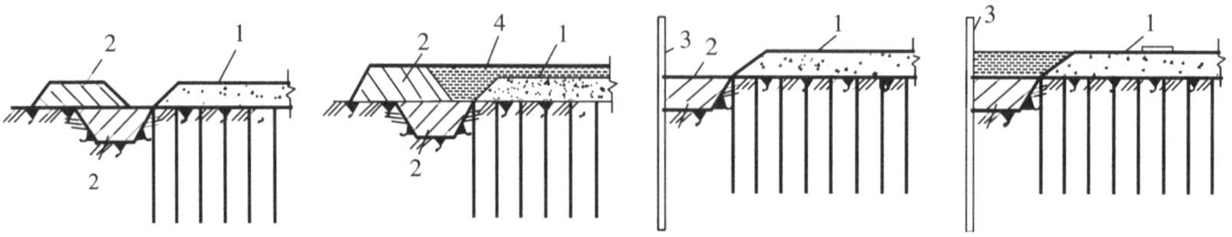

(a) 挖沟折铺　(b) 板桩密封　(c) 围埝内面覆水密封　(d) 板桩墙加沟内覆水

1—密封膜；2—填土压实；3—钢板桩；4—覆水

图 5-17　薄膜周边密封方式

(2)抽气设备选用

一般采用射流真空泵作为真空预压的抽气设备，抽真空时必须超过 95 kPa 的真空吸力，应根据预压面积大小和形状、真空泵效率和工程经验来设置真空泵，但每块预压区域至少应设置两台真空泵。

(3)管路连接

根据射流真空泵的结构特点，射流真空泵经连接管进入密封膜内腔，形成连接密封系统。当真空泵工作时，膜内真空度很高，一旦由于某种原因，射流泵全部停止工作，膜内的真空度便会随之全部卸除，这将直接影响到地基的加固效果，并延长预压时间。因此，为了避免膜内真空度在停泵后很快降低，应在真空管路中设置止回阀和截门。

4)真空预压

(1)试抽气阶段

将所有抽气泵同时启动，观察真空度的变化。正常情况下，开泵后 2～4 h，泵口处的真空度就能达到 20 kPa，此阶段要安排人员在区域内和膜沟附近检查漏气部位。当膜内真空度达到 40 kPa 时应停泵，进行一次全面检修，检修内容包括检查挡水埝和膜内外侧的地面有无裂焊、塌陷，若有则查明原因并进行加固处理；检查预压区内有无过大的不均匀沉降，电器、机械是否完好，真空表灵敏度是否正常，如果沉降呈塌陷形时，要剪开密封膜用砂填平。

(2)抽真空

经过检查、修理，再抽气时真空度会提高很快，此时更应注意观察整个预压区内有无异常，因为随着真空度的提高，一旦发生故障会造成较大的损坏，而且不易修复。经过 24 h抽气，如情况正常，便可向埝内覆水。

覆水主要有两个作用：一是覆水后可在三层膜间形成夹水层，增加膜的密封性能；二是防止直接暴晒塑料膜，减缓密封膜的老化。

5.4.4 施工过程监测与质量检验

1)监测

在排水固结法实施过程中，一般需要进行必要的监测，并根据监测结果对施工过程进行控制。一般工程中实施的监测项目如表 5-5 所示，还可根据实际工程的具体情况确定监测项目。

表 5-5 监测项目表

监测项目	监测仪器或元件	监测目的	备注
真空度	真空度表	测试膜下真空度，了解真空预压荷载大小	真空预压过程中
表面沉降	浅层沉降板与水准仪	及时了解施工中沉降、沉降速率以及卸载后地基回弹情况，预测总沉降与工后沉降量	必需项目
水平位移(浅层)	边桩与全站仪或经纬仪	了解加固边界附近地表土体沉降(隆起)或侧向位移，判断或预测地基抗滑稳定性	必需项目
水平位移(深层)	测斜管与测斜仪	了解边界处深层土体的侧向变形，判断或预测地基抗滑稳定性	
孔隙水压力	渗压计与配套二次仪表	了解地基土孔隙水压力变化，推断地基固结度，并以此推算卸载时间	
深层(分层)沉降	分层磁环与沉降仪	了解加固深度内各土层的压缩情况，判断加固的有效深度，分析各个深度土层的固结程度	

(1)孔隙水压力观测

现场观测孔隙水压力时，可根据测点孔隙水压力-时间变化曲线，推算出土的固结系数，推算该点不同时间的固结度，从而推算出强度增长，并确定下一级施加荷载的大小。根据孔隙水压力与荷载的关系曲线可判断该点是否达到屈服状态，因此可用来控制加荷速率，避免加荷过快而造成地基破坏。

在堆载预压工程中，一般在场地中央、载物坡顶处及载物坡脚处的不同深度设置孔隙水压力观测仪器，而真空预压工程则只需在场内设置若干个测孔。测孔中测点布置的垂直距离为 1～2 m，不同土层也应设置测点，测孔的深度应大于待加固地基的深度。

(2)沉降观测

沉降观测内容包括：荷载作用范围内地基的总沉降、荷载外地面沉降或隆起、分层沉降以及沉降速率等。堆载预压工程的地面沉降标应沿场地对称轴线设置，场地中心、坡顶、坡脚和场外 10 m 范围内均需设置地面沉降标，以掌握整个场地的沉降情况和场地周围地面的隆起情况。

真空预压工程地面沉降标应在场内有规律地设置，各沉降标之间的距离一般为 20～30 m，边界内外应适当加密。深层沉降一般采用磁环或沉降观测仪在场地中心设置一个测孔，孔中测点位于各土层的顶部。

(3)水平位移观测

水平位移观测包括边桩水平位移和沿深度的水平位移两个部分。它是控制堆载预压加荷速率的重要手段之一。

真空预压的水平位移指向加固场地，不会造成加固地基的破坏。

地表水平位移标一般由木桩或混凝土制成，布置在预压场地的对称轴线上和场地边线的不同距离处；深层水平位移则由测斜仪测定，测孔中的测点距离为 1～2 m。

(4)地基土物理力学指标检测

通过对比排水固结前后地基土的基本物理力学指标，可直观地反映出排水固结法加固地基的效果。

现场监测的测试要求如表 5-6 所示。

表 5-6　监测项目测试要求表

观测内容	观测目的	观测次数	备　　注
沉降	推算固结程度，控制加荷速率	①4 次/日 ②2 次/日 ③1 次/日 ④4 次/年	①加荷期间，加荷后一周内观测的次数 ②加荷停止后第二周至一个月内观测的次数 ③加荷停止一个月后观测的次数 ④若软土层很厚，产生次固结情况时观测的次数
坡趾侧向位移	控制加荷速率	①②1 次/日 ③1 次/2 日	
孔隙水压	测定孔隙水压增长和消散情况	①8 次/日 ②2 次/日 ③1 次/日	
地下水位	了解水位变化，计算孔隙水压	1 次/日	

2)质量检验

排水固结法处理的地基在竣工时需要进行必要的检测，检测手段主要包括以下几种。

①地基预压产生的沉降及平均固结度计算，检验是否满足设计要求。

②在加固区内于加固前后分别在大致相同位置钻孔取样，进行室内物理性质指标与力学指标测定，检验主要参数的变化情况，对加固效果予以分析。

③对每个处理分区分别进行现场十字板剪切或静力触探试验，测试地基土的原位强度指标，以判断加固效果。

④进行现场平板静载荷试验，按不小于设计地基承载力 2 倍值的要求确定最大加载量，并根据分级加载得到的压力-沉降曲线确定地基承载力特征值，检验其是否满足设计要求。

3)施工过程质量监测注意问题

(1)袋装砂井预压地基施工应注意的质量问题

① 袋中装砂宜用风干砂，不宜采用湿砂，以免干燥后体积减小，造成袋装砂井缩短与排水垫层不搭接等质量事故；灌入砂袋的砂，应捣实，袋口应扎紧，砂袋放入导管口应装设滚轮，下放砂袋要仔细，防止砂袋破损漏砂。

②施工中应经常检查桩尖与导管口的密封情况，避免管内进泥过多，造成井阻，影响加固深度。

(2)塑料排水带堆载预压地基施工应注意的质量问题

① 塑料带滤水膜在转盘和打设过程中应避免损坏，防止淤泥进入带芯堵塞输水孔，影响塑料带的排水效果。

②塑料带与桩尖锚碇要牢固，防止拔管时脱离，将塑料带带出，带出长度不应大于500 mm。打设时严格控制间距和深度，如塑料带拔起超过 2 m，应进行补打。

③桩尖平端与导管下端要连接紧密，防止错缝，以免在打设过程中淤泥进入导管，增加对塑料带的阻力，或将塑料带拔出。

(3)真空预压地基施工应注意的质量问题

① 真空预压的真空度可一次抽气至最大，当连续 5 d 实测沉降小于 2 mm/d，或固结度大于等于 80%，或符合设计要求时，可停止抽气。

②铺密封膜前，拣除带尖角石子，填平打砂井、袋装砂井、塑料排水带时留下的孔洞，清理整平砂垫层。密封膜要认真检查，并及时补洞后再密封。

③加固区周围有建筑物和地下管线或采用真空联合堆载预压时，对侧向位移加密观测。

5.5 工程实例

5.5.1 工程实例一(堆载预压法)

1)工程概况

广州南沙自贸区黄沙路小虎二桥以东新建路段(K3＋649.797～K4＋294.554)为鱼塘区，根据地质勘察结果分析地层情况：素填土、淤泥、细砂、粉质黏土，其中人工填土层厚约 3～4 m，其下淤泥厚约 3.5～12.2 m。推荐采用塑料排水板堆载预压方案，鱼塘围堰排水清淤后回填中、粗砂，中、粗砂垫层高于鱼塘水位 0.5 m 后，打设塑料排水板，穿透淤泥层，底部进入黏土层或砂层 0.5 m,，最长不超过 25 m，间距 1.2 m，正方形布置。

2)沉降观测结果分析

本路段从堆载预压施工开始至卸载，进行了连续 8 个月的沉降观测。按中线处一个点、两侧车行道边各一个点、两侧人行道边各一个点的原则，分别在 K3＋665、K3＋715、K3＋765、K3＋815、K3＋865、K3＋915、K3＋965、K4＋015 和 K4＋065 沿着道路横断面各布设了 5 个观测点(图 5-18)。

本项目设计时路基沉降量采用分层总和法计算主固结 S_c，并采用沉降系数 m 对其进行修正。沉降系数 m 为经验系数，根据有关设计施工总结得出的沉降系数分析后，取 $m=1.3$。

沉降实测结果与设计计算结果较为接近(表 5-7)，证明在该路段使用塑料排水板堆载预压法处理软土路基是合理的，效果是明显的。

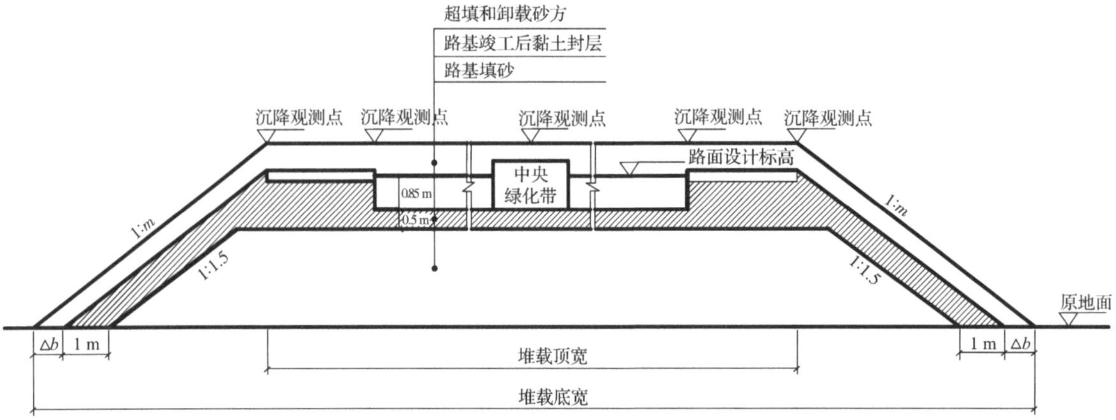

图 5-18　沉降观测示意图

表 5-7　沉降结果

zk61					zk63					zk68				
时间/月	填土高度/m	计算沉降量/m	固结度/%	实测沉降量/m	时间/月	填土高度/m	计算沉降量/m	固结度/%	实测沉降量/m	时间/月	填土高度/m	计算沉降量/m	固结度/%	实测沉降量/m
1	1.0	0.052	7	0.034	1	1.0	0.051	5	0.040	1	1.0	0.060	8	0.035
2	2.5	0.214	29	0.203	2	2.5	0.221	23	0.209	2	2.0	0.232	30	0.191
3	4.0	0.555	75	0.528	3	4.3	0.635	65	0.505	3	3.0	0.553	71	0.507
4	4.0	0.677	91	0.693	4	4.3	0.814	83	0.683	4	3.0	0.681	88	0.667
5	4.0	0.718	97	0.712	5	4.3	0.900	92	0.697	6	3.0	0.736	95	0.715
6	4.0	0.731	99	0.722	6	4.3	0.941	96	0.708	8	3.0	0.758	98	0.729

5.5.2　工程实例二(真空预压法)

1)工程概况

工程场地位于福州福清市某工业园区内，占地面积约 54.4 万 m^2(约合 816 亩)，拟建设 MDI、甲醛、ODC 盐酸电解等化工生产装置及配套的辅助设施、公用工程等。场地原为滨海潮间地带，后期人工围海造陆形成陆域，表层填砂层之下分布有典型的海相沉积软土层(表 5-8 中②淤泥质土层)，今后场地尚需回填土约高 2.5 m。为解决场地地基沉降及承载力问题，该工程在建设前选择真空预压法对填砂层下的软基土层表 5-8 中(②淤泥质土层)进行预压排水固结加固处理。

选其中具代表性的加固区为例。该加固区为一块约 192 m×189 m 的地块，现地面标高约 3 m，地面较平坦，后期尚需回填高约 2.5 m 至设计地面标高。场地岩土层自上而下分布如下。

①回填中砂层，呈松散状态，平均厚约 2.5 m，回填时间约 8 年。

②淤泥质土层，呈流塑状，为高压缩性的软弱土层，平均厚约 15.0 m。

③圆砾层，呈稍密至中密状，平均厚约 5.0 m，其下卧层为风化岩层。

各岩土层相关参数如表 5-8 所示。

表 5-8　岩土层相关参数

层号	岩土层名称	平均厚度/m	重度/(kN/m^3)	压缩模量/MPa	渗透系数/(cm/s)		固结系数/(cm^2/s)		承载力特征值/kPa
					k_h	k_v	C_h	C_v	
①	回填中砂	2.5	18.0	4	2.8×10^{-2}				100
②	淤泥质土	15.0	16.8	2	1.32×10^{-7}	1.10×10^{-7}	1.65×10^{-3}	2.95×10^{-3}	60
③	圆砾	5.0	20.0	16	5.0×10^{-2}				300

2)加固设计方案

拟加固的层②(表 5-8 中②淤泥质土)受到上部前期回填中砂层的荷载作用，利用单向渗流固结理论计算其平均固结度已达到 96.7%，且依据土工固结试验数据计算其超固结比 OCR≈1，故拟加固的层②可视为正常固结土。

该工程在拟加固的层②中布设 SPB-C 型塑料排水带作为竖向排水体，加快软土层排水固结。排水带间距按 1 m×1 m 正方形排列布设，打设深度按层②的层底标高向上0.5 m 控制，不穿透层②。

利用场地表层①(表 5-8 中①回填中砂层)作为水平排水垫层。加固区周边的密封措施采用淤泥搅拌桩密封墙及密封沟，沿加固区边界设置，结合密封膜将加固区连成一连续的密封体。淤泥搅拌桩布置两排，横纵向互相搭接 200 mm，施工深度至嵌入层②不少于 2 m。

采用射流真空泵作为真空抽气设备，按每台设备可抽真空面积 1 000 m^2 考虑，沿加固区四周均匀布置，共布置 36 台真空泵。滤管按主管 30 m 间距、支管 5 m 间距布置。密封膜上覆水深度 1 m，膜下真空度要求大于 86.7 kPa。试抽真空恒定后进入正式抽真空阶段，膜下真空度达到设计要求之日作为加载计时起点，加载过程视为瞬时加载。

真空预压卸载须满足以下条件。

①满载预压时间超过 90 d。

②实测的平均沉降速率连续 5 d 小于 2 mm/d。

③按实测沉降曲线推算的软土固结度超过 90%。另外，加固后的层②承载力特征值需

超过 80 kPa。

加固设计方案布置如图 5-19 所示。

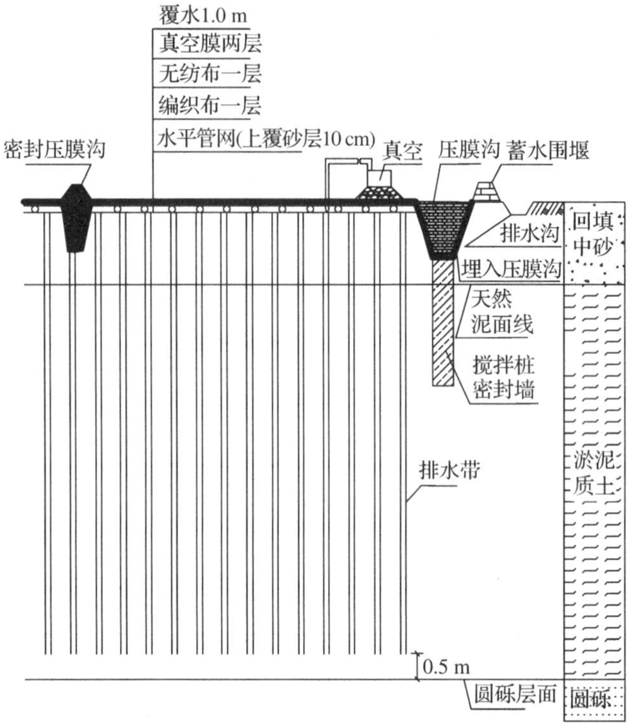

图 5-19　断面布置示意图

3)固结度验算

真空预压瞬时加载条件下的地基平均固结度可按 $\bar{U}_{rz}=1-\frac{8}{\pi^2}e^{-\left(\frac{8C_h}{F_n d_e^2}+\frac{\pi^2 C_v}{4H^2}\right)t}$ 计算。考虑涂抹和井阻影响，涂抹区土的水平向渗透系数 $k_s=\frac{1}{3}k_h=4.4\times10^{-8}$ cm/s，涂抹比 S 取 2，满载预压时间按 90 d 计，结合加固设计布置方案计算地基平均固结度 $\bar{U}_{rz}$ =92.1%>90%，满足要求。

4)沉降变形量估算

真空预压地基最终竖向沉降变形量 S_f 按 $S_f=\xi\sum_{i=1}^{n}\frac{e_{0i}-e_{1i}}{1+e_{0i}}h_i$ 计算，取经验系数 ξ=1.4。根据土工固结试验 e-p 曲线，经计算，加固区在预压荷载下的最终沉降量平均为 908 mm，满载预压 90 d 结束时固结沉降量为 836 mm。

5)膜下真空度监测

加固区共均匀布置 8 个膜下真空度监测点，每 3 h 观测 1 次，全程监测到的膜下真空度范围值为 86.9～99 kPa，平均值 92.8 kPa，满足膜下真空度>86.7 kPa 的要求。

6)地下水位、侧向位移及周边建(构)筑物变形监测

在加固区距压膜沟外边缘 1～1.5 m 处，共布置 5 个地下水位监测点和 5 个侧向位移监测点，在周边已有建(构)筑物上共布置 6 个变形监测点。根据监测数据，预压期的地下

水位变化幅度 533～678 mm，场地侧向位移量 0～91.6 mm，周边已有建(构)筑物竖向沉降变形量 0～3.2 mm、水平位移变形量 0～3.4 mm，均未见明显异常，符合预期。

7)地基处理效果评价

真空预压前后，对加固区分别进行静力触探试验、十字板剪切试验及钻孔取土试验等检测项目，检测软基加固效果，并进行预压前后对比分析。试验检测点按间距 80～100 m 网格状布置，共布置 9 个静力触探试验点、9 个十字板剪切试验点和 9 个钻孔取土点，前后两次检测位置相距约 1 m，取样及试验深度为加固深度范围内。

预压前检测在打设排水带之前进行，预压后检测在卸载 14 d 之后进行。预压加固前后的层②的主要物理力学性质指标如表 5-9 所示。对比可知，预压加固后的层②的物理指标和力学指标均得到很大程度改善，土层承载力特征值从 60 kPa 增长到 84 kPa，表明软基加固效果明显，达到了预期效果，且满足设计要求。

表 5-9　加固效果对比表

检测法	项目	预压前	预压后	变化量	变幅	备注
静力触探试验	锥尖阻力标准值 q_c /MPa	0.25	0.44	+0.19	+76%	
	侧摩阻力标准值 f_s /kPa	5.82	10.56	+4.74	+81%	
十字板剪切试验	原状土不排水抗剪强度标准值 c_u /kPa	15.5	28.9	+13.4	+86%	
土工试验	含水量平均值 w/%	54.8	43	−11.8	−21%	
	承载力特征值 f /kPa	60	84	+24	+40%	
	孔隙比平均值 e	1.45	1.26	−0.19	−13%	
	压缩模量 $E_{s0.1-0.2}$平均值/MPa	2	2.8	+0.8	+40%	
	黏聚力标准值 c /kPa	9.8	12.6	+2.8	+28%	直剪
	内摩擦角标准值 φ /°	7.4	10	+2.6	+35%	直剪

8)结论

该工程采用真空预压法对场地内的软基土层(层②)进行预压排水固结加固处理，依据多种监测、检测数据综合分析，实测沉降量以及推算的沉降量、固结度均与理论计算值相近，未见明显异常，符合预期，且加固处理后的软基土层(层②)物理指标及力学指标均得到很大程度的改善，表明软基加固效果明显，技术上可行，且满足规范及设计要求。

5.5.3　工程实例三(真空联合堆载预压法)

1)工程概况

某高速公路软土路基处于湖泊冲填土路段，起讫里程 K21＋254～K21＋675，长 421 m，路基宽 24 m，路面为双向 4 车道。根据地质勘察报告，该路线地基主要土层从上而下分布如下。

①填土和耕植土，土质不均匀，深灰色，压缩性高，稍湿状态，含植物根系及植物残

骸，厚 0.4～1.2 m。

②淤泥粉砂互层土，土质不均匀，呈饱和、松软状态，分散构造，含少量黏粒，砂质成分以石英为主，含少量云母，厚 0.1～8.3 m，是地基主要的加固对象。

③淤泥，土质差，呈饱和、流塑、软塑状态，厚 3.5～15.6 m。

④淤泥质黏土，软塑，饱和，湿，土质不均匀，含少量细砂，黏性一般，呈土柱状，厚 2.5～19.2 m，是地基的主要加固对象。

经测定该软基路段软土含水量大，平均含水量为 65%～95%，压缩系数为 2.2～3.7 MPa，孔隙比为 1.5～2.6。

综上所述，该段属于比较典型的深厚软土路基。

2)真空联合堆载预压法施工

该路段软基采用真空联合堆载预压法进行加固处理。施工工艺流程：表面清除和排水→铺砂垫层→打设竖向排水体→真空管网安装→密封系统→抽气→堆载→真空卸压→结束。

(1)表面清除和排水

在标段 K21＋254～K21＋675 的道路用地红线内，清除地表植被、垃圾块石、腐土淤泥等，采用挖填的方式清除表土并换填中、粗砂，进行施工场地平整，并经晾晒后回填砂调整地表工作面。沿边桩外侧 2 m 挖围堰，围堰外开挖排水通沟，围堰内抽干，排除浅层地下水，疏干地面水。

(2)铺砂垫层和打设竖向排水体

铺砂垫层和打设竖向排水体施工质量的好坏直接影响到预压排水的效果。铺设前必须对砂垫层用砂进行检验。经试验检测，中、粗砂含泥量为 2.8%，细度模数为 2.9，渗透系数为 1.2×10^{-2} cm/s，均符合设计和规范要求。

插板采用塑料排水板，满足各项技术指标的相关规定。砂垫层按设计压实厚度0.5 m，分两层铺设，压实度要求≥93%。第一层铺设 0.2 m，压实后测得压实度>93%，满足要求；第二层在打完插板后铺设 0.3 m，压实后测得压实度>93%，满足要求。砂垫层伸出边桩外侧 1.5 m，同时在砂垫层顶面横向上留有 2%的坡度以利于排水。

插板采用 SPB-C 型塑料排水板，间距 1.5 m，正方形布置。在铺设第一层砂垫层后采用套管式打设法，打入深度、套管垂直度等均满足相关要求，在打设时塑料排水板没有出现滤膜撕破和破裂等现象。塑料排水板在砂垫层以上留有的长度为 0.25 m，满足要求。

根据实际情况，按沿线路纵向每 40 m 布置 1 个沉降观测中桩和 2 个沉降观测边桩，在地表下 4 m、8 m、12 m、16 m 处分别埋设了孔隙水压力仪 1 个，在地表下 8 m、18 m 处分别埋设测斜仪、表面沉降板各 1 个，在地表下 12 m 处埋设真空度测定仪 1 个，以监测软基在加固前后的应力、竖直和侧向位移变化、孔隙水压力变化情况。

(3)真空管网安装和密封系统

真空排水管道采用 PVC 管，根据高速公路路基是长条形的特点，本路段真空排水管设 φ75 mm 主管和 φ60 mm 滤管两种。沿路线纵向间隔 25 m 埋设 φ75 mm 主管，管头一端通过变径三通与滤管连接，另一端穿过一侧密封沟连接射流泵。沿路线横向埋设间隔为 5 m的 φ60 mm 滤管，主管和滤管用钢丝软管连接，呈鱼骨状，布置在砂垫层顶部，滤管之间用接头连接，滤管经钻孔埋入软基砂垫层中。两管接口采用适宜的方式连接，将管网埋好，在对应位置留置出膜口，铺设第一层土工布。在堆载场地外边缘开挖尺寸大于1.5 m，采用1∶1放坡的密封沟，密封膜采用材质好的聚氯乙稀薄膜。

铺设密封膜时，将膜边插入密封沟底100～200 mm，应翻转锚固并回填密实，同时检查密封膜有无破裂口。如有破裂口，则需要将破裂口修补好，或者更换密封膜。密封膜上铺盖第二层土工布，以保护密封膜不被其上填料刺破。

(4)抽气与堆载

当铺好第二层土工布后，使用10台真空射流泵，开始抽真空，每台机器控制约900 m^2范围，并随时检查路基、边沟、薄膜、接头等处是否漏气。通过监测在连续抽真空11 d时真空度达到80 kPa左右，并在第11～15 d维持在80 kPa左右才进行堆载。在堆载前填一层厚0.15 m的素土进行密封膜保护。堆载高度为4 m，分层碾压。本段软土地基在抽真空稳定后55 d内完成了土路床堆土填筑。

K21＋254～K21＋675路段最大沉降量发生在路基中桩K21＋454处，为1.882 m，中桩和边桩的平均沉降量为1.484 m。在抽真空初期及每次堆载加压前几天，沉降速率比较快，最大沉降速率发生在抽真空第5 d，为0.068 m/d。在整个软基加固处理中，土路床没有发生失稳且没有出现失稳征兆的情况，满足固结度＞90％，且工后沉降＜0.3 m的要求。

孔隙水压力观测主要目的是了解地基土体的固结状态，根据孔压计算固结度，可反映地基土体抗剪强度的增长情况，从而指导加荷速率，确定是否加下一级填土。

在工程施工时，抽真空开始，孔隙水压力减小；每级加载时，孔隙水压力增大，到达一最大值后，开始逐渐减小；下一级加载开始时，孔隙水压力又先增大后减小。如此循环，地基土体强度便逐渐增长。在抽真空开始孔隙水压力就开始下降，同时产生负超静水压力。通过观测：在地表下12 m深处，孔隙水压力值降低最快；在堆载填土期间，每增加一层荷载后，孔隙水压力的测量值都会有短暂明显增大但很快就趋于稳定的现象；在土路床4 m堆载的整个过程中，孔隙水压力的最大累积变化增量发生在地表下深16 m处，测头累积变化增量为28 kPa，其他的测头累积变化增量为10～20 kPa；由于始终存在稳定的真空压力，路基土层在堆载的整个过程中测头读数始终低于孔压初始的稳定值，没有产生失稳和滑坡现象，大大加快了堆载和维持堆载稳定的时间，保证整个软土路基段按时完成。

现场对地表沉降、真空度、孔隙水压力等的观测结果表明，采用真空联合堆载预压法对此路基的加固处理效果较好。

思考与练习

1. 简述排水固结法的种类和加固机理。
2. 简述砂井类型和砂井布置尺寸的选择。
3. 简述堆载预压法和真空预压法在加固机理上的区别。
4. 某地基下分布有深度为15 m的软黏土层，其下为粉细砂层，采用砂井加固，井径

d_w=0.4 m，井距 s=2.5 m，等边三角形布桩，土的固结系数 $C_v=C_h=1.5\times10^{-3}$ cm/s。在大面积荷载作用下，按径向固结考虑，当固结度达到80%时需要多少天？

5. 某地基为饱和软黏土层，层厚12 m，其下为砂卵石层。砂井打穿软土层，间距为1.5 m，正方形布置，砂井直径 d_w=30 cm。土的固结系数 $C_v=C_h=1.0\times10^{-3}$ cm^2/s，求一次性加荷30 d时砂井地基的平均固结度。

6. 对某淤泥质黏土场地进行排水固结处理，已知固结系数 $C_v=C_h=2.3\times10^{-3}$ cm^2/s，压缩层厚度为18 m。采用的袋装砂井直径 d_p=70 mm，按等边三角形进行布置，砂井间距为1.5 m，设置砂井深度为18 m，打穿受压土层，底部为隔水层。预压荷载总压力为120 kPa，分两级等速加载，如图5-20所示。如果不考虑竖井的井阻作用和涂抹效应，试计算：

(1)加荷100 d时(从开始加荷算起)压缩层平均固结度为多少？

(2)如要使压缩层平均固结度达到93%，需要多少天(从开始加荷算起)？

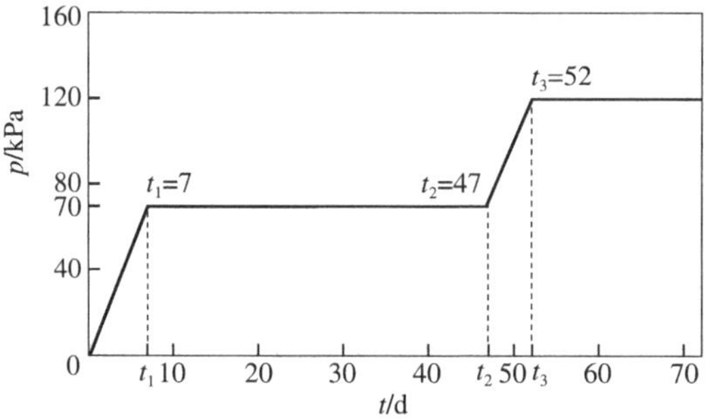

图5-20　习题6分级加载示意图

第 6 章　压实法与夯实法

本章学习目标

- 掌握压实机理，以及重锤夯实法和强夯法的加固机理；
- 了解强夯法的设计计算、施工方法和质量检验。

6.1　概　述

压实法与夯实法是地基处理技术的重要部分，在房屋建筑、公路、堤坝等工程中应用广泛，压实法与夯实法都通过外力使土体达到密实状态，以降低土的压缩性，提高土的抗剪强度，减弱土的透水性，但二者在施工设备、处理深度等方面各有不同。

压实法适用于处理大面积填土地基。浅层软弱地基以及局部不均匀地基的换填处理，应符合换填垫层的相关要求。

夯实法有重锤夯实法与强夯法。重锤夯实法适用于夯实厚度小于 3 m、地下水位 0.8 m以上的稍湿杂填土、黏性土、砂性土、湿陷性黄土地基。强夯法与重锤夯实法相比，它的锤更重，落距更高，夯击能量更大，适用于处理碎石土、砂土、低饱和度的粉土与黏性土、湿陷性黄土、素填土、杂填土等地基，对于高饱和度的粉土与软塑至流塑的黏性土地基，可采用强夯置换法处理。

6.2　压实法

压实法主要利用平碾、羊足碾、振动碾、冲击碾等设备对填土地基进行压实。地下水位以上填土，可采用碾压法和振动压实法；非黏性土或黏粒含量少、透水性较好的松散填土地基宜采用振动压实法。

压实填土的填料可选用粉质黏土、灰土、粉煤灰、级配良好的砂土或碎石土等。

碾压分层厚度、碾压遍数、碾压范围和有效加固深度等需根据压实机械的压实性能、填土性质、密实度等，并结合现场试验确定。初步设计可参考表 6-1 选用。

表 6-1　填土每层铺填厚度及压实遍数

施工设备	每层铺填厚度/mm	每层压实遍数
平碾(8～12 t)	200～300	6～8
羊足碾(5～16 t)	200～350	8～16
振动碾(8～15 t)	500～1 200	6～8
冲击碾(冲击势能 15～25 kJ)	600～1 500	20～40

6.2.1　压实机理

土体要达到密实状态，土颗粒就必须克服粒间阻力、相互挤密，控制土的压实效果的主要影响因素：被压实土的含水量、土质类别以及压实机械的压实功等。这些因素对压实效果的影响关系就是指导压实工程的基本原理。

1)含水量

对黏性土，在标准击实条件下，当压实功和条件相同时：如果土的含水量较小，土体击实后的干密度并不大；随着含水量的增加，干密度逐渐提高；当达到最优含水量 w_{op}时，干密度为最大值 ρ_{dmax}；如果含水量进一步增加，土体出现软弹现象(俗称“橡皮土”)，干密度反而逐渐减少。如图 6-1 所示。

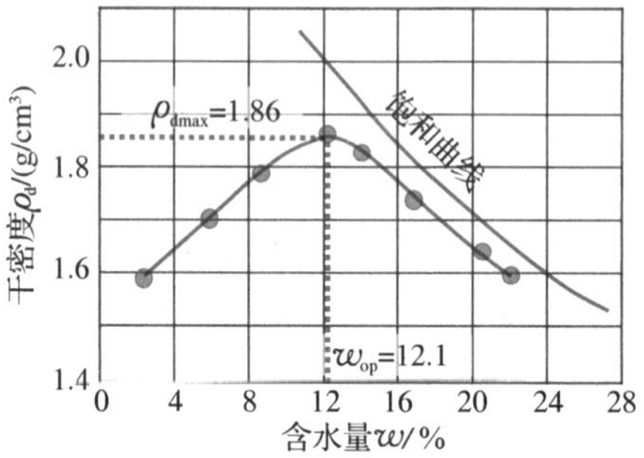

图 6-1　干密度与含水量的关系曲线

关于土的压实机理已有多种假说，比较公认的是：含水量较小时，土粒表面的结合水膜很薄(主要是强结合水)，土颗粒之间的相互引力较大，阻碍着土颗粒的相对滑动，使得土体压实效果较差；含水量增大时，结合水膜增厚，粒间联结力减弱，水起着润滑的作用，使土粒易于移动而形成最优的密实排列，压实效果变好；当含水量继续增大，以致土中出现了自由水，压实时，自由水填充在孔隙中，形成较大的孔隙压力，势必阻止土粒的靠拢，同时，土颗粒在局部受压情况下容易发生剪切滑动，所以压实效果反而下降。

2)土质类别

不同的土具有不同的压实性质，击实试验效果也是不同的。黏粒含量较多的土，因土粒间的引力较大，只有在较大含水量时才可达到最大干密度的压实状态，例如黏土的最优含水量 w_{op} 大于粗砂的最优含水量 w_{op}，如图 6-2 所示。

此外，土的颗粒粗细、级配、矿物成分和添加的材料等因素对压实效果也是有影响的。颗粒越粗，就越能在低含水量时获得最大干密度；颗粒级配越均匀，压实曲线的峰值范围就越宽广且平缓；添加木质素和铁基材料可改善土的压实效果。

3)压实功

对于同类土，如果改变压实功，曲线的形状基本上不会有显著的变化，但是曲线的位置会有所改变，如图 6-3 所示。一般来说，加大压实功，最大干密度 ρ_{dmax} 会有所提高，而最佳含水量 w_{op} 则会有所下降。这进一步说明，压实功越大，越有利于克服土颗粒间的吸引力，从而使得土在较低的含水量下能够实现更高的密实度。

所以，在压实工程中，若土的含水量较小，则需选用压实功较大的机具，若土的含水量较大，则应选用压实功较小的机具，否则会出现“橡皮土”现象。若要把土压实到工程要求的干密度，必须合理控制压实时的含水量，选用合适的压实机具，才能获得预期的效果。

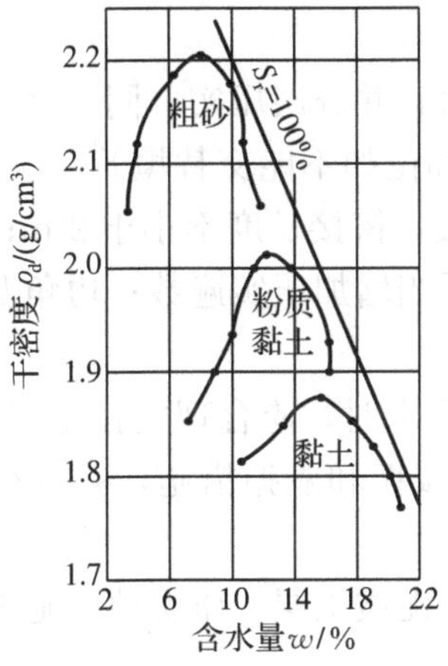

图 6-2　砂土和黏土的压实曲线

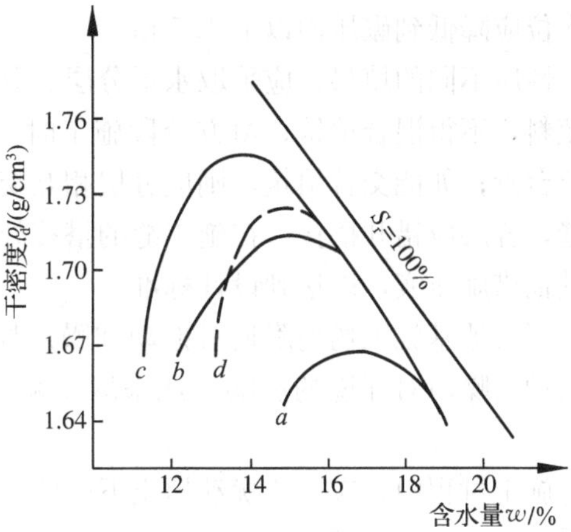

a—碾压 6 遍；b—碾压 12 遍；

c—碾压 24 遍；d—室内击实试验

图 6-3　工地试验与室内击实试验的比较

6.2.2　压实系数

由于现场施工的土料大小、含水量和铺筑厚度难以控制均匀，其压实效果要比室内击实试验差。因此，对于现场填土的压实质量，常以压实系数 λ_c 来控制，λ_c 为现场土的干密度 ρ_d 与最大干密度 ρ_{dmax} 的比值，其计算式为

$$\lambda_c = \frac{\rho_d}{\rho_{dmax}} \tag{6-1}$$

式中，ρ_d 为现场土的实际干密度；ρ_{dmax} 为土的最大干密度。

压实填土的最大干密度和最优含水量，宜采用击实试验确定，当无试验资料时，最大

干密度可按下式计算

$$\rho_{dmax} = \eta \frac{\rho_w d_s}{1 + 0.01 w_{op} d_s} \tag{6-2}$$

式中，η为经验系数，粉质黏土取0.96，粉土取0.97；ρ_w为水的密度；d_s为土粒相对密度(比重)；w_{op}为土的最优含水量。

6.2.3 压实填土地基的施工

①填料前，应清除填土层地面以下的耕土、植被或软弱土层等。

②压实填土施工过程中，应采取防雨、防冻措施，防止填料(粉质黏土、粉土)被雨水淋湿或冻结。

③基槽内压实时，应先压实基槽两边，再压实中间。

④冲击碾压法施工的冲击碾压宽度不宜小于6 m，工作面较窄时，需设置转弯车道，冲压最短直线距离不宜少于100 m，冲压边角及转弯区域应采用其他措施压实。施工时，地下水位应降低到碾压面以下1.5 m。

⑤性质不同的填料，应采取水平分层、分段填筑，并分层压实；同一水平层，应采用同一填料，不得混合填筑；填方分段施工时，接头部位如不能交替填筑，应按1∶1坡度分层留台阶；如能交替填筑，则应分层相互交替搭接，搭接长度不小于2 m；压实填土的施工缝，各层应错开搭接，在施工缝的搭接处，应适当增加压实遍数；边角及转弯区域应采取其他措施压实，以达到设计标准。

⑥压实地基施工场地附近对振动和噪声控制有要求时，应合理安排施工工序和时间，减少振动与噪声对环境的影响，或采取挖减振沟等减振和隔振措施，并进行振动和噪声监测。

⑦施工过程中，应避免扰动填土下卧的淤泥或淤泥质土层。压实填土施工结束且检验合格后，应及时进行基础施工。

6.2.4 压实填土地基的质量检验

①在施工过程中，应分层取样检验土的干密度和含水量；每50～100 m^2面积内应设不少于1个检测点，每一个独立基础下，检测点不少于1个，条形基础每20延米设检测点不少于1个，压实系数应满足设计要求；采用灌水法或灌砂法检测的碎石土干密度不得低于2.0 g/cm^3。

②有地区经验时，可采用动力触探、静力触探、标准贯入等原位试验，并结合干密度试验的对比结果进行质量检验。

③冲击碾压法施工宜分层进行变形量、压实系数等土的物理力学指标监测和检测。

④地基承载力验收检测，可通过静载荷试验并结合动力触探、静力触探、标准贯入等试验结果综合判定。每个单体工程静载荷试验不应少于3个点，大型工程可按单体工程的数量或面积确定检验点数。

⑤压实地基的施工质量检验应分层进行。每完成一道工序，应按设计要求进行验收，未经验收或验收不合格时，不得进行下一道工序施工。

6.3 重锤夯实法

重锤夯实法于20世纪40年代首创于苏联，中国于20世纪50年代引进这项技术，主要在西北和华北地区用于处理浅层湿陷性黄土和杂填土地基。重锤夯实法借助于起重设备，将几吨重的夯锤提升至一定高度后让其自由下落，利用夯锤下落产生的夯击能来处理地基，土层被强制压密。锤的质量一般为2～4 t，落距为3～5 m，锤底静压力为15～20 kPa，由于锤体较轻、锤底直径和落距较小，产生的冲击能也比较小，故有效夯实深度不大，一般为锤底直径的一倍左右，故又称重锤表面夯实法。

重锤夯实法与后面介绍的强夯法比较相似，其加固机理等内容在强夯法中再做介绍，此处主要对重锤夯实法与强夯法的区别加以说明。

(1)夯击能的大小不同

一般来说，强夯法的冲击力要远远大于重锤夯实法，夯锤的质量一般为10～60 t，落距在6 m以上，如果地基夯实要求较高，落距最大可提升至30 m，夯击能可达600～10 000 kN·m。而重锤夯实法一般采用的是2～4 t的夯锤，不需要采用大型的龙门吊等升降设备，落距一般3～5 m，夯击能一般不超过500 kN·m。

(2) 适用土质不同

强夯法可适用于加固粗粒土、细粒土、饱和土、非饱和土，甚至港口、河道水下土层。重锤夯实法则仅适用于加固地下水位0.8 m以上的稍湿的黏性土、砂类土、黄土、杂填土和分层填土，不适用于含水量高的黏性土。

(3) 施工工艺不同

重锤夯实法一般采用满夯搭接的形式，夯实浅层地基，使表面形成一层较为密实的硬壳层来承受上部荷载。强夯法一般采用跳夯，主要因为强夯法能量大，每个夯坑沉降大，除竖向压缩外还有侧向挤出，因此两个夯坑必须保持一定距离。

6.4 强夯法

强夯法是法国Menard科技公司1969年首创的一种地基加固方法，该方法一般通过10～60 t的重锤和8～20 m的落距，对地基土施加很大的冲击能，提高地基土的承载力，降低地基土的压缩性，改善砂土的抗液化条件，消除湿陷性黄土的湿陷问题。同时，夯击能还可提高土层的均匀程度，减少将来可能出现的差异沉降。

强夯法在20世纪70年代引进我国后，迅速在全国各地被广泛采用。大量的工程实践证明，强夯法具有施工简单、加固效果好、使用经济等优点。在处理碎石土、砂土、低饱和度的粉土与黏性土、湿陷性黄土、杂填土和素填土等地基方面，都能实现较好的效果，但对于饱和软黏土，如淤泥或淤泥质土地基，用一般的强夯法，其处理效果一般，需要在强夯时添加块石、碎石等材料，称为强夯置换。强夯法施工示意图如图 6-4 所示。

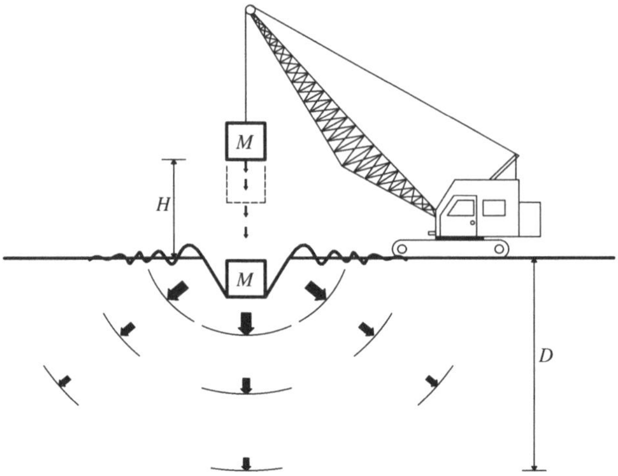

图 6-4 强夯法施工示意图

6.4.1 加固机理

目前，强夯法加固地基依土的类别和施工工艺，有三种不同的加固机理：动力密实、动力固结和动力置换。

1)动力密实

采用强夯加固多孔隙、粗颗粒、非饱和土是基于动力密实的机理，即用冲击型动力荷载使土体中的孔隙减小，土体变得密实，从而提高地基土强度。在采用强夯法加固多孔隙、粗颗粒、非饱和土的过程中，高能量的夯击对土的作用，不同于机械碾压、振动压实和重锤夯实，巨大的夯击能量产生的冲击波和动应力在土中传播，使颗粒破碎或使颗粒产生瞬间的相对运动，从而孔隙中气泡迅速排出或压缩，孔隙体积减小，形成较密实的结构。实际工程表明，在冲击动能作用下，地面会立即产生沉降，一般夯击一遍后，夯坑深度可达 0.6～1 m，夯坑底部形成一层超压密硬壳层，承载力可比夯前提高 2～3 倍。非饱和土在中等夯击能量 1 000～2 000 kN · m 的作用下，主要产生冲切变形。由于在加固深度范围内的气体体积将大大减少，因此非饱和土的饱和度提高，变成饱和土。对于湿陷性黄土，强夯法处理能破坏其结构，减少其孔隙，消除其湿陷性。

2)动力固结

强夯法加固饱和土则是基于动力固结的机理，即强夯的冲击能使地基土产生强烈振动和动应力，破坏土体原有的结构，瞬间增大孔隙水压力，使土体局部发生液化并产生许多裂隙，增加了排水通道，待超孔隙水压力消散后，土体固结、强度逐渐提高。Menard根据实践，提出动力固结理论，其主要特点如下。

(1)饱和土的压缩性

Menard认为，饱和土是可压缩的，由于土中有机物的分解，大多数第四纪土中含有以微气泡形式出现的气体，其含量总体积的1%～4%，进行强夯时，气体体积压缩，孔隙水压力增大，随后气体有所膨胀，孔隙水排出的同时，孔隙水压力逐渐减小。根据实验，每夯击一遍，气体体积可减少40%。

(2)产生局部液化

夯锤的反复作用在饱和土中将引起很大的超孔隙水压力致使土中有效应力减小，当土中某点的超孔隙水压力等于上覆土压力(对于饱和粉细砂)或等于上覆土压力加上土的黏聚力(对于粉土、粉质黏土)时，土中的有效应力完全消失，土的抗剪强度降为零，土颗粒将处于悬浮状态，达到局部液化。如图6-5所示，液化度为孔隙水压力与液化压力之比，其中液化压力为覆盖压力，当液化度为100%时，即为土体产生液化的临界状态，该能量级称为“饱和能”。此时，吸附水变成自由水，土的强度下降到最小值。

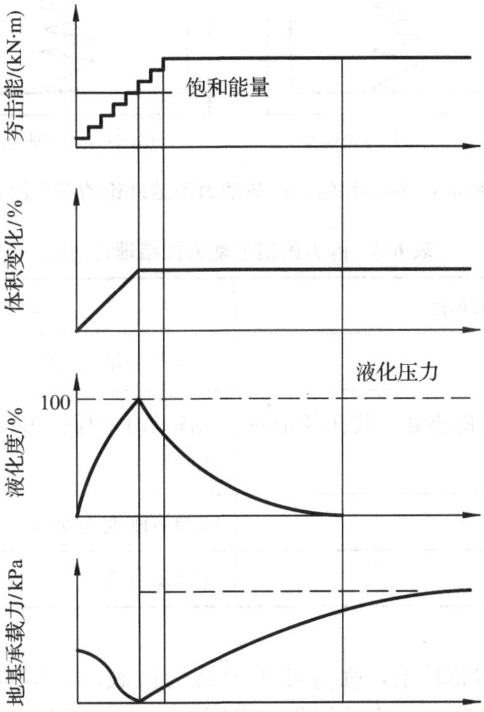

图6-5　夯击能、体积变化、液化度、地基承载力的关系图(夯击一遍)

(3)渗透性变化

当土体内超孔隙水压力大于土体所受侧向压力时，土体将会出现裂隙，形成排水通道。此时，土体的渗透系数增大，加速孔隙水的排出。从宏观角度看，在夯击点周围产生了垂直破裂面，夯坑的周围会出现冒气、冒水的现象。

当孔隙水压力逐渐消散，小于土体所受侧向压力时，裂隙将逐渐闭合，土中水的运动重新恢复常态。国外资料报道，强夯的冲击波，可将土颗粒周围的结合水膜转化成自由水，因而增大了土颗粒间毛细水通道截面。

(4)触变恢复

当液化度逐渐提高时，地基土的承载力却是逐渐降低的，如图 6-5 所示，土体液化时，承载力或抗剪强度达到最低值。随着孔隙水压力的消散，液化度逐渐降低，地基土的承载力、抗剪强度、变形模量等都有了大幅度增长。这时，自由水重新被土颗粒所吸附，成为新的结合水膜，这也是具有触变性的土的特性。

基于强夯的动力固结机理，Menard 提出新的弹簧活塞模型，如图 6-6 所示。静力固结理论与动力固结理论的模型间差异，如表 6-2 所示。

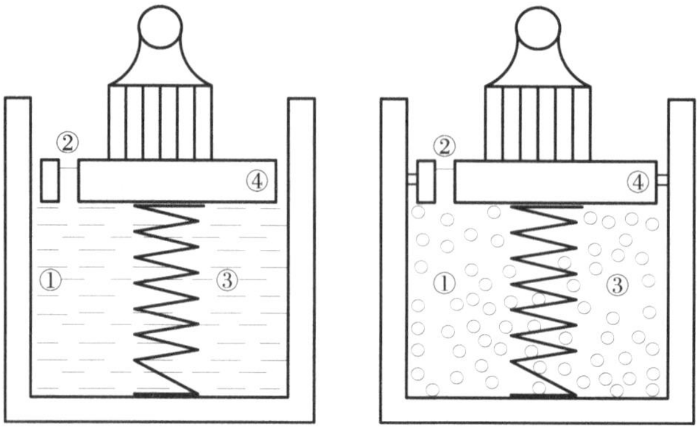

(a) 静力固结理论模型　　(b) 动力固结理论模型

图 6-6　静力固结理论与动力固结理论的模型比较

表 6-2　静力固结与动力固结理论对比

静力固结理论	动力固结理论
①不可压缩的液体	①含有少量气泡的可压缩液体
②固结时液体排出所通过的小孔，其孔径是不变的	②固结时液体排出所通过的小孔，其孔径是变化的
③弹簧刚度是常数	③弹簧刚度为变数
④活塞无摩阻力	④活塞有摩阻力

3)动力置换

对于透水性极低的饱和软土，强夯使土的结构被破坏，但难以使孔隙水压力迅速消散，表现为夯坑周围土体隆起，土的体积没有明显减小，因而这种土的强夯效果不佳，甚至会形成“橡皮土”。

解决办法是，在强夯时，将块石、碎石、砂等散体材料铺填在夯点上，利用夯锤把这些材料强行挤入饱和软土中，置换原有地基土，形成墩柱状砂石体或密实的砂石层，如图 6-7 所示，动力置换可分为整式置换和桩式置换。整式置换的作用机理类似于换土垫层，桩式置换的作用机理类似于振冲法等形成的碎石桩复合地基。

(a) 整式置换

(b) 柱式置换

图 6-7　动力置换类型

6.4.2　强夯地基设计计算

1)有效加固深度

有效加固深度既是选择地基处理方法的重要依据，又是反映处理效果的重要参数。

$$H \approx \alpha \sqrt{Mh} \tag{6-3}$$

式中，H 为有效加固深度；M 为夯锤质量；h 为落距；α 为系数，须根据所处理地基土的性质而定，对软土可取 0.5，对黄土可取 0.34～0.5。

根据式(6-3)，有效加固深度只与夯锤的重量和落距有关。实际情况中，影响有效加固深度的因素不止这些，地基土的性质、不同土层的厚度与埋藏顺序、地下水位、夯锤底部压力等，都对有效加固深度有着重要的影响。因此，强夯的有效加固深度应根据现场试夯或当地经验确定，在缺少经验或试验资料时，可参考《建筑地基处理技术规范》(JGJ 79—2012) 提供的表格进行预估，如表 6-3 所示。

表 6-3　强夯法的有效加固深度

单击夯击能/(kN・m)	碎石土、砂土等粗颗粒土/m	粉土、粉质黏土、湿陷性黄土等细颗粒土/m
1 000	4.0～5.0	3.0～4.0
2 000	5.0～6.0	4.0～5.0
3 000	6.0～7.0	5.0～6.0
4 000	7.0～8.0	6.0～7.0
5 000	8.0～8.5	7.0～7.5
6 000	8.5～9.0	7.5～8.0
8 000	9.0～9.5	8.0～8.5
10 000	9.5～10.0	8.5～9.0
12 000	10.0～11.0	9.0～10.0

注：强夯法的有效加固深度应从最初起夯面算起；单击夯击能大于 12 000 kN・m 时，强夯法的有效加固深度应通过试验确定。

2)单击夯击能

单击夯击能等于夯锤的锤重与其落距的乘积。一般来说，单击夯击能越大，加固效果越好，可相应减少夯击次数或夯击遍数。

$$E = Mgh \tag{6-4}$$

式中，E 为单击夯击能；g 为重力加速度，取 9.8 m/s^2。

在设计中，根据需要加固的深度初步确定采用的单击夯击能，然后根据机具条件因地制宜地确定锤重和落距。

3)单位夯击能

单位夯击能等于整个加固场地的总夯击能(单击夯击能×总夯击次数)除以加固面积。单位夯击能是一个重要的设计参数，它应根据地基土类别、上部荷载大小、要求强夯加固深度等综合考虑，并通过试夯确定。在一般情况下，对粗颗粒土可取 1 000～3 000 kN·m/m^2，对细颗粒土可取 1 500～4 000 kN·m/m^2。

值得注意的是，饱和黏性土所需的能量不能一次施加，否则，土体会产生侧向挤出，强度反而有所降低，且难以恢复。可分几遍施加，两遍之间可间歇一定时间，这样可逐步增加土的强度，改善土的压缩性。

4)夯点的夯击次数

每遍每夯击点的夯击次数可按照试夯得到的夯击次数与夯沉量关系曲线确定，且应同时满足下列条件：最后两击的平均夯沉量，宜满足表 6-4 的要求，当单击夯击能大于 12 000 kN·m时，应通过试验确定；夯坑周围地面不应发生过大隆起；不因夯坑过深而发生提锤困难。

表 6-4　强夯法最后两击平均夯沉量

单击夯击能 E/(kN·m)	最后两击平均夯沉量不大于/mm
E<4 000	50
4 000≤E<6 000	100
6 000≤E<8 000	150
8 000≤E<12 000	200

总之，各夯击点的夯击次数，应以使土体竖向压缩最大、侧向位移最小为原则，一般为 4～10 次。

5)夯击遍数

夯击遍数应根据地基土的性质确定，可采用点夯 2～4 遍，对于渗透性较差的细颗粒土，应适当增加夯击遍数。最后以低能量满夯 2 遍，满夯可采用轻锤或低落距锤多次夯击，锤印搭接。

满夯的作用是加固表层，即加固单夯点间未压密土、深层加固时的坑侧松土及整平夯坑填土。

6)间歇时间

两遍夯击之间，应有一定的时间间隔，以有利于土中超静孔隙水压力的消散。间歇时间取决于加固土层中超静孔隙水压力的消散时间。当缺少实测资料时，可根据地基土的渗透性确定。对于渗透性较差的黏性土地基，由于孔隙水压力消散较慢，其间歇时间不应少于 2～3 周；对于渗透性较好的地基，如砂性土地基，孔隙水压力消散时间只有 2～4 min，故可连续夯击。

7)夯击点布置及间距

夯击点位置可根据基底的形状确定，一般采用等边三角形、等腰三角形或正方形布置。对于基底面积较大的建筑物或构筑物，可按等边三角形或正方形布置夯击点；对于办公楼、住宅楼等，可根据承重墙的位置来布置夯击点，一般采用等腰三角形布点；对于工业厂房，夯击点的位置可根据柱网进行布置。

夯击点间距应根据地基土的性质和要求加固深度来确定。对于细颗粒土，为了便于超静孔隙水压力消散，夯点间距不宜过小。《建筑地基处理技术规范》(JGJ 79—2012)规定：第一遍夯击点间距可取夯锤直径的2.5～3.5倍，第二遍夯击点应位于第一遍夯击点之间。以后各遍夯击点间距可适当减小。对处理深度较大或单击夯击能较大的工程，第一遍夯击点间距宜适当增大。

8)加固范围

强夯处理范围应大于建筑基础范围，具体要处理多大的范围，可根据建筑的类型和重要程度来确定。一般建筑物每边超出基础外缘的宽度宜为基底下设计处理深度的1/2～2/3，且不应小于3 m。对可液化地基基础边缘的处理宽度，不应小于5 m。湿陷性黄土地基应符合现行国家标准《湿陷性黄土地区建筑标准》(GB 50025—2018)的有关规定。

9)承载力和变形计算

强夯地基承载力特征值应通过现场静载荷试验确定。

强夯地基变形计算，应符合现行国家标准《建筑地基基础设计规范》(GB 50007—2011)有关规定。夯后有效加固深度内土的压缩模量，应通过原位测试或土工试验确定。

10)试夯及参数确定

根据初步确定的强夯参数，提出强夯试验方案，进行现场试夯。应根据不同土质条件，待试夯结束一周至数周后，对试夯场地进行检测，并与夯前测试数据进行对比，检验强夯效果，确定工程采用的各项强夯参数。

根据基础埋深和试夯时所测得的夯沉量，确定起夯面标高、夯坑回填方式和夯后标高。

6.4.3 强夯置换地基设计计算

①强夯置换处理地基，必须通过现场试验确定其适用性和处理效果。

②强夯置换墩的深度应由土质条件决定。除厚层饱和粉土外，应穿透软土层，到达较硬土层上，深度不宜超过10 m。

③强夯置换的单击夯击能不能太大，否则容易导致夯沉量过大而提锤困难；也不能太小，否则会导致加固深度不足。单击夯击能应根据现场试验确定。

④墩体材料可采用级配良好的块石、碎石、矿渣、工业废渣、建筑垃圾等坚硬粗颗粒材料，且粒径大于300 mm的颗粒含量不宜超过30%。

⑤夯点的夯击次数应通过现场试夯确定，并应满足：墩底穿透软弱土层，且达到设计墩长；累计夯沉量为设计墩长的1.5～2倍；最后两击的平均夯沉量按表6-3确定。

⑥墩位布置宜采用等边三角形或正方形，对独立基础或条形基础可根据基础形状与宽

度作相应布置。

⑦墩间距应根据荷载大小和原状土的承载力确定，当满堂布置时，可取夯锤直径的2～3倍。对独立基础或条形基础可取夯锤直径的1.5～2倍。墩的计算直径可取夯锤直径的1.1～1.2倍。

⑧墩顶应铺设一层厚度不小于500 mm的压实垫层，垫层材料宜与墩体材料相同，粒径不宜大于100 mm。

⑨软黏性土中强夯置换地基承载力特征值应通过现场单墩静载荷试验确定；对于饱和粉土地基，当处理后形成2 m以上厚度的硬层时，其承载力可通过现场单墩复合地基静载荷试验确定。

⑩强夯置换地基宜按单墩静载荷试验确定的变形模量计算加固区的地基变形，墩下地基土的变形可按置换墩材料的压力扩散角计算传至墩下土层的附加应力，按现行国家标准《建筑地基基础设计规范》(GB 50007—2011)的有关规定计算确定。

6.4.4 施工方法

①施工机具。强夯夯锤质量宜为10～60 t，材质最好用铸铁，也可用钢板外壳内灌混凝土。夯锤底面宜采用圆形，锤底面积宜按土的性质确定，锤底静接地压力值宜为25～80 kPa，单击夯击能高时，取高值，单击夯击能低时，取低值，对于细颗粒土宜取低值。对于砂性土和碎石填土，锤底面积一般为2～4 m^2；对于第四纪黏性土一般建议用3～4 m^2；对于淤泥质土建议用4～6 m^2；对于黄土建议用4.5～5.5 m^2。夯锤中设置若干个上下贯通的气孔，孔径宜为300～400 mm，对称设置，气孔有利于夯锤着陆时快速排出孔底的空气，同时也能在起锤时降低孔底的吸力。同时，应控制夯锤的高宽比，防止产生偏锤现象。

②强夯和强夯置换施工前，应在施工现场有代表性的场地选取一个或几个试验区，进行试夯或试验性施工。每个试验区面积不宜小于20 m×20 m，试验区数量应根据建筑场地复杂程度、建筑规模及建筑类型确定。

③当场地表层土软弱或地下水位较高，影响施工或夯实效果时，宜采用人工降低地下水位或铺填一定厚度的砂石材料的施工措施。施工前，宜将地下水位降低至坑底面以下2 m。施工时，坑内或场地积水应及时排除。对细颗粒土，还应采取晾晒等措施降低含水量。当地基土的含水量低，影响处理效果时，宜采取增湿措施。

④强夯地基施工步骤如下。

a. 清理并整平施工场地。

b. 标出第一遍夯点位置，并测量场地高程。

c. 起重机就位，夯锤置于夯点位置。

d. 测量夯前锤顶高程。

e. 将夯锤起吊至预定高度，开启脱钩装置，夯锤脱钩自由下落，放下吊钩，测量锤顶高程。若发现因坑底倾斜而造成夯锤歪斜时，应及时将坑底整平。

f. 重复步骤e，按设计规定的夯击次数及控制标准，完成一个夯点的夯击。当夯坑过深，出现提锤困难，但无明显隆起，且尚未达到控制标准时，宜将夯坑回填至与坑顶齐平后，继续夯击。

g. 换夯点，重复步骤 c～f，完成第一遍全部夯点的夯击。

h. 用推土机将夯坑填平，并测量场地高程。

i. 在规定的间歇时间，按上述步骤逐次完成全部夯击遍数。最后，用低能量满夯，将场地表层松土夯实，并测量夯后场地高程。

⑤强夯置换地基施工步骤如下。

a. 清理并平整施工场地，当表层土松软时，可铺设 1～2 m 厚的砂石垫层。

b. 标出夯点位置，并测量现场高程。

c. 起重机就位，夯锤置于夯点位置。

d. 测量夯前锤顶高程。

e. 夯击并逐击记录夯坑深度。当夯坑过深，起锤困难时，应停夯，向夯坑内填料直至与坑顶齐平，记录填料数量。重复该工序，直至满足设计的夯击次数及质量控制标准，完成一个墩体的夯击。当夯点周围软土挤出，影响施工时，应随时清理，并宜在夯点周围铺垫碎石后，继续施工。

f. 按照“由内而外、隔行跳打”的原则，完成全部夯点的施工。

g. 推平场地，采用低能力满夯，将场地表层松土夯实，并测量夯后场地高程。

h. 铺设垫层，分层碾压密实。

6.4.5 验收及质量检验

①强夯处理后的地基竣工验收、承载力检验应根据静载荷试验、其他原位测试和室内土工试验等方法综合确定。强夯置换后的地基竣工验收，除应采用单墩静载荷试验进行承载力检验外，还应采用动力触探等查明置换墩着底情况及密度随深度的变化情况。

②夯实地基的质量检验应符合下列规定。

a. 检查施工过程中的各项测试的数据和施工记录，不符合设计要求时，应补夯或采取其他有效措施。

b. 强夯处理后的地基承载力检验，应在施工结束后间隔一定时间进行。碎石土和砂土地基，间隔时间宜为 7～14 d；粉土和黏性土地基，间隔时间宜为 14～28 d；强夯置换地基，间隔时间宜为 28 d。

c. 强夯地基均匀性检验，可采用动力触探试验或标准贯入试验、静力触探试验等原位测试，以及室内土工试验。检验点的数量，可根据场地复杂程度和建筑物的重要性确定。对于简单场地上的一般建筑物，每 400 m^2 不少于 1 个检测点，且不少于 3 点；对于复杂场地或重要建筑地基，每 300 m^2 不少于 1 个检测点，且不少于 3 点。强夯置换地基，可采用超重型或重型动力触探试验等方法，检查置换墩着底情况及承载力与密度随深度的变化，检验数量不应少于墩点数的 3%，且不少于 3 点。

d. 强夯地基承载力检验的数量，应根据场地复杂程度和建筑物的重要性确定。对于简单场地上的一般建筑，每个建筑地基载荷试验检验点不应少于 3 点；对于复杂场地或重要建筑地基应增加检验点数。检测结果的评价，应考虑夯点和夯间位置的差异。强夯置换地基单墩载荷试验数量不应少于墩点数的 1%，且不少于 3 点；对饱和粉土地基，当处理后墩间土能形成 2 m 以上厚度的硬层时，其地基承载力可通过现场单墩复合地基静载荷试验确定，检验数量不应少于墩点数的 1%，且每个建筑载荷试验检验点不应少于 3 点。

6.4.6 工程实例

1)工程项目背景

深圳国际机场跑道及滑行道长度约 3 400 m。要求机场建成后地基剩余沉降量不超过 50 mm。跑道和滑行道均位于 5～9 m 深的含水量高达 84%的流塑状海相淤泥土区，该土的特点是含水量大、强度低、灵敏度高，如表 6-5 所示，不同深度工程性质基本一致，表层基本无硬壳层，有利于整体式强夯挤淤置换。

表 6-5 海相淤泥土的物理力学指标

项目	含水量/%	重度/(kN/m³)	孔隙比	液限/%	塑限/%	塑性指数
范围	74.6～92.6	14.8～15.7	2.08～2.54	53.1～59.5	26.7～33.1	23.4～29.1
平均	85.8	15.1	2.34	57.1	30.9	26.3

项目	十字板剪切强度/kPa	灵敏度	压缩系数/MPa^{-1}	颗粒组成/%			
				>0.1 mm	0.1～0.05 mm	0.05～0.005 mm	<0.005 mm
范围	3～7	4～7	1.27～2.59	0	2～5	23～29	66～75
平均	5.4		2.24				

2)设计与施工

实现该项目的最关键技术，就是要使长达 16 576 m、顶宽不小于 13 m、高 7～11 m 的堆石拦淤堤整体穿过 5～9 m 深海相淤泥土，沉至持力层——粉质黏土层上，起到挖淤后的挡淤作用。在端部进行抛石压载挤淤的施工过程中，拦淤堤可沉入淤泥中 2.5～3.0 m，再采用两侧挖淤和卸荷挤淤，又可下沉 1～1.5 m。此时拦淤堤底部距持力层仍有 1.5～3 m 厚淤泥，采用强夯挤淤方法将其沉到持力硬土层上。强夯挤淤施工参数如表 6-6 所示。

表 6-6 实际采用的强夯挤淤参数(自动脱钩)

项目	施工试验		实际施工	
锤重/t	18.5	18	18	21
锤直径/m	2.5	1.5	1.4	1.6
夯锤底面积/m²	3.64	1.766	1.54	2.00
落距/m	14	14	14	24
点距/m	3.30	2.75	2.75	2.75
排距/m	3.8	3.3	3.3	3.3

（续表）

项目	施工试验		实际施工	
单击夯击能/(kN·m)	2 590	2 520	2 520	5 040
单击锤底单位面积能量/(kN·m/m²)	711.5	1 427	1 636	2 520
平均每点夯击次数	13	13	13	10
单点累计夯击能/(kN·m)	33 670	32 760	32 760	50 400
每排点数	4	5	5	3
每百米排数	26.3	30.3	30.3	30.3
每百米点数	105.2	151.5	151.5	151.5
每百米夯击数	1 367.6	1 969.5	1 969.5	1 515
每百米夯击能/(kN·m)	3 512 080	4 963 140	4 963 140	7 635 600
单点夯沉量/m	2.1	2.7	2.8	3.1
控制最后两击夯沉量/cm	5.0	5.0	5.0	5.0
单点夯坑上口直径/m	3.8	3.3	3.4	3.7
堤身单击单位面积夯击能/(kN·m/m²)	206.5	277.6	277.6	555.4
堤身累计单位面积夯击能/(kN·m)	2 685	3 609.9	3 609.9	5 554

3)加固效果及经济效益

全部拦淤堤填筑量达 18.9 万 m^3，在不到 9 个月(1989.5.20—1990.2.16)内全部完成，达到了安全挡淤和形成换填地基施工基坑的目的。与常规爆破挤淤相比，工期只有爆破挤淤的 1/8，造价只有爆破挤淤的 1/2。经强夯挤淤后实测堆石体干密度为 2.05～2.15 g/cm^3。

思考与练习

1. 简述土的压实机理。
2. 重锤夯实法与强夯法有何区别？
3. 强夯法适用于哪类地基土？
4. 简述强夯法的加固机理。
5. 何谓强夯置换法？其加固原理与强夯法的加固原理有什么异同？
6. 某建筑场地为砂土场地，采用强夯密实法进行加固，夯锤质量 20 t，落距 20 m，试确定该方法的有效加固深度。

第7章 挤密桩法

本章学习目标

- 掌握砂石桩加固松散砂土和粉土地基以及黏性土地基的加固机理和设计计算方法；
- 掌握(灰)土桩挤密法的加固机理和设计计算；
- 掌握 CFG 桩法的作用机理和设计计算；
- 了解振冲法、沉管法、冲击法、孔内夯扩法、CFG 桩法的特点、适用范围、施工和质量检验方法。

7.1 概 述

我国在20世纪50年代引入素土挤密桩对湿陷性黄土地基进行处理，取得了良好的工程效果。为处理大厚度湿陷性黄土地基，西安、兰州等地又陆续开展了灰土挤密桩的试验研究工作，积累了很多宝贵经验。但由于当时我国机械制造水平低，灰土桩施工工艺不成熟等，挤密桩法未能大量采用。20世纪70年代后经过对灰土桩挤密湿陷性黄土地基多年的系统研究，灰土挤密桩法在湿陷性黄土地区开始大量使用，并取得了丰富的工程经验和显著的技术经济效益。近年来随着国民经济建设快速发展，挤密桩法用于消除厚度较大的黄土地基湿陷性和处理大量的填土地基，在湿陷性黄土地区和软弱土地区工程建设方面应用广泛。

挤密桩法是一种通过挤密和加固地基土体来提高其承载力和稳定性的地基处理方法。挤密桩复合地基加固湿陷性黄土地基的机理，对于素土桩主要为挤密作用，即桩孔施工时，桩管将桩孔处的土体强制挤进桩周土层，随后在孔内分层填入并夯密素土，形成致密的桩体，并在夯实过程中使桩周土体进一步被挤密，使其孔隙率减小，密实度增大，压缩性降低，湿陷性减小。对于灰土桩还包括化学加固作用，即石灰内带正电荷的钙离子与带负电荷的黏土颗粒相互吸附形成胶体并凝聚，随灰土龄期增长，土体固化作用增大，灰土强度也逐渐增强，桩体和桩间土紧密胶合成复合地基，从而大大提高复合地基的承载力和稳定性。利用挤密作用和桩孔填料，对地基进行加固，桩孔在振动、沉管、冲击、钻孔和爆破等作用下形成，该过程会对周围土体有挤压力，成孔后填入砂石、土、灰土、渣土等材料，形成桩体，即挤密桩，桩体和周围受挤压的土体形成复合地基。同时，桩孔中填筑的加固材料与周围环境之间产生的化学反应，也能够进一步提高地基的强度和稳定性。

挤密桩法适用于各种土质的地基处理，如砂土、黏性土、杂填土等，对于一些软弱地基和不良地基，如湿陷性黄土、液化土地基等，挤密桩法也能够起到良好的处理效果。此外，挤密桩法还适用于各种工程环境，如房屋、道路、桥梁等工程中。挤密桩法按填充材料分类，主要有土或灰土挤密桩法、石灰挤密桩法、碎石(砂)挤密桩法和渣土挤密桩法。按施工方法则分为振冲法、沉管法(包括振动沉管法和冲击沉管法)、钻孔法和爆破法。孔内夯扩法是挤密桩法的新发展，通过重锤对孔内填料进行夯击，挤密桩周土体并形成密实桩体。CFG桩法是沉管挤密碎石桩法的进一步发展，通过向桩体碎石材料中加入少量的水泥、粉煤灰，增强桩体的承载力。挤密桩法处理地基具有施工速度快、效果好和成本低等优点，且具有如下加固特点。

①以工程性能较好的材料置换了孔中软弱土体，形成刚度相对较大的桩体。

②成孔和成桩过程中挤压周围土体，使地基更为密实。

③桩-土构成复合地基，形成联合承载体，承载能力可得到充分发挥。

7.2 振冲法

振动水冲法简称振冲法，它是利用振冲器的水平振动和高压水流的共同作用，使松砂土层振密，或在软弱土层中成孔，然后回填粗砂、砾石、碎石、矿渣等材料形成桩体，并和原有地基土组成复合地基的一种地基处理方法。

振冲法一般分为振冲密实法和振冲置换法两种。振冲密实法适用于砂性土地基，利用振冲器使松砂振密和挤密，消除液化或提高砂层抗液化能力，提高地基承载力，减少地基沉降量。振冲置换法也称振冲碎石桩法，主要适用于黏性土、粉土、饱和黄土、人工填土等地基的处理，有时还可用来处理粉煤灰。振冲置换法利用一个产生水平向振动的管状设备在高压水流下边振边冲，在软弱黏土地基中成孔，再在孔内分批填入砾石、碎石、砂砾等坚硬材料形成桩体，置换部分地基土，构成复合地基，进而提高地基承载力，减少地基沉降量。当然，在砂土中也能制造碎石桩，但此时挤密作用的重要性远大于置换作用。

7.2.1 加固原理

振冲法是一种有效的地基处理方法，通过振动密实和排水固结等过程，有效改善地基的承载性能和稳定性。具体加固原理如下。

①对于无黏性土地基，振动作用使土颗粒重新排列，松散颗粒会更加紧密地堆积在一起。碎石填充材料具有较大的颗粒，在振动的作用下提高了土的密实度。碎石填充材料的存在增加了地基的抗剪强度，改善了地基的承载能力。

②对于液化地基，在振动和冲击的作用下，土层密实度增加，结合碎石桩本身的排水能力，很好地提高了地基的抗液化能力。

③对于黏性土地基，振动作用还有助于改善土的排水性能，排除多余的孔隙水，提高

周围地基土层的固结程度。若成桩后桩体处于软弱土层中，则具有垫层作用，帮助荷载扩散和减少沉降；若支撑在硬土层，则承担大部分荷载，减少桩间土受荷程度。成桩过程使得部分黏性土被置换成碎石，若周围土体抗剪强度＞20 kPa，对桩体有约束作用，可增加桩的承载能力。

7.2.2 设计计算

振冲法地基加固的设计内容包括施工方法的选用、振冲处理深度(桩长)、桩径、复合地基置换率、加固范围、桩位(孔位)布置形式和间距、挤密标准的确定、地基沉降量计算及质量检验方法选用等。

振冲置换法加固设计目前还处在半理论半经验状态，可按照复合地基进行设计，对重要工程或复杂的土质情况，必须在现场进行制桩试验，根据现场试验取得的资料修改设计，制订施工要求。根据实际情况和现场制桩试验，确定基本参数(不排水剪切强度、原状土剪切模量、桩径、桩土应力比、面积置换率、桩孔布置、桩间距、桩体材料等)并进行抗滑稳定性计算、沉降量计算和承载力计算等，期间考虑振动影响，做好适当的防振措施。本节主要介绍振冲密实法加固设计。

1)一般原则

施工期间，桩间砂土经振冲挤密后承载能力有很大提高，一般来说，桩间砂土本身已能满足设计要求的承载力特征值，这样可不必将桩和桩间土分别取值再按复合地基理论计算地基的承载力特征值和最终沉降量。除覆盖面积广、荷重大的建筑物下的砂基(如坝基等)，由于其影响深度较大需要进行验算外，一般建筑物因为荷载在地基中引起的附加应力不大并且这一附加应力随深度衰减很快，承载力和沉降一般不是设计的控制条件。对砂基，主要的设计项目是验算它的抗液化能力。所以对有抗震要求的松砂地基，要根据砂的颗粒组成、起始密实程度、地下水位、建筑物的抗震设防烈度，计算振冲处理深度、布孔形式、间距和挤密标准，其中处理深度往往是决定处理工作量、进度和费用的关键因素，需要根据有关抗震规范进行综合论证。

2)地基处理范围

砂基振冲的处理范围如果没有抗液化要求，一般宜在基础外缘扩大 1～2 排，但在地震区有抗液化要求，应在基底外缘每边放宽不少于基底下可液化土层厚度的 1/2。当可液化土层不厚时，振冲深度应穿透整个可液化土层；当可液化土层较厚时，振冲深度应按要求的抗震处理深度确定。

3)孔位布置和间距

振冲法成桩采用的孔位布置常用等边三角形和正方形两种。在单独基础和条形基础下常用等腰三角形或矩形布置。对大面积挤密处理，用等边三角形布置比正方形布置可得到更好的挤密效果。

孔位间距视砂土的颗粒组成、密实要求、振冲器功率而定。砂的粒径越细，密实要求越高，则间距应越小。使用 30 kW 振冲器，间距一般为 1.8～2.5 m，使用 75 kW 大型振冲器，间距可加大到 2.5～3.5 m。松砂地基用 30 kW 和 75 kW 两种振冲器进行对比试验，可知对大面积处理，75 kW 振冲器的挤密影响范围更大，单孔控制面积较大，因而具有更高的经济效益。但是对同一功率的振冲器有试验表明存在最佳孔位间距，并非间距越小加固效果越好。

设计大面积砂层挤密处理时，振冲孔间距 d 也可用下式估算：

$$d = a\sqrt{V_p/V} \tag{7-1}$$

式中，a 为系数，正方形布桩时，$a=1$，等边三角形布桩时，$a=1.075$；V_p 为单位桩长的平均填料量，一般为 0.3～0.5 m^3；V 为原地基为达到规定密实度单位体积所需的填料量。

4)填充材料

填料的作用一方面是填充振冲器上提后留下的孔洞，另一方面是利用填料作为传力介质，在振冲器的水平振动下通过连续加填料，将砂层进一步挤压加密。对中、粗砂，振冲器上提后由于孔壁极易塌落自行填满下方的孔洞，从而可不加填料，就地振密；但对粉细砂，加填料后才能获得较好的振密效果。填料可用粗砂、砾石、碎石、矿渣等材料。使用 30 kW 振冲器时，填料的最大粒径宜在 5 cm 以内，其原因是若填料颗粒多数粒径>5 cm，则易在孔中发生卡料现象，影响施工进度。使用 75 kW 大功率振冲器时，最大粒径可放宽至 10～12 cm。若用碎石做填料，宜选用质地坚硬的石料，不能用风化或半风化的石料，因后者易在振密过程中破碎，影响桩体的强度和透水性能。

砂基单位体积所需的填料量 V 可按下式计算

$$V = \frac{(1+e_p)(e_0-e_1)}{(1+e_0)(1+e_1)} \tag{7-2}$$

式中，e_0 为振冲前砂层的原始孔隙比；e_p 为桩体的孔隙比；e_1 为振冲后要求达到的孔隙比。

7.2.3 施工

施工可根据设计荷载的大小、原土强度的高低、设计桩长等条件选用不同功率的振冲器。施工前应在现场进行试验，以确定水压、振密电流和留振时间等施工参数。升降振冲器的机械可用起重机、自行井架式施工平车或其他设备。振冲施工可按以下步骤进行(图 7-1)。

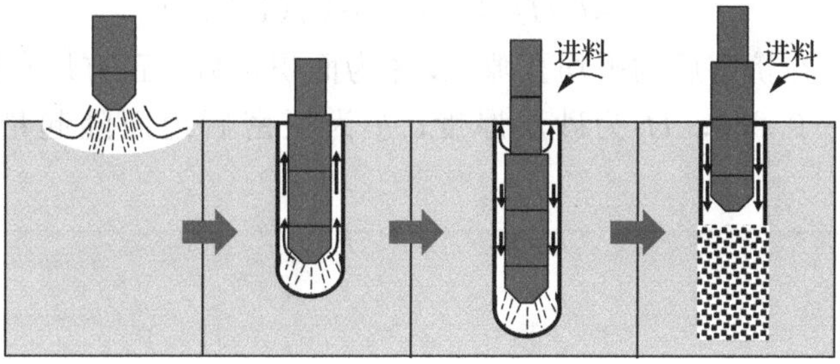

图 7-1 振冲法施工普通碎石桩

①清理并整平施工场地，布置桩位。

②施工机具就位，使振冲器对准桩位。

③启动供水泵和振冲器，水压宜为 200～600 kPa，水量宜为 200～400 L/min。将振冲器徐徐沉入土中，成孔速度宜为 0.5～2.0 m/min，直至达到设计深度。记录振冲器经各深度的水压、电流和留振时间。

④成孔后边提升振冲器，边冲水直至孔口，再放至孔底，重复 2～3 次，扩大孔径并在孔内泥浆变稀后开始投料成桩。

⑤大功率振冲器投料可不提出孔口，小功率振冲器下料困难时，可将振冲器提出孔口填料。每次填料厚度不宜大于 500 mm，将振冲器沉入填料中进行振密成桩。当电流达到规定的密实电流值和规定的留振时间后，将振冲器提升 300～500 mm。

⑥重复以上步骤，自下而上逐段制作桩体直至孔口，记录各段深度的填料量、最终电流值和留振时间。

⑦关闭振冲器和水泵。

施工现场应事先开设泥水排放系统，或组织好运浆车辆将泥浆运至预先安排的存放地点，应设置沉淀池，重复使用上部清水。桩体施工完毕后，应将顶部预留的松散体挖除，铺设垫层并压实。不加填料振冲加密宜采用大功率振冲器，造孔速度宜为 8～10 m/min，达到设计深度后，宜将射水量减至最小，留振至密实电流达到规定时，上提 0.5 m，逐段振密直至孔口，每米振密时间约 1 min。在粗砂中施工如遇下沉困难，可在振冲器两侧增焊辅助水管，加大造孔水量，降低造孔水压。振密桩施工顺序，宜沿直线逐点逐行进行。

7.2.4 质量检验

对于振冲置换法处理的地基，参照复合地基检查方法进行质量检验，对桩体质量和复合地基性能(加固效果)进行检验，如载荷试验、动力触探、原位剪切试验等。

振冲密实法处理的地基，一般需要对其密实效果进行检验，通常采用现场开挖取样，直接测定和计算挤密后砂层的重度、孔隙比、相对密度等指标。也可用标准贯入试验、动力触探试验或旁压试验间接推求砂层的密实程度。对比振前振后的数据，明确处理效果。必要时也可用载荷试验检验砂基在挤密后的承载力。

大面积砂基振冲挤密后的平均孔隙比可按下式估算：

$$e' = \frac{\xi d^2(H \pm h)}{\xi d^2 H/(1+e_0) + V_p(1+e_P)} \tag{7-3}$$

式中，e'为砂层在挤密后的平均孔隙比；ξ 为面积系数，正方形布桩时，$\xi=1$，等边三角形布桩时，$\xi=0.866$；H 为砂层厚度；h 为振密后地面隆起量(取＋)或下沉量(取－)。

7.3 沉管法

沉管法是利用沉管制桩机械在地基中锤击、振动沉管成孔或静压沉管等方法成孔后，在管内投料，边投料边上提(振动)沉管形成密实桩体，与原地基组成复合地基。

7.3.1 沉管挤密砂石桩法

《建筑地基基础工程施工规范》(GB 51004—2015)中将碎石桩、砂桩和砂石桩统称为砂石桩。施工碎石桩的方法一般有振冲法、振动沉管法等。一般来说，振冲碎石桩和振动沉管砂石桩在设计规定上是相似的，如适用范围、地基处理范围、桩的布置、桩径、桩间距、桩长、垫层要求等。振动沉管砂石桩是在振动机作用下振动沉管成孔，期间挤密周围土体，然后将填料投入沉管内，经拔管振密后形成的密实砂石桩，与桩间土体形成复合地基。

1)加固机理

(1)松散砂土和粉土地基的加固机理

①挤密、振密作用。砂土和粉土属于单粒结构，其组成单元为松散粒状体，在动力作用下会重新排列，趋于较稳定的状态，松散砂土在振动作用下，其体积可缩小达20%。锤击或振动沉管时，对周围土体有很大的横向挤压力，即碎(砂)石桩法的挤密作用，有效挤密范围可达3～4倍桩径。采用振冲挤密法时，施工中的水冲和高频强迫振动作用使松散砂土产生液化并重新致密排列，且大量骨料填入桩孔产生水平振动力，使砂土的密实度增加，此即碎(砂)石桩法的振密作用。碎(砂)石桩在松散粉土、粉细砂、塑性指数较小且密度不大的粉质黏土地基中的挤密作用效果较好，而在饱和软黏土、密度大的黏土和砂土地基中挤密作用效果较差。

②排水减压作用。饱和松散砂土受到循环剪切荷载作用时，将发生体积收缩并趋于密实，在砂土不排水条件下，体积的快速收缩将导致超静孔隙水压力来不及消散而急剧上升。当砂土中有效应力降低为零时便完全液化。碎(砂)石桩加固砂土和粉土地基时，孔内填充碎石(卵石、砾石)、砂等反滤性能好的粗颗粒材料，形成渗透性良好的人工竖向排水减压通道，既可有效防止超静孔隙水压力的增高，避免地基的液化，又可逐渐消散超静孔隙水压力，加快地基的排水固结。

③减振与抗震作用。一般情况下，由于碎(砂)石桩体强度大于桩间土强度，在荷载作用下，应力向桩体集中，尤其在地震作用下，应力集中于桩体后，减小了桩间土的剪应力，即桩体具有减振作用。

H. B. Seed等将相对密度54%的砂样在大型振动台上施加5次模拟小地震，结果砂样的相对密度仅增至54.7%，而使其初始液化所需的应力循环周数却增加到8～10倍，抗液化强度相当于相对密度80%的未经过预振的砂样。现场调查还表明，历史上经过多次地震的天然原状土样，比同样密度的湿击法制备的重塑砂样的抗液化强度高45%。国内外大量试验结果表明，适度预振过的试样将具有较大的抗液化强度。振动成桩过程中对碎(砂)石桩周围土体进行了多次预振，尤其对于振冲法，填料和地基土在挤密的同时获得强烈的预振，即桩间土的预振作用。

(2)黏性土地基的加固机理

由于饱和黏性土和密度大的黏土可挤密性较差，因此，碎(砂)石桩对黏土地基的主要作用是置换而不是挤密，桩与桩间土形成复合地基。此外，碎(砂)石桩的良好排水特性，对饱和软黏土地基还有排水固结作用。

①置换作用。成桩后的密实桩体取代了原软弱地基土，即桩位处原来性能较差的地基土被置换为密实的碎(砂)石桩体，该桩体与桩间土形成复合地基共同工作，与天然地基相比，其承载力、稳定性和抗破坏能力等明显提高。

②排水作用。碎(砂)石桩体形成良好的竖向排水通道，缩短了排水距离，从而加快地基固结速率。黏性土地基性质与其含水量密切相关，砂石的渗透系数比黏土大 4～6 个数量级，能有效加速超孔水压力的消散，缩短其受荷后的固结时间。

值得注意的是：不论是对疏松砂性土还是软弱黏性土，碎(砂)石都有挤密、振密、置换、排水、垫层等加固作用；碎(砂)石桩的承载力与桩周土强度密切相关，若桩周土(如淤泥和淤泥质土)强度很低，由其形成的复合地基承载力提高很小。工程实践表明，若桩周土密度不变，仅靠桩的置换作用，地基承载力提高幅度一般为 20%～60%，并且处理后的沉降仍难以有效控制，因为砂石桩的排水作用会引起地基受荷后产生排水固结沉降。因此，对沉降变形要求较严的工程应慎用该法。

2)设计计算

(1)桩体材料

一般就地取材，可用碎石、卵石、角砾、圆砾、砾砂、粗砂、中砂、石屑或矿渣等硬质材料，含泥量≤5%。这些材料可单独使用，也可根据颗粒级配配合使用，以提高桩体密实度。对沉管法，填料最大粒径宜控制在 5 cm 以内。对振冲法，常用的填料粒径为 2～8 cm(30 kW 振冲器)、3～10 cm(55 kW 振冲器)、4～15 cm(75 kW 振冲器)。

(2)桩径

取决于成桩设备能力、地基土质情况和处理目的等因素。目前，国内非振冲法成桩直径一般为 0.3～0.8 m，而振冲法成桩直径可超过 1.2 m。

(3)桩间距

根据荷载大小、场地土质和施工设备等情况综合确定，并应通过地基承载力和沉降量验算。对于沉管砂石桩，桩距通常控制在 3～4.5 倍桩径以内，一般在粉砂地基中不宜大于 4.5 倍桩径，在黏性地基中不宜大于 3 倍桩径。当荷载大或为黏性土时，应采用较小的间距，当荷载小或为砂性土时，宜采用较大的间距。

不同布桩类型，桩间距不同，等边三角形布置时 $d_e=1.05s$，正方形布置时 $d_e=1.13s$，矩形布置时 $d_e=1.13\sqrt{s_1s_2}$。其中，s 为等边三角形布置和正方形布置时的桩中心间距，s_1 和 s_2 分别为矩形布置的纵向桩间距和横向桩间距，d_e 为一根单桩分担的处理地基面积的等效圆直径。

等边三角形布置 $$s=0.95\xi d\sqrt{\frac{1+e_0}{e_0-e_1}} \tag{7-4}$$

正方形布置 $$s=0.89\xi d\sqrt{\frac{1+e_0}{e_0-e_1}} \tag{7-5}$$

$$e_1=e_{max}-D_{r1}(e_{max}-e_{min}) \tag{7-6}$$

式中，d 为砂石桩直径；ξ 为挤密碎石桩桩间距修正系数，考虑振动下沉密实作用时取 1.1～1.2，不考虑振动下沉密实作用时取 1；e_0 为地基处理前天然孔隙比，可按原状土样试验确定，也可根据动力或静力触探试验等确定；e_1 为地基挤密后要求达到的孔隙比；e_{max}、e_{min} 分别为砂土的最大、最小孔隙比；D_{r1} 为地基挤密后要求砂土达到的相对密实度，可取 0.7～0.85。

例题 7.1 某松砂地基，采用振冲碎石桩加固，桩径为 0.65 m。该地基土的最大孔隙比 $e_{max}=0.9$，最小孔隙比 $e_{min}=0.65$，未加固时的孔隙比为 0.8，要求处理后的相对密实度 $D_r=0.75$，试确定分别按等边三角形布桩和正方形布桩时砂石桩的间距。

解 (1)确定要达到的孔隙比 e_1

$$e_1=e_{max}-D_{r1}(e_{max}-e_{min})=0.9-0.75\times(0.9-0.65)\approx 0.71$$

(2)确定桩间距

不考虑振动下沉密实作用影响，$\xi=1$。因此采用不同布桩方式时的桩间距为

等边三角形布置时：

$$s_1=0.95d\sqrt{\frac{1+e_0}{e_0-e_1}}=0.95\times0.65\times\sqrt{\frac{1+0.8}{0.8-0.71}}\approx 2.8(\text{m})$$

按正方形布置时：

$$s_2=0.89d\sqrt{\frac{1+e_0}{e_0-e_1}}=0.89\times0.65\times\sqrt{\frac{1+0.8}{0.8-0.71}}\approx 2.6(\text{m})$$

(4)桩长

①松软土层厚度不大时，桩宜穿过松软土层。

②松软层厚度较大时，对按稳定性控制的工程，桩长应不小于最危险滑动面以下 2 m 的深度，对按变形控制的工程，桩长应满足处理后地基的变形量不超过建筑物对地基变形的允许值，并同时满足软弱下卧层承载力的要求。

③可液化地基中，桩长应按要求的抗震处理深度确定。

④碎(砂)石桩单桩荷载试验表明，桩体在受荷过程中，自桩顶 4 倍桩径范围内将发生侧向膨胀，因此，设计桩长应大于主要受荷深度，一般不宜短于 4 m。

(5)桩的平面布置形式

桩的平面布置形式应根据基础形式确定。对大面积满堂处理的地基，桩位宜按等边三角形布置；对独立或条形基础，宜按正方形、矩形或等腰三角形布置；对于圆形或环形基础(如油罐基础)，宜按放射形布置。

(6)加固范围

加固范围根据建筑物的重要性、场地条件及基础形式而定，通常都大于基底面积。对一般地基，宜在基础外缘扩大 1～3 排；对可液化地基，在基础外缘扩大宽度不应小于可液化层厚度的 1/2 并不应小于 5 m。

(7)褥垫层

碎(砂)石桩施工之后，因桩顶 1 m 左右长度的桩体是松散的，密实度较小，应当挖除或采用碾压夯实等方法使之密实，然后再铺设 30～50 cm 的碎石褥垫层，并分层压实。

(8)桩孔内砂石料用量

应通过现场试验确定，估算时可按设计桩孔体积乘以充盈系数 B 确定，B 可取 1.2～1.4。若施工中地面有下沉或隆起现象，则填料用量应根据现场具体情况予以增减。

(9)松散砂土(粉土)和黏土设计的不同

对于松散砂土和粉土地基，碎(砂)石桩主要起振密和挤密作用，因此，可根据桩的平面布置形式(通常为正三角形布置和正方形布置)以及振密和挤密后地基要求达到的孔隙比

来计算桩间距，即对桩间距进行修正。

对于黏性土地基，碎(砂)石桩的主要作用是置换，与桩间土构成复合地基。其主要计算内容是根据一般设计原则初步确定桩径、桩长和桩间距等参数后，再验算复合地基承载力、沉降量和稳定性，直到满足工程要求。

3)施工要点

当用于消除粉细砂及粉土液化时，施工前应进行成桩工艺和成桩挤密试验。若成桩质量不能满足设计要求，应调整施工参数，然后重新试验或设计。振动沉管成桩法施工，应根据沉管和挤密情况，控制填砂石量、提升高度和速度、挤压次数和时间、电机的工作电流等。施工中应选用能顺利出料和有效挤压桩孔内砂石料的桩尖结构。锤击沉管成桩法施工可采用单管法或双管法。锤击法挤密应根据锤击能量，控制分段的填砂石量和成桩的长度。

砂石桩的施工顺序宜从外围或两侧向中间进行，施工时桩位偏差不应大于套管外径的30%，套管垂直度允许偏差应为±1%。砂石桩施工后，应将表层的松散层挖除或夯压密实，随后铺设砂石垫层并压实。

4)质量检验

检查各项施工记录，如有遗漏或不符合要求的桩，应补桩或采取其他有效补救措施。施工后，应间隔一定时间再进行质量检验。对粉质黏土地基不宜少于 21 d，对粉土地基不宜少于 14 d，对砂土和杂填土地基不宜少于 7 d。

施工质量的检验。对桩体可采用重型动力触探试验；对桩间土可采用标准贯入、静力触探、动力触探或其他原位测试等方法；对消除液化的地基检验应采用标准贯入试验。桩间土质量的检测位置应在等边三角形或正方形的中心。检验深度不应小于地基处理深度，检测数量不应少于桩孔总数的 2%。竣工验收时，地基承载力检验应采用复合地基静载荷试验，试验数量不应少于总桩数的 1%，且每个单体建筑不应少于 3 点。

5)工程实例

(1)工程概况

中国石油天然气总公司管道局职工医院位于河北省廊坊市，门诊楼地基采用振动沉管挤密碎石桩加固处理，加固面积 2 307 m^2。地基处理目的是提高地基强度，满足设计要求的复合地基承载力特征值 160 kPa，消除地基中粉土的 8 度地震液化。

(2)土层分布

场地属永定河冲积平原，地层均为第四纪全新世冲积层，自上而下分为 5 层。

①粉土，夹粉砂和粉质黏土薄层。局部有软弱夹层，中密，厚度 4.95～6.5 m，标准贯入击数 $N=6$ 击，承载力标准值 $f_{sk}=140$ kPa。

②粉质黏土，夹淤泥质黏土薄层。土质不均，可塑局部软塑，厚度 1～2.45 m，$N=8$ 击，$f_{sk}=168$ kPa。

③粉土夹粉质黏土薄层。中密，厚度 1.6～3 m，$N=10$ 击，$f_{sk}=200$ kPa。

④粉质黏土，夹粉土薄层。可塑，局部软塑，厚度 2.2～3.1 m，$N=3$ 击，$f_{sk}=150$ kPa。

⑤粉砂，夹土薄层。饱和，中密，$N=12$ 击，$f_{sk}=160$ kPa。

场地地震烈度 8 度。地下水位埋深 1.2～1.3 m。

(3)施工概况

碎石桩采用正方形布桩，桩间距 1.1 m，桩长 7.5 m，直径 0.4 m。采用重复压拔管法，拔管速度为 1 m/min，每提升 1 m 下压管 0.3 m，留振 10～20 s，使用 45 kW 振动沉拔桩机时，密实电流控制为 55～60 A。单桩增料量为 1.5 m^3，以增大黏性层的置换率和实际充盈系数，碎石采用自然级配，粒径 2～4 cm。

(4)效果与评价

成桩结束后进行了效果检测，本项目采用载荷试验、标准贯入试验、重型(Ⅱ)动力触探试验、室内土工试验等方检测法。瑞利波法结果表明，7.5 m 深度内：复合地基承载力标准值平均为 218 kPa，最大值为 300 kPa，最小值为 170 kPa；桩间土承载力标准值平均为 174 kPa，最大值为 190 kPa，最小值为 150 kPa。依据《建筑地基处理技术规范》(JGJ 79—2012)中有关确定单桩复合地基承载力特征值的规定：取 $s/b=0.01$ 所对应的荷载为复合地基承载力特征值，且其不应大于最大加载压力的 1/2，即复合地基承载力特征值为 160～172 kPa。采用重型(Ⅱ)动力触探试验对桩体的密实度进行检测，$N_{63.5}$ 最小值平均 9.2 击，最大值平均 30.3 击。根据《建筑抗震设计规标准》(2024 年版)(GB/T 50011—2010)，利用 $N_{63.5}$ 对桩间可液化土进行判别，结果表明已消除了地基的 8 度地震液化。

本工程采用振动沉管挤密碎石桩加固地基，提高了地基承载力，消除了地震液化，达到了设计要求。

7.3.2 沉管筋箍碎石桩法

碎石桩自身没有胶结强度，需靠桩周土提供侧向约束力才能成桩。竖向荷载下，当桩周土强度较低不能提供足够的侧向约束力时，碎石桩极易发生侧向鼓胀破坏而导致整个复合地基失效。因此，传统碎石桩复合地基加固技术尚存在如下一些问题。

①碎石桩的适用范围问题，一般认为碎石桩不宜加固软弱黏土(不排水抗剪强度＜20 kPa)。

②当天然地基的承载力较低时，碎石桩复合地基承载力的提高幅度有限，有时难以达到设计要求的承载力。

③采用碎石桩加固后，复合地基的沉降得不到有效控制。

为限制碎石桩侧向变形，提高碎石桩的承载力，有效控制复合地基沉降，近年来工程实践中不断出现在传统碎石桩桩顶一定深度范围内或全桩长范围内包裹土工合成材料(如土工布、土工格栅等)形成新型的加筋碎石桩复合地基加固技术(图 7-2)。目前土工加筋碎石桩还有以下两种主要形式：在碎石桩复合地基上部铺设土工格栅、土工格室等水平加筋垫层；在桩体距桩顶一定深度范围(2～3 倍桩径)内分层水平布设土工格栅或织物。为区别上述两种形式的加筋碎石桩加固技术，并考虑“土工加筋套

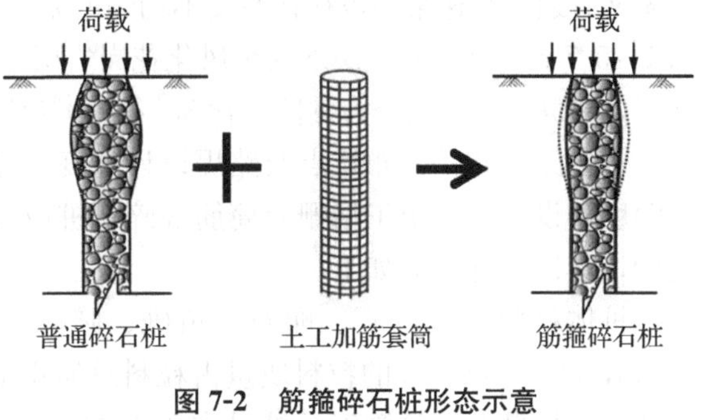

图 7-2　筋箍碎石桩形态示意

筒＋碎石桩”这一组合形式的特点，本书称土工合成材料包裹碎石桩技术为“筋箍碎石桩复合地基技术”。在碎石桩外包裹一层有一定抗拉强度的土工格栅套筒或土工布袋，土工套筒(袋)的作用类似于钢筋混凝土中的箍筋，起环箍约束作用，增强了碎石桩的桩身刚度，可有效控制桩体鼓胀变形，提高地基承载力和减少沉降量。

筋箍碎石桩的适用范围、地基处理范围、桩的布置、桩径、桩间距、桩长、垫层要求等与传统碎石桩类似。由于土工合成材料的使用，其性能得到很大的提升，故对于一些软弱黏土地基(不排水抗剪强度＜20 kPa)仍可能适用。

1)加固机理

筋箍碎石桩复合地基技术自1985年被Van Impe提出以来就不断受到工程界的重视，国内外不少学者通过试验分析、数值分析及理论研究等途径对其加固机理进行研究，简单介绍如下。

①与传统碎石桩相比，筋箍碎石桩具有更大的极限承载力、更小的桩身竖向变形以及侧向鼓胀变形。

②筋箍碎石桩保留了碎石桩良好的排水性能。土工格栅或土工布有较好的透水性，填充的碎石等反滤性好的粗粒料在地基中形成渗透性能良好的人工竖向排水通道，可加快地基的排水固结。

③土工套筒对桩体有显著的约束作用，尤其以2倍桩径范围内土工套筒对整个桩体承载力的提高效果最为明显。碎石桩桩身的侧向约束作用主要取决于桩周土体强度和土工加筋材料的抗拉强度。尤其当桩周土体强度较小(不排水抗剪强度＜20 kPa)时，筋箍碎石桩的承载力主要取决于筋体所能提供的侧向环箍力。筋材刚度不同，其对碎石桩承载力的提高作用存在差异，筋材弹性模量越大，筋箍碎石桩所受到的侧向约束力越强，承载力也越大。

④同等情况下，桩身半径较小的碎石桩，筋箍碎石桩的加固性能要优于桩径较大者，其原因是在侧向约束力的作用下，大桩径碎石桩内部的碎石料间往往表现出较强的移动性，不利于碎石桩承载性能的发挥。

⑤复合地基的作用原理在于桩与土能共同承担荷载。由于土工套筒有效的侧向约束作用，筋箍碎石桩桩身刚度较传统碎石桩有较大程度提高，桩土共同作用时桩体可发挥出良好的支撑作用，分担更多的上部结构荷载，提高地基承载力，减少地基沉降量。

2)工程实例

湖南省通平高速某路段存在厚度不均匀的淤泥软土层，埋深约0.5 m，淤泥软土层厚度为5.1～5.7 m，淤泥软土层下为全风化花岗岩层。淤泥软土层的特点：灰黑色，饱和，可塑至软塑，味臭，主要成分为黏性，含30%～40%角砾，成分为长石、石英。

针对该路段软基分布特点及路堤设计高度，考虑施工及造价等因素影响，根据不同的软土深度，设计采用土工格栅套筒筋箍碎石桩或普通碎石桩复合地基技术对该路段软土进行处治，具体设计方案如下。

①桩体材料采用碎石、卵石、角砾、圆砾等硬质材料，含泥量≤5%，最大粒径≤100 mm，50～100 mm的粒料质量占粒料总质量的50%～60%。

②土工格栅套筒筋箍碎石桩是在碎石桩的桩顶2 m内用塑料土工格栅制作的套筒包裹，格栅套筒如图7-3(b)所示。设计采用的塑料土工格栅双向抗拉强度为30 kN/m，网眼规格40 mm×40 mm，幅宽2 m。

③碎石桩桩间距确定如下。

a. 当路基填土高度为 4～8 m 时，普通碎石桩复合地基桩间距按 1.5 m 设置；若采用土工格栅筋箍碎石桩复合地基，桩间距则按 1.8 m 设置。

b. 当路基填土高度为 8～12 m 时，普通碎石桩复合地基桩间距按 1.3 m 设置；若采用土工格栅筋箍碎石桩复合地基，桩间距则按 1.5 m 设置。

c. 当路基高度大于 12 m 时，碎石桩复合地基桩间距按 1 m 设置；若采用土工格栅筋箍碎石桩复合地基，桩间距则按 1.2 m 设置。

对于处于冲沟中，路堤高度变化大的路基，根据相应的路堤高度按相应的桩间距分段处治。土工格栅筋箍碎石桩复合地基设计图如图 7-3 所示。

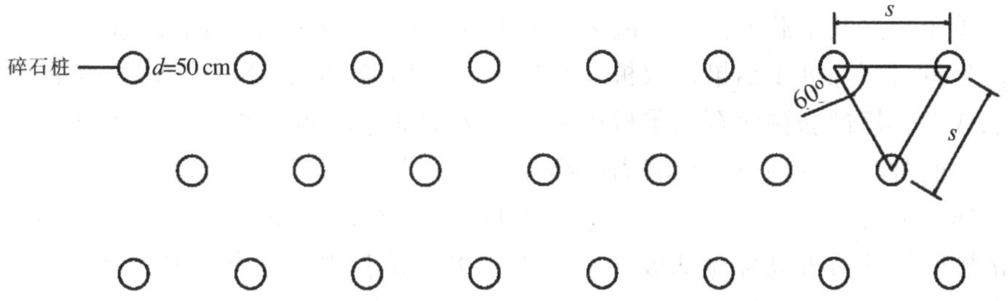

(a) 平面布置图

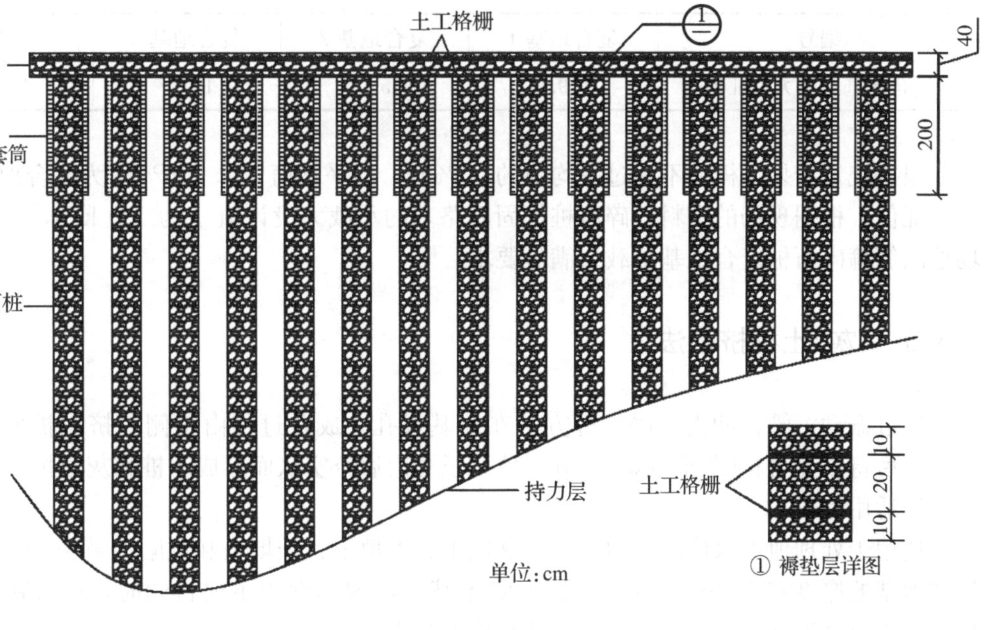

(b) 剖面布置图

图 7-3　土工格栅筋箍碎石桩复合地基设计图

在全部桩体施工完成后，通过现场静载荷试验检验土工格栅筋箍碎石桩单桩承载力和单桩复合地基承载力是否满足设计要求。本次试验共抽检 9 根碎石桩进行载荷板试验，分别为 3 组普通碎石桩单桩试验，3 组筋箍碎石桩单桩试验和 3 组筋箍碎石桩复合地基试验。筋箍碎石桩和传统普通碎石桩单桩载荷试验所得 $P\text{-}s$ 曲线均为缓变型，根据《建筑地基处理技术规范》(JGJ 79—2012)取沉降量 $s=40$ mm 对应的竖向压力为单桩的极限承载力。表 7-1所示为根据载荷试验结果所得的 3 根普通碎石桩和 3 根筋箍碎石桩相应的单桩极限承载力。

表 7-1　单桩极限承载力和承载力特征值　　单位：kN

	普通碎石桩				筋箍碎石桩			
桩号	桩 1	桩 2	桩 3	平均值	桩 4	桩 5	桩 6	平均值
极限承载力	114.5	66.8	79.6	86.97	102.1	97.4	92.1	97.2
承载力特征值	57.25	33.4	39.8	43.48	51	48.7	46.05	48.6

在施工现场，载荷试验前，普通碎石桩桩 1 所在位置曾被压路机碾压过，相当于对该桩施有预压力，其承载力提高，故表 7-1 中普通碎石桩桩 1 的结果超过 3 根单桩的平均值30%。分析时剔除桩 1 结果，取桩 2 和桩 3 的平均值 73.2 kN 作为传统普通碎石桩的单桩极限承载力。格栅筋箍碎石桩单桩极限承载力取 3 根单桩的平均值，为 97.2 kN。较传统碎石桩，筋箍碎石桩的单桩承载力提高了约 32.8%。

同样根据《建筑地基处理技术规范》(JGJ 79—2012)，取 $s/d=0.015$ 对应的竖向压力作为格栅筋箍碎石桩复合地基极限承载力。本次试验中，复合地基采用了 1.2 m×1.2 m的方形刚性板，取沉降量 $s=18$ mm 对应的竖向压力作为复合地基的承载力特征值，结果如表 7-2 所示。

表 7-2　格栅筋箍碎石桩复合地基承载力特征值　　单位：kPa

编号	复合地基 1	复合地基 2	复合地基 3	平均值
复合地基承载力特征值	149.6	153.0	151.7	151.4

根据统计结果，极差不超过平均值的 30%时，取平均值 151.4 kPa 作为复合地基承载力特征值，根据现场的资料，碎石桩加固后路基的承载力设计值 f 为 130 kPa，因此试验场地的筋箍碎石桩复合地基承载力满足要求。

7.3.3　(灰)土桩挤密法

通过振动沉管、冲击、爆扩等方法在地基成孔，成孔过程由于侧向挤压桩周土被挤密，然后将填充材料(灰土或素土)分层填充至孔内后夯实从而形成土桩和灰土桩。

1)适用性

适用于处理地下水位以上的粉土、黏性土、素填土、杂填土和湿陷性黄土等地基，可处理地基的厚度宜为 3～15 m。当以消除地基土的湿陷性为主要目的时，可选用土挤密桩；当以提高地基土的承载力或增强其水稳性为主要目的时，宜选用灰土挤密桩；当地基土的含水量大于 24%或饱和度大于 65%时，应通过试验确定其适用性；对重要工程或在缺乏经验的地区，施工前应按设计要求在有代表性的地段进行现场试验。

2)设计要点

(1)处理范围

地基整片处理时的处理面积应大于基础或建筑物底层平面面积，超出建筑物外墙基础底面外缘的宽度，每边不宜小于处理土层厚度的50%，且不应小于2 m；对非自重湿陷性黄土、素填土和杂填土等地基采用局部处理时，每边不应小于基础底面宽度的25%，且不应小于0.5 m；对自重湿陷性黄土地基，每边不应小于基础底面宽度的75%，且不应小于1 m。

地基的处理深度应根据建筑场地的土质情况、工程要求和成孔及夯实设备等综合因素确定。对湿陷性黄土地基，应符合现行国家标准《湿陷性黄土地区建筑标准》(GB 50025—2018)的有关规定。

(2)桩径

桩孔直径宜为300～600 mm。桩孔宜按等边三角形布置，桩孔之间的中心距离可为2～3倍桩径，也可按下式估算：

$$s = 0.95d\sqrt{\frac{\overline{\eta}_c \rho_{dmax}}{\overline{\eta}_c \rho_{dmax} - \overline{\rho}_d}} \tag{7-7}$$

式中，s为桩孔间的中心距离；d为桩孔直径；ρ_{dmax}为桩间土的最大干密度；$\overline{\rho}_d$为地基处理前土的平均干密度；$\overline{\eta}_c$为桩间土经成孔挤密后的平均挤密系数，不宜小于0.93。

(3)桩间土的平均挤密系数

$$\overline{\eta_c} = \overline{\rho_{d1}} \tag{7-8}$$

式中，$\overline{\rho_{d1}}$为在成孔挤密深度内，桩间土的平均干密度，平均试样数不应少于6组。

孔内填料应分层回填夯实，填料的平均压实系数不应低于0.97，其中压实系数最小值不应低于0.93。

(4)桩孔数量

$$n = A/A_e \tag{7-9}$$

式中，n为桩孔的数量；A为拟处理地基的面积；A_e为单根土或灰土挤密所承担的处理地基面积；d_e为单根桩分担的处理地基面积的等效圆直径。

(5)桩体填料

桩孔内的灰土填料，其消石灰与土的体积配合比，宜为2∶8或3∶7。土料宜选用粉质黏土，土料中的有机质含量不应超过5%，且不得含有冻土，渣土垃圾粒径不应超过15 mm。石灰可选用新鲜的消石灰或生石灰粉，粒径不应大于5 mm。消石灰的质量应合格，有效CaO+MgO含量不得低于60%。

(6)垫层要求

桩顶标高以上应设置300～600 mm厚的褥垫层，垫层材料可根据工程要求采用2∶8或3∶7的灰土、水泥等，其压实系数均不应低于0.95。

(7)复合地基承载力特征值

可按散体材料增强体复合地基的承载力特征值和变形计算方法进行估算。桩土应力比应按试验或地区经验确定。灰土挤密桩复合地基承载力特征值不宜大于处理前天然地基承载力特征值的2倍，且不宜大于250 kPa；土挤密桩复合地基承载力特征值不宜大于处理前天然地基承载力特征值的1.4倍，且不宜大于180 kPa。

3)施工要点

①施工时，成孔方法应按设计要求、成孔设备、现场土质和周围环境等情况进行选择，可选用振动沉管、锤击沉管、冲击或钻孔等方法，本节以沉管法进行介绍。桩顶设计

标高以上的预留覆盖土层厚度，宜符合下列规定：沉管成孔不宜小于 0.5 m，冲击成孔或钻孔夯扩法成孔不宜小于 1.2 m。

②成孔时，地基土宜接近最优(或塑限)含水量。当土的含水量低于 12%时，宜对拟处理范围内的土层进行增湿，应在地基处理前 4～6 d，将需增湿的水通过一定数量和一定深度的渗水孔，均匀地浸入拟处理范围内的土层中，增湿土的加水量可按下式估算：

$$Q=\overline{\rho_d}V(w_{op}-\overline{w})k \tag{7-10}$$

式中，Q 为计算加水量；V 为拟加固土的总体积；$\overline{\rho_d}$为土处理前的平均干密度；w_{op} 为土的最优含水量，通过室内击实试验求得；$\overline{w}$为地基处理前土的平均含水量；k 为损耗系数，可取 1.05～1.10。

③土料有机质含量不应大于 5%，且不得含有冻土和膨胀土，使用时应过 10～20 mm 的筛，混合料含水量应满足最优含水量要求，允许偏差应为±2%，土料和水泥应拌和均匀。

④成孔和孔内回填夯实应符合下列规定。

a. 成孔和孔内回填夯实的施工顺序：当整片处理地基时，宜从里(或中间)向外间隔 1～2孔依次进行，对大型工程，可采取分段施工；当局部处理地基时，宜从外向里间隔 1～2 孔依次进行。

b. 在向孔内填料前，孔底应夯实，并应检查桩孔的直径深度和垂直度。

c. 桩孔的垂直度允许偏差应为±1%。

d. 孔中心距允许偏差应为桩距的±5%。

⑤经检验合格后，应按设计要求，向孔内分层填入筛好的素土、灰土或其他填料，并应分层夯实至设计标高。铺设灰土垫层前，应按设计要求将桩顶标高以上的预留松动土层挖除或夯(压)密实。

⑥施工过程中，应有专人监督成孔及回填夯实的质量，并做好施工记录。如发现地基土质与勘察资料不符，应立即停止施工，待查明情况或采取有效措施处理后，方可继续施工。雨期或冬期施工时，应采取防雨或防冻措施，防止填料受雨水淋湿或冻结。

4)质量检验

桩孔质量检验应在成孔后及时进行，所有桩孔均需检验并记录，检验合格或经处理后方可进行夯填施工。应随机抽样检测夯后桩长范围内灰土或土填料的平均压实系数，抽检的数量不应少于桩总数的 1%，且不得少于 9 根。对灰土桩桩身强度有怀疑时，还应检验消石灰与土的体积配合比。

应抽样检验处理深度内桩间土的平均挤密系数，检测探井数不应少于总桩数的 0.3%，且每项单体工程不得少于 3 个。对消除湿陷性的工程，除应检测上述内容外，还应进行现场浸水静载荷试验，试验方法应符合现行国家标准《湿陷性黄土地区建筑标准》(GB 50025—2018)的规定。承载力检验应在成桩后 14～28 d 后进行，检测数量不应少于总桩数的 1%，且每项单体工程复合地基静载荷试验不应少于 3 点。竣工验收时，灰土挤密桩或土挤密桩复合地基的承载力检验应采用复合地基静载荷试验。

5)工程实例

某冷却塔挤密地基试验与工程实践，工程概况：冷却塔高 70 m，直径 60 m。所在场地为高湿陷、强敏感自重湿陷性黄土场地，湿陷性黄土层厚约 12 m，最大湿陷系数

0.142，总湿陷量 140 cm 左右，平均 12 cm/月以上；最大自重湿陷系数 0.113，计算自重湿陷量 70 cm，平均 6 cm/月以上。按《湿陷性黄土地区建筑标准》(GB 50025—2018)规定，应判定为自重Ⅳ(很严重)级湿陷性黄土地基。消除如此严重的湿陷量，是冷却塔地基处理的主要目的。

为提供冷却塔地基的处理方案和有关设计、施工参数，建设单位委托某建研所结合工程进行了系统地土桩和灰土桩挤密地基试验研究，并将试验结果应用于工程中。试验的主要结果如下。

①桩间土的挤密效果。表 7-3 所示为不同桩距系数($\alpha=s/d$)时桩间土的干密度 ρ_d 及压实系数 λ_c。天然土的干密度为 13.1～13.8 t/m^3，计算其压实系数相当于 0.75～0.79；桩间土挤密后的干密度增大到 14.3～16.6 t/m^3，压实系数为 0.82～0.95。显然，桩距愈小，土的干密度愈大，压实系数亦相应提高。根据当地大量试验结果提出：当桩间土的最小压实系数 $\lambda_{cmin}\geqslant 0.84$ 时，土的湿陷起始压力 $p_s\geqslant 200$ kPa，湿陷性即已消除。按此标准分析，桩距 $s=2.5d$ 时，就可达到消除湿陷性的要求。室内湿陷试验表明，$s=2.5d$ 时的湿陷起始压力 $p_s\geqslant 300$ kPa，而天然土的 $p_s=30$ kPa，前者比后者提高至少 9 倍，同样也证明此时桩间土的湿陷性已消除。

表 7-3　不同桩距系数($\alpha=s/d$)时桩间土的干密度(ρ_d)及压实系数(λ_c)

地基土类别		ρ_d/(kN/m^3)	λ_c
天然土		13.1～13.8	0.75～0.79
挤密土	$\alpha=3.0$	14.3～15.6	0.82～0.89
	$\alpha=2.5$	15.2～16.2	0.87～0.93
	$\alpha=2.0$	16.2～16.6	0.93～0.95

注：土的最大干密度 $\rho_{dmax}=17.5$ kN/m^3，根据击实试验确定。

②浸水载荷试验及大面积试坑浸水试验。在现场分别进行了天然地基、土桩挤密地基、灰土桩挤密地基和组合型桩(上 4 m 为灰土、下 5 m 夯填素土)挤密地基浸水状态下的载荷试验。大面积试坑浸水试验结果表明，天然地基浸水后的自重湿陷量为 67 cm，而挤密地基仅有 7.2 cm，且其中的 5 cm 是处理层以下天然土层所发生的，9 m 厚的处理土层的自重湿陷量仅为 2 cm 左右，并主要发生于上部浅层中。推算挤密土层的平均自重湿陷系数约为 0.002，已不属于自重湿陷性地层。土桩、灰土桩或组合型桩挤密地基消除湿陷性的效果都十分显著，从消除湿陷性的目的来看，土桩或灰土桩都可满足工程需要。

③通过现场试验，还证明了挤密地基具有提高地基均匀性、减少差异沉降的显著效果。大面积试坑浸水时，天然地基产生的沉降差为 21 cm，局部倾斜高达 25%，而挤密地基沉降差为 2 cm，最大的局部倾斜仅 2%，已不会危及建筑物的安全。根据浸水后地面沉陷的情况及地面裂缝产生的范围，确定整片处理范围超出边墙基础边缘的宽度不宜小于处理层厚度的 1/2。根据室内渗透试验及现场浸水观测结果，挤密地基具有良好的防渗隔水作用，挤密地基的渗透速度只有天然地基的 1/10～1/5。试验还表明，土桩的渗透系数仅为灰土桩的 13%～20%，其防渗效果更好，主要是因为土桩的密实度高于灰土桩。

7.4 冲击法

冲击法使用定型或简易冲击机，将锤头提升一定高度后自由落下，反复冲击土层成孔，之后向孔中填夯素土或灰土形成桩，并与桩间土形成复合地基，一起承担上部荷载。成孔深度不受机架高度的限制，可达 20 m 以上，孔径 500～600 mm。本法特别适用于处理自重湿陷性厚度较大的土层。对于冲击法成桩的土桩和灰土桩在设计方面(例如适用范围、地基处理范围、桩的布置、桩径、桩间距、桩长、垫层要求等)类似于沉管法成桩的土桩和灰土桩。

冲击法成孔也是土桩及灰土桩成孔的主要方法之一。在新建工程中，一般用冲击钻机将特制的 1～3.2 t 锥形冲击锤头提升 0.5～2 m 高度后，自由下落，在土中反复冲击成孔，冲孔直径可达 0.5～0.6 m(大于锤径约 1.5 倍)，孔深可到 20 m 左右。然后在孔内填入素土或灰土，用同一机械夯实成桩。冲击成孔灰土桩的主要材料为生石灰。当土中掺入石灰后，将产生离子交换和凝硬反应，使土体的强度得到显著提高，并具有一定水稳性。同时地基土含水量降低，孔隙比减小，也增加了地基土的黏聚力，从而加固地基土。

冲击成孔灰土桩法施工机具小巧，工艺简便易行，可在较小范围和空间内机动作业，施工振动及噪声较小，较少影响建筑物的正常使用。此外，还具有消除湿陷性，提高地基承载力和变形模量，以及吸水与防渗等作用，技术效果显著可靠，是一种实用经济的地基加固方法。以下是冲击法成孔的土桩和灰土桩的工艺流程。

①根据施工场地条件和工程设计的要求，选择适当高度的机架和重量配套的冲锤。

②机械就位后应垂直平稳，孔平面位置放线应准确，一般误差≤3 cm。因受场地空间条件限制，可适当放宽，但最大不应超过 5 cm。

③材料拌和应均匀，拌和料的含水量一般应控制在 12%～16%(视场地地基土含水量大小可作适量调整)。

④重锤提升高度的控制：在孔深大于 2 m 时，提升高度不宜小于 4 m；孔深小于或等于 2 m 时，提升高度不宜小于 3 m。

⑤每层填料量约为 25 kg，最多不宜超过 30 kg。

⑥每填一次料的冲击次数：当孔深小于 6 m 时，冲击次数>10～12 击；当孔深大于 6 m 时，冲击次数>8～10 击，并应听到清脆的声音。

⑦施工过程中，应随时校正机械和机架的垂直度和机身的平稳度，保证桩体尽可能地顺直和地基的整体质量良好。若因地层条件影响了成孔的垂直度，可用备用的掏土器，人为顺直桩孔后，再继续冲击挤密成孔和成桩的施工。

7.5 孔内夯扩法

孔内夯扩法在预定的深度范围内成孔后，用重锤对孔内的填料进行夯击，以挤密桩周土体并形成高承载力的密实桩体。根据所使用的工艺和设备的不同，孔内夯扩法可分为孔内深层强夯法和普通孔内夯扩法。孔内深层强夯法具有对桩间土能够实现两次挤密、锤体自重大、成孔和成桩直径大、桩体和桩间土密实度大、复合地基承载力高且施工可靠度大等特点。普通孔内夯扩法的特点包括对填料粒径和拌和方式没有严格的限制，一般能放入孔内即可，装载机搅拌即可，同时施工效率较高，每台设备每天可完成 300 m 左右的工程量。

孔内夯扩法是一种比较实用和高效的地基处理方法，可适用于多种地基处理和加固工程中。灰土桩、碎石桩、三合土桩等处理地基的方法在填料选择、夯扩次数和顺序等方面可能有所不同，但都是在孔内进行夯扩作业，以达到挤密桩周土体和形成高承载力的密实桩体的目的。根据实际情况，可选择适合的方法进行施工。孔内夯扩挤密桩法广泛适用于大厚度的黄土、湿陷性黄土、杂填土和液化土等各类软弱土的地基处理。

以孔内深层强夯扩法(DDC 法)为例，其主要适用于杂填土和湿陷性黄土等各类不良地质条件，处理深度最高可达 30 m。DDC 法是一种基于强夯与挤密桩两种加固技术的新型地基加固技术。DDC 法先冲击成孔，然后在桩孔内对填料进行强夯冲击挤压，使填料向孔底和周围挤密压缩，形成桩体，同时对土层进行冲击，以达到消除地基土的各种不良特性，提高地基承载力的目的。该方法可消除湿陷、液化、膨胀现象，提高地基承载力，处理后的复合地基承载力一般为原天然地基的 2～7 倍。

7.5.1 夯扩碎石桩法

夯扩碎石桩法是一种常用的施工工艺，其原理是采用专用施工机械，首先利用重锤冲击成孔，使桩身周围土体得到第一次挤密；然后在孔中分层填入碎石(每次填入 0.10～0.15 m^3)，提升重锤到一定高度后使其自由落下，夯击碎石到松散的填土地基，使桩周围的土体得到第二次挤密；依次填入、夯击，直至夯填至设计标高。适用于非饱和土地基，特别是对杂填土和素填土地基，有很好的加固效果，利用此方法可有效消除填土的湿陷性。该方法借助挤密作用、置换作用和排水作用，能够有效提升地基的承载能力，并提高其抗弯和抗剪性能，使得地基结构性能得到基本保障，保证建筑物的安全。

在实际应用中，夯扩碎石桩法具有操作简单、灵活性强、安装拆卸方便、作业噪声小、占地面积小、可用范围广等优势特点。同时，对于不同土层强度的情况，夯扩碎石桩法也能够适应。例如，在相同夯击能作用下，低强度土层中的碎石桩桩径较大，高强度土层中的碎石桩桩径较小，形成葫芦状，有利于提高加固效果。在施工过程中通过控制填料夯击后的贯入度，了解桩周土体的密实程度，在相同夯击能量下控制相同的贯入变形，可将桩周土体改变为物理力学性能指标稳定的加固土体，从而使土体产生根本性改变。

夯扩碎石桩是挤扩成孔，相当于挤土桩，在成孔时已对桩周土体进行了一次挤密；填料方式是夯击填料，填料时又进行了一次挤密，而且夯击挤密能量远远大于振冲的能量。可见，夯扩挤密桩的挤密效果比振冲法更为显著，可消除松散砂土的液化可能性。与振冲桩相比，其单桩承载力较高、碎石用量小、造价低、环保效果好、节约水源且无污染。

7.5.2 夯扩渣土桩法

夯扩渣土桩法主要技术特征是先在地面引孔，再向孔内定量分层填料，用重锤在孔内进行冲击夯砸，使填料向孔底及孔侧向挤压，自下而上，完成对桩及桩间土的挤密作用。当孔内采用如碎砖、混凝土块、瓦、灰块、土等不含有机物的建筑垃圾作为夯填料时，该桩又称为夯扩渣土桩。采用DDC法施工渣土桩可就地取材。桩体分层填料可在工程拟建地就地取材，桩体材料可选用除生活垃圾外的各类砂石、灰土、建筑废渣以及工业废料，因此有利于施工材料的选用。不仅变废为宝，综合利用大量的废料，而且有效节省材料，降低造价，提高经济效益，并通过综合利用建筑废渣和工业废料，有效保护生态环境。

采用了深层冲击和强夯的施工工艺，其产生的振动和噪声都较低，对施工地区附近干扰不大。施工简单快捷，由于具有夯击能量高的特性，其撞击成孔速度快。通过散体桩的方式施工，在高能量的夯击过程中不会出现断桩等问题，施工工艺简单、安全，不受雨雪、严寒等恶劣天气影响。

采用DDC法施工渣土桩处理地基效果明显，通过分层填料和强夯，形成扩大桩体，有效提升地基的承载强度。经柱锤夯实后，地基强度可提高一倍以上。柱锤的夯实和挤密效应可使桩体和桩体之间具有良好的结合性及协同工作性，使地基的压缩模量有效提升，大幅度地降低地基因受压缩而产生的变形量。在夯击过程中，当夯压的土体强度不均匀时，就会促进软土层部分成桩范围的扩展，同时周边砂石等粗骨料也会因此被挤压进桩间土，桩身与桩周间的衔接更为紧密和严固，形成协同受力的体系。采用DDC法施工渣土桩时，施工前应做好场地平整工作，场地必须坚实，不得有软塑土、虚土，并复核基础轴线以及桩孔位置等。其他具体要求如下。

①成孔。优先选用钻孔，也可用冲击成孔。成孔机具必须保持直定，垂直度偏差≤2%，成孔中心偏差不超过桩距的5%。成孔深度应符合设计要求，允许偏差为±100 mm。根据土质条件可在孔底余留1.5 m左右原层，采用重锤以超压、冲和砸挤压至地基处理设计标高。

②填料。渣土料径一般不超过孔径的1/4。

③夯实。强夯机就位必须做到垂直，严格遵照设计填料的质量、数量、重锤的击数及落距等有关设计参数。

④虚桩夯实。由于工程的基底标高接近自然地面，须充分利用桩的桩顶，在桩顶加填级配砂石，用强夯夯实至基底标高。

⑤垫层。为避免应力在桩顶过于集中，使其与桩间土变形相协调，基础垫层下(即桩顶处)须铺设200 mm厚的级配碎石层，并碾压密实。

7.5.3 夯扩水泥土桩法

图 7-4 所示为夯扩水泥土桩法的施工流程。夯扩水泥土挤密桩用重锤夯击成孔，选用相对单一的土质材料与水泥按一定配比，在孔外充分拌和均匀制成水泥土，分层向孔内回填并强力夯实，制成均匀的水泥土桩，桩、桩间土和褥垫层一起形成复合地基。夯扩水泥土桩作为中等黏结强度桩，适用于地下水位以上素填土、粉土、粉质黏土等地基的加固，同时对消除黄土的湿陷性也是行之有效的一种方法。夯扩通过两方面作用使地基强度提高。

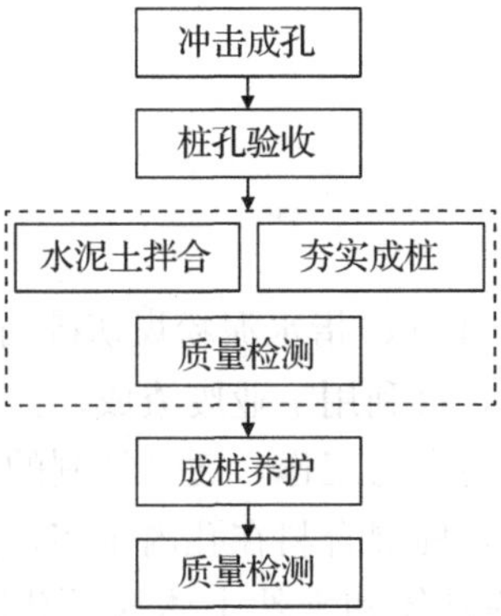

图 7-4 夯扩水泥土桩法流程示意

①成桩过程中对桩间土侧向加压挤密，使桩间土强度有一定程度的提高并消除湿陷性。

②桩体中水泥与土混合后可发生离子交换，使桩体本身有较高的强度，并具有水硬性。

处理后的复合地基强度和抗变形能力有明显提高。

施工要点如下。

①定位。根据资料，测放基础中心及轴线，确定整片地基处理范围。

②测放桩位。按桩位布置图进行测放，每个桩位采用 10 号钢管打入地下，深度不少于 15cm，灌入白灰定位。

③桩孔施工。成孔方式采用冲击锤成孔法，该方法是采用卷扬机带动一定重量的冲击锤。在一定的高度内使重锤提升，然后突放使重锤自由降落，利用冲击动能冲挤上层或破碎岩层形成桩孔。每次冲击之后，冲击重锤在钢丝转向装置带动下转动一定角度，从而使桩孔得到规则的圆形断面。

④钻机就位后，钻头中心对准桩位，在冲击成孔过程中机身始终要保持平稳、垂直，待孔深、孔径、孔斜等均满足要求后，即可入桩施工。在钢丝绳冲击钻进过程中，最重要的是保证冲击重锤在孔内以最大的加速度下落，以增大冲击力。

⑤加大冲击力应注意以下几点。

a. 合理地确定冲击重锤的质量。

b. 选择最优悬距：悬距是指冲击梁上重锤底距孔底的高度。最优悬距保证重锤切入深度最大从而使钢丝绳没有剩余长度，施工过程中应适当进行调整。悬距过大或过小，钢丝绳抖动剧烈，悬距正常，钻机运转平稳，钻进效率高。

c. 冲击行程和冲击频率。冲击行程是冲击梁在钻头提至最高点重锤底距孔底的高度，冲击频率是指单位时间内钻头冲击孔底的次数。

⑥施工注意事项。应控制钢丝绳放松量，防止钢丝绳放松过多减少冲程或放松过少不能有效冲击，造成“打空锤”，损坏机械。用卷扬机施工时，应在钢丝绳上做记号控制冲程。冲击锤到底后要及时收绳提起冲击钻头，防止钢丝绳缠卷冲击钻具或反缠卷筒。

7.6 CFG 桩法

CFG 桩(cement fly-ash gravel pile)指水泥粉煤灰碎石桩，是碎石和粉煤灰掺适量水泥加水拌和而成的，桩体不需配筋，可利用工业废渣成桩。通过设置褥垫层，给桩体提供了上、下刺入的条件，使桩间土始终参与工作，通过特制的振动沉桩设备将混合料灌入预先钻好的孔中，然后进行振动沉桩，使混合料在孔内压实，形成一种具有较高承载能力的桩基。CFG 桩复合地基可较好发挥桩体和天然土体的承载潜能，因其经济效益好和质量高而被工程界广泛应用。

7.6.1 适用性

CFG 桩复合地基适用于处理黏性土、粉土、砂土和自重固结已完成的素填土地基。对淤泥质土应按地区经验或通过现场试验确定其适用性。同时，CFG 桩复合地基属于刚性桩复合地基，具有承载力提高幅度大、地基变形小等优点，可适用于多种基础类型，如条形基础、独立基础、箱形基础和筏板基础等。

7.6.2 作用机理

CFG 桩法是针对碎石桩承载特性不足加以改进继而发展起来的，其机理为在碎石桩中掺加适量的石屑、粉煤灰和水泥，加水拌和形成一种黏结强度较高的桩体，使之具有刚性桩的某些性状。一般情况下，不仅可全桩发挥桩的侧阻作用，而且当桩端落在好土层时还能很好地发挥端阻作用，从而表现出很强的刚性桩性状，使复合地基的承载力得到较大提高。

CFG 桩法的骨干材料为碎石，系粗骨料。石屑为中等粒径骨料，当桩体强度小于 5 MPa时，石屑的掺入可使桩体级配良好，对保证桩体强度起到重要作用。有关试验表明，相同的碎石和水泥掺量条件下，掺入石屑比不掺入石屑强度增加 50%左右。粉煤灰细骨料，又有低标号水泥的作用，可使桩体具有明显的后期强度。水泥则为黏结剂，主要起胶结作用。

7.6.3 设计

CFG 桩法应选择承载力和压缩模量相对较高的土层作为桩端持力层。

1)桩径

长螺旋钻中心压灌、干成孔和振动沉管成桩宜为 350～600 mm；泥浆护壁钻孔成桩宜为 600～800 mm；钢筋混凝土预制桩宜为 300～600 mm。

2)桩间距

应根据基础形式、设计要求的复合地基承载力和变形、土性及施工工艺确定。

①采用非挤土成桩工艺和部分挤土成桩工艺，桩间距宜为 3～5 倍桩径。

②采用挤土成桩工艺和墙下条形基础单排布桩的，桩间距宜为 3～6 倍桩径。

③桩长范围内有饱和粉土、粉细砂、淤泥、淤泥质土层，采用长螺旋钻中心压灌成桩施工中可能发生窜孔时，宜采用较大桩距。

3)褥垫层

桩顶和基础之间应设置褥垫层，褥垫层厚度宜为桩径的 40%～60%。褥垫材料宜采用中砂、粗砂、级配砂石和碎石等，最大粒径不宜大于 30 mm。

4)布置

CFG 桩可只在基础范围内布桩，并可根据建筑物荷载分布、基础形式和地基土性状，合理确定布桩参数。

①内筒外框结构内筒部位可采用减小桩距、增大桩长或桩径的方式布桩。

②对相邻柱荷载水平相差较大的独立基础，应按变形控制确定桩长和桩距。

③板厚度与跨距之比小于 1/6 的平板式筏基、梁的高跨比大于 1/6 且板的厚跨比(板厚度与梁的中心距之比)小于 1/6 的梁板式基础，应在柱边缘每边外扩 2.5 倍板厚的面积范围内布桩；对荷载水平不高的墙下条形基础，可采用墙下单排布桩的方式。

5)承载变形计算

复合地基承载力特征值估算时，其中单桩承载力发挥系数 λ 和桩间土承载力发挥系数 β 应按地区经验取值，无经验时可取 0.8～0.9。处理后桩间土的承载力特征值，对非挤土成桩工艺，可取天然地基承载力特征值；对挤土成桩工艺，一般黏性土可取天然地基承载力特征值，松散砂土、粉土可取天然地基承载力特征值的 1.2～1.5 倍，原地基土强度低的取大值。估算单桩承载力时，桩端端阻力发挥系数可取 1；处理后地基沉降量和桩身强度应满足规定。

7.6.4 施工

1)施工工艺的选用

①长螺旋钻孔灌注成桩。适用于地下水位以上的黏性土、粉土、素填土、中等密实以上的砂土地基。

②长螺旋钻中心压灌成桩。适用于黏性土、粉土、砂土和素填土地基，对噪声或泥浆污染要求严格的场地可优先选用，穿越卵石夹层时应通过试验确定适用性。

③振动沉管灌注成桩。适用于粉土、黏性土及素填土地基，挤压造成地面隆起量大时，应采用较大桩距施工。

④泥浆护壁成孔灌注成桩。适用于地下水位以下的黏性土、粉土、砂土、填土、碎石土及风化岩层等地基，桩长范围和桩端有承压水的土层应通过试验确定其适应性。

2)长螺旋钻中心压灌和振动沉管灌注成桩施工规定

①施工前，应按设计要求在试验室进行配合比试验；施工时，按配合比配制混合料。长螺旋钻中心压灌成桩施工的坍落度宜为160～200 mm，振动沉管灌注成桩施工的坍落度宜为30～50 mm；振动沉管灌注成桩后桩顶浮浆厚度不宜超过200 mm。

②长螺旋钻中心压灌成桩施工钻至设计深度后，应控制提拔钻杆时间，混合料泵送量应与拔管速度相配合，不得在饱和砂土或饱和粉土层内停泵待料。沉管灌注成桩施工拔管速度宜为1.2～1.5 m/min，如遇淤泥质土，拔管速度应适当减慢。当遇有松散饱和粉土、粉细砂或淤泥质土，当桩距较小时，宜采取隔桩跳打措施。

③施工桩顶标高宜高出设计桩顶标高不少于0.5 m；当施工作业面高出桩顶设计标高较大时，宜增加混凝土灌注量。

④成桩过程中，应抽样做混合料试块，每台机械每台班不应少于一组。

3)冬季施工

混合料入孔温度不得低于5℃，对桩头和桩间土应采取保温措施。

4)清土和截桩

应采用小型机械或人工剔除等措施，不得造成桩顶标高以下桩身断裂或桩间土扰动。

5)褥垫层铺设

宜采用静力压实法，当基础底面下桩间土的含水量较低时，也可采用动力夯实法，夯填度不应大于0.9。泥浆护壁成孔灌注成桩和锤击、静压预制桩施工，应符合现行行业标准的规定。

7.6.5 质量检验

施工质量检验应检查施工记录、混合料坍落度、桩数及桩位偏差、褥垫层厚度、夯填度和桩体试块抗压强度等。竣工验收时，CFG桩复合地基承载力检验应采用复合地基静载荷试验和单桩静载荷试验。

承载力检验宜在施工结束28 d后进行，其桩身强度应满足试验荷载条件。复合地基静载荷试验和单桩静载荷试验的数量不应少于总桩数的1%，且每个单体工程的复合地基静载荷试验的试验数量不应少于3点。采用低应变动力试验检测桩身完整性，检查数量不少于总桩数的10%。

7.6.6 工程实例

1)工程概况

柳州市跃进路星河湾国际花园二期工程由16栋商住楼组成，其中1号楼为7层框架，第1层高3.3 m(室内外高差0.6 m)，第2至第7层层高均为3 m。本场地的地貌单元属柳江冲积一级阶地，地下水位 6.1～8 m(丰水期)，地层从上至下依次为第四系全新统人工堆积层杂填土、冲积层粉土、粉砂、碎石土，各层土分布特征如表 7-4 所示。

表 7-4 场地土层分布特征

编号	土名	顶界埋深/m	底界埋深/m	土层性质及分布	承载力特征值/kPa
1	杂填土	0	0.3～1.9	厚度小，变化大，局部呈透镜状，分布不均匀	75.6
2	粉土	0～1.9	1.7～5.2	全场分布，厚度变化大，分布不均匀	123.1
3	粉砂	1.7～5.2	4.0～5.3	分布不连续，厚度变化大，分布不均匀	117.2
4	碎石土	4.0～5.3		顶面坡度＜10%，厚度大，均匀性好	225.0

由此可知，场地内各土层厚度变化较大，力学性能及均匀性差异较大，为不均匀地基土，不能满足上部结构荷载要求。设计要求对基底下一定深度土层采用人工复合地基加固处理，加固后复合地基承载力特征值≥250 kPa。

2)地基和基础方案选择

根据场地工程地质条件和拟建物特性，对基础设计和地基处理方案进行比选。

①天然地基＋条形基础方案。场内拟建物为 7 层框架结构，拟在天然地基上采用条形基础，单位荷载约 280 kN/m，荷载相对较大。场地内粉土、粉砂和细砂的分布厚度变化大，力学指标不高，且各土层的力学性质差异也大。根据基础持力层的不同，分为两种方案。

a. 如选择该层粉土作基础持力层，需对基础底面下持力层中的粉砂、细砂层作加固处理。其施工开挖量大，加固处理难度也大。

b. 如选择碎石土基础持力层，基础埋深一般为 3.5～5 m。该层力学指标虽能满足设计要求，但基坑开挖深度大，碎石土之上的杂填土极易垮塌，需进行必要的基坑护壁措施，施工难度加大，且不经济。

②CFG 桩复合地基＋条形基础方案。拟建场地碎石土层厚度大，承载力高，顶面埋深较大，为场内相对较好的持力层，因此，设计上可优先考虑 CFG 桩复合地基，以碎石土中卵石层作为桩端持力层。

CFG 桩复合地基为水泥掺粉煤灰及碎石形成桩体和上部土层共同承担荷载的复合地基。选用 CFG 桩复合地基进行处理，施工工艺简单(一般采用小桩机取土成孔)，工期较短，无场地污染，工程造价相对较低，且柳州地区已广泛使用，工程经验丰富，非常适宜用于含有上软下硬土层且软弱土层埋深不大场地的地基处理。根据柳州地区经验，处理后的复合地基承载力可超过 250 kPa。经分析，结合本场地的地层情况，将上部杂填土清除整平场地后，钻孔成桩可行性高，根据场地岩土工程条件，拟建物采用 CFG 桩复合地基是适宜的。条形基础设置在 CFG 桩复合地基之上。

以上两种方案经技术、经济比较，结合柳州地区已有同类工程施工经验，最终确定本工程采用 CFG 桩复合地基＋条形基础。

3)CFG 桩施工过程控制

(1)试桩

工程桩施工前，先进行试桩。按照设计施工时，单桩复合地基承载力特征值为 250 kPa，满足设计要求。

(2)CFG 桩施工

施工流程：测放桩位→成孔至 CFG 桩设计深度→单次填料并夯实→循环单次填料并夯实→至 CFG 桩设计长度→基坑开挖至设计高程(基础底高程)→截桩→复合地基检测→铺设并压实褥垫层→褥垫层夯实检测→基础施工。

工程桩施工完成总桩数 384 根，施工总工期为 25 d。

4)CFG 桩复合地基效果检测

CFG 桩施工 28 d 后，对该批 CFG 桩复合地基进行了桩身完整性和静载荷检测。

①CFG 桩桩身完整性检测。桩身完整性采用低应变反射波法进行检测。随机检测 100 根 CFG 桩，反射波形规则、波列清晰、桩底反射明显，桩身完整；CFG 桩的平均波速为 3 350 m/s，检测合格率 100%。

②单桩复合地基静载荷试验。按 CFG 桩的平面分布，随机抽测了 3 根桩进行了单桩复合地基静载荷试验。由图 7-5 可知，3 条 p-s 曲线均为渐进的缓变形曲线，当试验加至最大荷载(f_{max}＝500 kPa)时，曲线均未出现明显陡降段。取 s/b＝0.01(s 为地基变形量，b 为方形压板的宽度)对应的荷载，其值均超过最大加荷值的一半，因此取最大加荷值的一半作为 CFG 桩的单桩复合地基承载力特征值，即 f_{spk}＝0.5×500＝250(kPa)，满足设计荷载的要求，地基处理达到了预期效果。

同时，对建筑物进行沉降监测。主体封顶后 100 d，建筑物发生的最大沉降量为 8.4 mm，最小沉降量为 4.3 mm，在规范允许范围内。

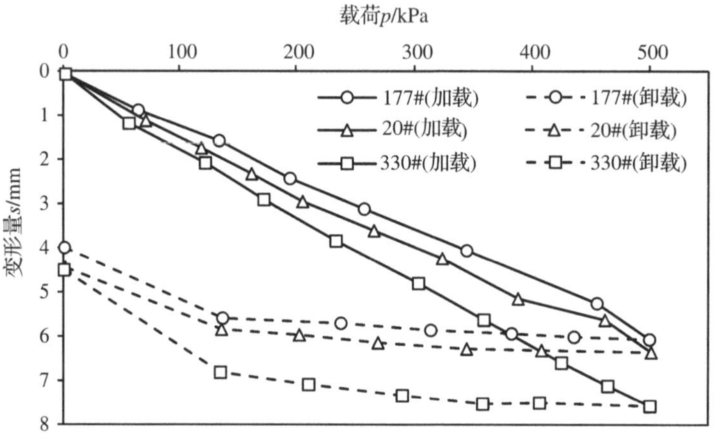

图 7-5　CFG 桩复合地基静载荷试验 *p*-*s* 曲线

思考与练习

1. 试述挤密桩法的加固特点及适用范围。

2. 振冲碎石桩、沉管碎石桩和夯扩碎石桩有何异同?

3. 相较于其他地基处理方法，碎石桩法有何优势和局限性?

4. 采用不同施工方法施工挤密桩时，桩间距的设计原则有何不同?

5. 挤密桩的桩身质量如何控制? 有哪些原则?

6. 简述 CFG 桩复合地基的作用机理。

7. 某可液化砂土地基，厚度 10 m，处理前现场测得砂土平均孔隙比约 0.7，土工试验测得最大、最小孔隙比分别为 0.88 和 0.63。充盈系数 B 取 1.2。为消除液化，拟采用挤密碎石桩法处治，要求处治后地基土的相对密实度达到 0.68。试制定碎石桩地基处理方案。

8. 某等边三角形布置的振冲碎石桩复合地基，碎石桩桩径为 0.8 m，桩距为 1.6 m，现场载荷试验测得单桩复合地基承载力特征值为 250 kPa，桩间土承载力特征值为 80 kPa。试求该复合地基的面积置换率和桩土应力比。

第 8 章　胶结法

本章学习目标

- 掌握注浆法、高压喷射注浆法、深层搅拌法等胶结法的概念、分类以及加固原理；
- 熟悉浆材的构成、分类以及水泥土的基本特性；
- 了解各类胶结法的设计、施工与质量检验方法。

8.1　概　述

胶结法是注浆法、高压喷射注浆法及深层搅拌法的统称，其基本工作原理是利用气压、液压或电化学原理在土中掺入水泥砂浆、石灰和水泥等固化剂，通过固化物与地基土发生物理、化学反应进行固化形成固化土，并与原状土共同形成复合式地基，使地基承载力提高，不均匀沉降量减小，渗透性降低。

胶结法主要适用于粉土、砂土、粉质黏土、素填土、淤泥质土及人工填土等软土地基的加固。根据加固方式的不同主要分为注浆法、高压喷射注浆法和深层搅拌法三类。

(1)注浆法

该法通过压力泵把水泥或其他化学浆液注入土体之中，进而达到满足地基承载力要求、减轻沉降、防渗、补漏等目的。

(2)高压喷射注浆法

该法采用钻机进行钻孔，将注浆管插入待处理地层的预定位置后，将水泥浆液从注浆管的喷嘴以 200 MPa 以上的高压进行喷射破坏土体，同时钻杆高速旋转并上升，将水泥浆液和土颗粒进行搅拌混合，凝结成足够强度的圆柱固结体(旋喷桩)。若喷嘴提高而不转动，则产生墙状固结体。

(3)深层搅拌法

深层搅拌法是以水泥、石灰等材料为固化剂，通过深层搅拌设备将其注入土体内部，并与土体强制搅拌混合产生固化反应，形成具有整体性、稳定性和一定强度的固化土，从而降低地基沉降量，提高地基承载力。

8.2　注浆法

注浆法是采用液压、气压或电化学方法，在土体孔隙或岩石裂缝中注入化学浆液，以填充、渗透、挤密等方式，将土体孔隙或岩石裂缝中的水和气体排出。通过发生物理化学反应进行固结，浆液将松散的土粒结成整体。注浆法具有承载力高、抗渗性好、化学性能稳定等特点。

灌浆法加固地基的目的主要有以下几个方面。

①防渗。提高地基不透水性能，降低水的渗流量，提高土体抗渗性，减小土体中孔隙压力。常用于防止坝基结构漏水、流砂和开挖隧道涌水等工程之中。

②加固。提高地基土的力学强度、承载力和整体性，固化地基并提高土体的变形模量。常用于加固处理地基事故。

③纠偏。使已产生不均匀沉降的建筑物恢复原状或降低建筑物的偏斜程度。

8.2.1 浆液材料分类

目前注浆法中常用的浆液是由主剂、溶剂及其他各种外加剂按一定比例进行配制而成的。主剂通常指的是注浆材料，溶剂通常为水或者其他溶剂。按材料性质浆液可分为粒状浆材(悬浮液)、化学浆材(溶液)、混合型浆材等(图 8-1)。其中，粒状浆材因其性能好、来源广且价格低廉用途最广、用量最大。粒状浆材基本材料主要有纯水泥浆(普通硅酸盐水泥、矿渣水泥、火山灰水泥)和黏土水泥浆(含水的铝硅酸盐)。而化学浆材有时具有一定的毒性，污染环境，而且造价还高，但其可深入灌入小裂缝或孔隙。常用的化学浆材有丙烯酰胺类、聚氨酯、硅酸盐浆材。外加剂可根据其在浆液中所起到的作用，分为速凝剂、缓凝剂、流动剂、加气剂、膨胀剂和防析水剂等。其中，水泥浆常用外加剂如图 8-2 所示。

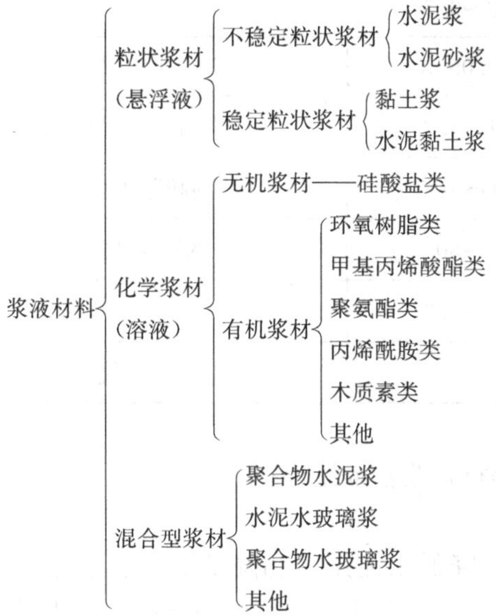

图 8-1　注浆法浆液材料

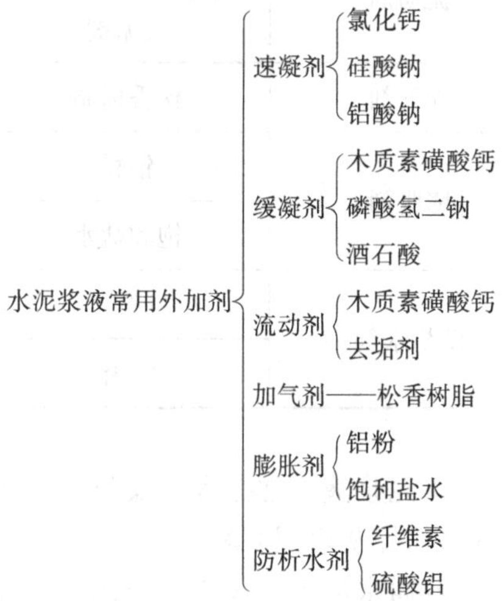

图 8-2　注浆法水泥浆液常用外加剂材料

1)水泥浆材

水泥系浆材是目前工程中应用最广泛、使用量最多的浆液，是指以水泥为固化剂主要原材料，并基于实际工程要求加入速凝剂、缓凝剂或流动剂等外加剂形成混合浆液，采用单液方式进行注入。其优点是原材料来源广泛、成本较低、不含毒性、操作方便、施工工艺简单。缺点是水泥浆液稳定性较差、易沉淀析水、凝结时间较长、对微细裂隙注入能力局限性较大。

水泥浆的水灰比一般变化范围为0.6～2.0，常用的水灰比是1∶1。为了调节水泥浆的性能，有时可加入速凝剂或缓凝剂等附加剂。常用的速凝剂为水玻璃和氯化钙，其用量为水泥重量的1%～2%，常用的缓凝剂为木质素磺酸钙和酒石酸，其用量为水泥重量的0.2%～0.5%。

由于凝结时间较长，当地下水流速较快时，注浆时水泥浆液极易遭受水流冲刷和稀释。因此可通过添加一些附加剂来改善水泥浆液的性能，进而满足实际工程使用要求，适应自然条件，表8-1所示为水泥浆液附加剂及掺量情况。

表8-1　水泥浆液附加剂及掺量

名称	试剂	掺量占水泥重/%	说明
速凝剂	氯化钙	1～2	加速凝结和硬化
	硅酸钠	0.5～3	加速凝结
	铝酸钠		
缓凝剂	木质磺酸钙	0.2～0.5	增加流动性
	酒石酸	0.1～0.5	
	糖	0.1～0.5	
流动剂	木质磺酸钙	0.2～0.3	
	去垢剂	0.05	产生空气
加气剂	松香树脂	0.1～0.2	产生约10%的空气
膨胀剂	铝粉	0.005～0.02	约膨胀15%
	饱和盐水	30～60	约膨胀1%
防析水剂	纤维素	0.2～0.3	
	硫酸铝	约20	产生空气

在水泥浆液中常掺入粉煤灰、硅灰、黏土等材料改善水泥特性。

(1)粉煤灰水泥浆材

在普通水泥中掺入粉煤灰作为注浆材料，可降低水泥用量和降低成本、消化三废材料，因此具有良好的经济效益和社会效益。近年来粉煤灰水泥浆材已在国内一些大型工程中得到成功应用，并取得了良好的社会反馈。

除此之外，对于水工建筑物而言，粉煤灰可增加水泥浆液中酸性氧化物的含量，它们能与水泥水化析出的部分氢氧化钙发生二次反应，进而生成水化硅酸钙和水化铝酸钙等产物，从而提高固结体的抗侵蚀能力和防渗帷幕的抗渗性能。

(2)硅粉水泥浆材

将硅粉及减水剂掺入水泥浆液后，不仅可改善水泥浆液的可灌性和稳定性，而且由于硅粉中的活性二氧化硅能和水泥水化反应生成的$Ca(OH)_2$进一步发生反应，生成低钙硅比的C—S—H凝胶，这种凝胶相较于氢氧化钙晶体强度更高，因此可显著提高水泥浆液结石体的强度。

(3)黏土水泥浆材

黏土的主要矿物成分包括蒙脱石、高岭石及伊利石三种。以蒙脱石为主要成分的黏土被称为膨润土，膨润土是一种膨胀性较大、分散性很高、水化能力极强的活性黏土，极为适合制备性能优质的水泥浆材，尤其以钠膨润土为最，目前在国内外相关工程中已广泛应用。由于分散度高和亲水性好，因此黏土的沉淀析水性较低，在水泥浆液中加入黏土可显著提高水泥浆液的稳定性。

由于工程地质条件和施工目的不同，黏土掺入量不同。当黏土作为附加剂时，黏土的掺入量较少；当作为注浆材料使用时，黏土的掺入量有时甚至高于水泥量。作为附加剂使用时，其主要作用是提高水泥浆的稳定性；如果作为注浆材料使用，会极大影响水泥浆液的物理力学性质。

2)聚氨酯类浆材

聚氨酯的主要原材料是多异氰酸酯和聚醚树脂，同时加入各类外加剂混合而成。聚氨酯浆液会和地层中的水发生反应生成聚氨酯泡沫体，聚氨酯泡沫体对地基具有加固作用，并且起到防渗、防漏效果。

聚氨酯类浆材可分为水溶性和非水溶性两种，水溶性聚氨酯浆材能和水混溶生成含水胶凝体，而后者只能溶于有机溶剂。

(1)聚氨酯类浆材的特点

聚氨酯类浆材具有浆液黏度低，可注性好等特点，结石具有较高的强度，可与水泥注浆相结合，建立高标准防渗帷幕。浆液遇水发生反应，可用于动水条件下的堵漏，封堵各种形式的地下、地面及管道漏水，封堵牢固，止水见效快，安全可靠、不污染环境，耐久性好，操作简便，经济效益高。

(2)外加剂的种类

外加剂包括增塑剂、表面活性剂、稀释剂和催化剂四种。其中，增塑剂主要用来提高材料的韧性，减弱分子间的相互作用力，从而减小分子间的黏合力，常用的增塑剂有邻酞酸二丁酯等。表面活性剂具有优异的乳化性能和稳定性，可改善泡沫的结构并使泡沫保持长期稳定性，一般采用吐温和硅油等。稀释剂的作用是降低预聚体及浆液的黏度，增强浆材的可注性，通常采用二甲基酮(CH_3COCH_3)和二甲苯(C_8H_{10})等稀释，其中以丙酮的稀释效果为最好。催化剂主要用来加快浆液与水之间的反应速度并且稳定控制发泡时间，一般采用三乙醇胺和三乙胺等。

3)丙烯酰胺类及无毒丙凝浆材

该类浆材是以丙烯酰胺为基料，并与促进剂、引发剂等材料组成的化学注浆材料。其黏度低，与水接近，可灌性极好。浆料的胶凝时间可精确调节，胶凝前的黏度保持不变，渗透性好，扩散半径大，能渗透到水泥灌浆材料不能到达的缝隙。这类浆材国外称AM-9，国内称丙凝，其标准配方如表8-2所示。

表 8-2 丙凝浆液的标准配方

试剂名称	代号	作用	浓度(质量百分比)/%
丙烯酰胺	A	主剂	9.5
N-N′亚甲基双丙烯酰胺	M	交联剂	0.5
过硫酸铵	AP	引发剂	0.5
β-二甲氨基丙腈	DAP	促进剂	0.4
铁氰化钾	KFe	缓凝剂	0.01

丙凝成本较低，但丙烯酰胺会对人体造成一定的危害，长期暴露在丙烯酰胺环境中会对中枢神经系统造成损害，并且也会造成水和空气的污染问题。

美国于1980年研制成功一种新型浆材，并命名为AC-400。我国水利水电科学院在1982年也研制成功一种与丙凝性能相似的浆材(AC-MS)。AC-MS的毒性只有丙凝的1%，因此被称为无毒丙凝，相较于丙凝来说，这种注浆材料效果更为理想。

4)硅酸盐类浆材

硅酸盐(水玻璃)是当前主要的化学浆材，硅酸盐注浆是一种研发最早、传承最久的注浆工艺，目前使用的化学浆液中其占比高达90%以上。其由于具有无毒、价格低廉和可注性优良等优点，目前仍是所有化学浆材中应用最广、使用最多的浆材。

5)木质素类浆材

木质素类浆材是以纸浆废液为主要原材料，加入固定量的固化剂所组成的浆液。这种浆材原材料来源广泛，价格便宜，成本较低，是一种极具发展潜力的新型注浆材料。木质素类浆材的类型目前有两种，即铬木素浆材和硫木素浆材。其中，铬木素浆材以重铬酸钠为固化剂，但由于重铬酸钠毒性强，可能会对地下水造成污染，因此，该浆材无法进行大范围使用，受到严格限制。经过对其不断改良，采用过硫酸铵完全代替重铬酸钠，使其毒性降低，最后研制出来了硫化木质素浆材。

6)改性环氧树脂浆材

环氧树脂是一种高分子材料，该材料应用范围广泛，价格便宜，并且具有强度高、黏度好、收缩性低、固化时间可调节、材料力学性能良好、能在室温条件下进行固化等优点，但存在浆液的黏度大、可注性小、憎水性强、与高含水裂缝黏结力差等缺陷。

7)水泥-水玻璃浆材

水泥-水玻璃是在水泥和水玻璃两种注浆材料基础上演变而来的一种新型复合注浆材料，它兼具两种注浆材料的许多优势。作为速凝剂在水泥浆液中掺入水玻璃时，其掺量一般只占水泥比重的3%～5%；作为主材料掺入水玻璃时，需结合工程要求和注浆目的来明确其掺量范围。

8.2.2 注浆方法分类

目前，根据注浆目的可将注浆方法分为加固注浆和堵水防渗注浆两类。而根据注浆工程的地质条件、浆液的扩散能力和渗透能力，常用的注浆方法主要有渗透注浆法、劈裂注浆法、压密注浆法三大类。

1)渗透注浆法

渗透注浆法是在不改变颗粒排列和地层结构的原则下，采用一定的压力将浆液填充到岩土孔隙或岩石裂隙中，并且逐渐渗透入地层深处的方法。在渗透注浆过程中，浆液不断将孔隙和裂隙中的水和气体排出，在此过程中地基土层结构稳定，不会受到影响造成扰动和破坏，浆液可与土体产生一系列物理化学反应，改良地基土体，提高土体抗剪强度，增大土体压缩模量。当地层为第四系地层(渗透系数＞10^{-4} cm/s)如砂层、卵石层、碎石土等时，可采用渗透注浆法。该方法常用于砂砾层注浆。

渗透注浆的特点如下：所用压力相对较低时，可将注浆压力控制在1.5 MPa以内；注浆量和扩散能力受注浆压力影响，相对压力越大，注浆量越高，浆液扩散能力越远；渗透注浆材料的颗粒尺寸需小于孔隙尺寸。

在进行渗透注浆时必须考虑被注介质的可注性，选择渗透注浆材料要注意与被注介质可注性的匹配。

国内外广泛采用如下简化公式来评价粒状介质的可注性：

$$N = \frac{D_{15}}{d_{85}} < 10 \sim 15 \tag{8-1}$$

式中，D_{15}为砂砾石中含量为15％的颗粒尺寸；d_{85}为注浆材料中含量为85％的颗粒尺寸。

2)劈裂注浆法

劈裂注浆法可应用于渗透性较好的砂层和渗透性较差的地层，在钻孔内施加注浆压力于土体，使其在地层内发生水力劈裂作用，对土体形成剪切破坏，在地层内部产生裂缝，并使原有裂缝进一步扩展，形成网状浆脉，以促进浆液的可注性并增大扩散范围，通过浆脉挤压土体和浆脉的骨架作用加固土体。实践表明：劈裂注浆法可利用液压在地层中形成劈裂裂缝，并在裂缝中进行固结，提高地层强度。

劈裂注浆是目前应用较广的一种地基加固方法，采用高压注浆工艺，将浆液等注入地层深处，可改善地层的可注性，在劈裂注浆过程中，注浆口的浆液对地层施加应力，使土体发生扰动和破坏，形成劈裂裂缝，而浆液则随着缝隙从地层强度薄弱处向地层强度高的地方渗入，并将原有的裂缝劈开，渗入裂缝中的浆体形成加固土体的网络或骨架。由于浆液在劈入土层过程中并不是与土颗粒均匀混合，而是呈两相各自存在，因此从土的微观结构分析，土除受到压密作用外，其他物理力学性能的变化并不明显，其加固效果应从宏观上来分析，即应考虑土体的骨架效应。

3)压密注浆法

压密注浆法通过注浆设备用较强的注浆压力将浓稠的浆液注入地层中，使浆液在注浆处形成浆泡，浆液在注浆压力下注入地层，凝固成胶结体的同时对周围土体产生压缩。该方法多用于黏性土地基中。

压密注浆是在充填注浆和劈裂注浆的基础上逐渐演变而来的，最开始用于对建筑物的纠偏。通过水泥、粉煤灰、水及水玻璃等进行混合而成的浆液，其水灰比较小，呈黏稠状，在注浆压力的作用下注入地层后，顺着地层中的孔洞、缝隙及软弱层面扩散，在砂土、砂壤土中形成互层，在淤泥质土中形成浆泡，浆液挤压土体，使孔隙中水和气体被排出，周围土体在浆液挤压下逐渐密实，从而提高地基强度，减小渗透系数，提高地基抗震能力。

压密注浆法可对地基基础进行原位加固，防止地基发生不均匀沉降，提高地基的承载能力。实现局部地基的加固、构筑物的纠偏、防渗堵漏。压密注浆法的适用范围：地表有硬层(如混凝土或灰土垫层)，而中、深层为土质松软的砂土地基和湿陷性黄土地基的加固补强；因非均匀沉降引起构筑物倾斜的纠偏扶正；场地狭窄处建筑物基础的托换；地层液化的预防和整治。

一般压密注浆主要包括单管注浆法和花管注浆法两种。

(1)单管注浆法

该法是压密注浆中最简单、最常用的方法，指的是通过钻机钻动，将注浆管关口打入地层的预定位置后，以 20 MPa 左右的压力把浆液均匀地从喷嘴中注射入浆层，并冲击破坏土体，使浆液与从土体上崩落下来的土搅拌混合，并发生一系列的物理化学反应，以便在土中凝结形成一定形状的固结体。

(2)花管注浆法

该法操纵液压或气压，通过注浆管把浆液平均地注入地层中，浆液以填充、渗透、挤密、劈裂等方式，将土颗粒或岩石裂隙中的水分和空气解除后占据其位置，经一定时间后，浆液将原来松散的土粒或裂隙胶结成一个整体，形成一个布局新、强度大、防水性能高和化学稳定性杰出的“结石体”。

以上两种方法中，花管注浆法要求保证钻孔的垂直度，施工时间久，封浆需一定的时间，处理后浆体均匀性好，地基承载力较强，但花管注浆相对成本较高。而单管注浆法施工较为简单，注浆压力小，适合浅层注浆，机械成本和人工成本远远低于花管注浆法，而且土体强度在注浆后提高速度较快，通常 7 d 后强度可超过设计值的 80%。

4)电化学注浆法

电化学注浆法在实际工程施工中较为常见，是指施工中在需要预先加固的地层中把两个电极按一定的电极距置于地层中，将带孔的注浆管作为阳极，接到直流电源的正极上，并将滤水管作为阴极，接到电源的负极上，使注入压力与电渗方向一致，在电流的渗透作用下，孔隙水由阳极流向阴极，使通电区域中地层含水量降低，并形成浆液渗流通道，使浆液随之流入地层孔隙中，并在土中固化硬结。

电化学注浆技术适用于各种类型的土层，尤其对松软、含水量高的土层，例如黄土、软土、淤泥等，有着显著的加固效果。此外，对于有致密层和相对较坚硬的夹层的松散层，也有很好的效果。

由于地基工程目的和自然条件要求多样，近年来注浆方法发展迅速，且种类繁多，除了上述介绍的几种典型注浆法以外，注浆法还从脉状注浆、渗透注浆发展到应用多种材料的复合注浆法或综合注浆法，从钻杆注浆、过滤管注浆发展到双层过滤管注浆和多种形式的双层管瞬凝注浆法，从无向压注浆发展到双层过滤管注浆和多种形式的双层管瞬凝注浆法，从无向压注浆发展到通电、抽水、压气和旋喷、摆喷或定向高压喷射等多种诱导注浆法，通过预处理及孔内爆破等方法，可大大提高浆液的可注性，从而扩大注浆的应用范围。随着注浆技术在工程应用中的深入，注浆方法的研究也越来越重要。

8.2.3 注浆工艺

注浆工艺随着注浆方法的不同而发生改变，每种注浆方法都有其独特的注浆工艺，但注浆参数都是决定注浆效果的最重要原因，并且注浆参数受多种因素影响，难以精准确定参数范围。因此，注浆参数是研究注浆技术和注浆效果的重要方向。

1)注浆压力

注浆压力是浆液在地层克服流动阻力并使浆液逐渐扩散的动力。注浆过程中，需不断监测实际压力，并根据工程情况进行及时的调整，进而达到最优的加固效果，保证工程质量，同时注浆压力也会受工程地质的情况、注浆材料的性质、注浆管道尺寸及注浆方式等因素影响。注浆压力大小应根据具体工程情况来确定。一般化学注浆的压力要比水泥注浆的压力小很多，浅部注浆的压力要小于深部地层注浆的压力，渗透系数大的地层的注浆压力要小于渗透系数小的地层的注浆压力。一般注浆压力不宜过大，否则可能会造成地层结构被破坏；注浆压力也不宜过小，否则可能会使浆液无法完全渗入地层裂缝中，充分进行固结。

2)扩散半径或有效扩散距离

扩散半径或有效扩散距离受到注浆压力、裂隙开度、注入时间、地层渗透系数等因素影响，一般只要地质条件及上部建筑物允许，注浆压力就尽量选择大的。注浆压力应根据注浆试验的成果来确定。根据工程实践经验，注浆压力一般会随着浆液浓度和黏度的提高而降低。扩散半径或有效扩散距离可通过一些理论公式进行推导，并结合实际工程经验进行演算，但理论推导演算具有不确定性，无法精准得到结果，故一般会通过工程模拟试验来确定扩散半径或有效扩散距离。

3)凝固时间

浆液凝固时间是根据浆液自身性质来确定的，因而基于实际工程要求和施工地质条件，一般会在浆液中加入适量的速凝剂、缓凝剂、流动剂、加气剂、膨胀剂、早强剂、塑化剂、分散剂等外加剂来改变浆液凝固时间，或者改善浆液的其他性能。工程要求标准的浆液凝固时间在几秒至几小时的范围内，并能准确地控制。几种典型浆液的凝固时间：单液水泥浆为1～1 100 min，水泥-水玻璃双液浆为几秒至几十分钟，丙烯酰胺类浆液为几秒至几十分钟。

8.2.4 注浆设计与施工

由于实际工程条件的复杂性和不可控性，在注浆施工过程中往往需要根据实际工程情况和施工进度不断进行调节和优化，因此在注浆设计和施工过程中，可参考以下情况进行。

1)设计与施工前的准备工作

开展详细的工程背调，为注浆设计提供完整的参考文件，调查区域主要包括注浆处理的范围及其周边区域。工程背调的主要内容：地基土的密度、含水量、孔隙比、颗粒级配、液塑限、渗透系数、有机质含量、土体承载力等基本物理指标；地质构造和地层分布；地下水分布和高度；周边区域建筑物情况等。

在进行注浆设计与施工前，可根据现场试验结果推算出最合适的设计参数。

2)注浆目的和注浆范围

注浆法适用于多种工程项目中，但需要根据实际工程目的，合理采用相应的注浆材料、注浆工艺、注浆方法和注浆参数，因此在进行注浆设计与施工前需根据实际工程情况和目的，选择最合适的注浆方法、注浆工艺和注浆范围，并确定最合适的注浆参数。

随着基坑工程的不断发展，采用注浆法施工的目的主要是减少地层渗流量、加固土体并保证基坑安全稳定、控制土体沉降、堵漏抢险等。注浆孔的上覆土厚度需大于 2 m。

3)注浆浆液的选定和制备

需根据注浆目的、地质条件、地基土孔隙比、注浆时间、地下水状态等因素，合理选择注浆浆液的材料，并确定各材料的配比，选定注浆浆液的材料和确定配比的同时，应综合考虑浆液的成本，使其在可承受的范围内。对于重大工程或者无相关注浆经验的区域，宜进行室内浆液配比试验。

注浆浆液的材料及配制出的浆料需满足以下要求：所配制出的浆料需要在设计规定的时间内凝结，浆料自身的强度、抗渗性、耐久性应能满足设计要求；浆料在凝结之后其体积收缩率应低于自身体积量的 3‰；浆料在配制完成后的 1 h 内不应出现析水现象。

根据实际工程情况的需要，可在浆液拌制时加入适量的早强剂、减水剂、微膨胀剂、抗冻剂、缓凝剂等外加剂，来调节浆液凝结时间、改善浆液性能，外加剂的掺入量可根据室内相关试验进行确定。

用搅拌机充分搅拌均匀后，才能将浆料通过足够的压力进行注浆，同时在注浆过程中需要对浆料不停歇地慢慢搅拌，搅拌时间不应超过浆液初凝时间。需要对泵送前的浆体进行筛网过滤，并对拌制完成的浆液进行随机抽检。

当进行冬季施工时，如果天平均温度低于 5 ℃或最低温度低于−3 ℃，注浆前则需在施工现场采取必要措施，以保证浆体不会冻结。在夏季炎热条件下施工时，用水温度不得超过 35 ℃；同时需要将装浆器皿和注浆管道移至荫凉条件下，防止阳光暴晒，加速浆液凝结。

4)施工顺序

注浆施工顺序必须基于地基土质条件、现场环境、注浆工艺及注浆目的进行合理安排。

一般情况下应按跳孔间隔注浆的方式进行，以防止压力过分集中或窜浆，不宜采用自注浆地带某一端单向推进的压注方式，以保证浆液强度的约束性随时间推移而提高。如果遇到地下水流动的特殊情况，需考虑浆液在水流动情况下的迁移效应，宜从水头高的一端往低的一端开始注浆。

进行压密注浆时，应首先开展注浆试验，并根据注浆试验结果确定周边排水条件，设计压密注浆的施工顺序，注浆的设计原则是便于将地下水排出。通常采用先外围后内部的注浆施工方式，当在注浆范围以外存在边界约束条件时，可基于边界约束条件以由远及近的顺序依次进行注浆施工。如果在注浆施工现场周边存在对变形控制较为严格的建筑物、管道等，则需从建筑物或管道的附近首先开始注浆，并逐步向远处进行施工，同时需实时监测建筑物或管道的变形程度。

5)周边环境影响控制

使用注浆法对地基进行处理的过程中，通常会对地基造成破坏、扰动，浆液注入后会发生凝结，土体发生固结进而使地基土得到改良，并且在施工时土体会出现向周围膨胀的情况，施工后由于注浆压力得到释放、浆液凝固收缩、土体固结等原因，土体又会出现收缩的趋势。上述现象的发生往往会造成注浆法施工时，对周围环境产生不利影响，因此在进行注浆法设计和施工时必须考虑以上因素。

进行注浆法施工时，可根据以下施工措施对周边环境影响进行控制。

①在保证可注入的前提下尽量减小注浆压力和流量，降低孔隙水压力的突增量，有利于孔隙水压力的消散，同时有利于提高注浆效果。

②应从建筑物或管道的附近先开始注浆，并逐步向远端施工，将施工引起的附加地内压力由近向远扩散。

③采用“多点少注”的方法进行施工，即提高布孔数量，降低每孔内的注浆量。

④控制施工节奏，合理安排施工速度，可更好降低孔隙水压力的突增量，有助于消散孔隙中水压力，防止应力过分聚集。

施工过程中需进行严格的信息化施工管理，来控制注浆对周边环境的影响，因此需在施工过程中对周边环境进行实时监测，对相关数据进行及时整理分析，根据分析结果调整注浆工艺、注浆参数、注浆顺序、注浆进度等。

8.2.5 质量检验

注浆施工过程中需对各项技术指标进行严格的质量检验，以保证竣工验收时符合相应的质量检验标准，其中主控项目包括原材料、注浆体强度、注浆施工顺序检验等，除此之外在有特殊要求时，还应确定浆液初凝和终凝时间。一般项目包括各种注浆材料称量误差、注浆孔位、注浆孔深、注浆压力、注浆流量等，以确保注浆质量满足要求。注浆施工情况应采用自动流量和压力记录仪对其进行实时和准确的记录。施工过程中需对数据进行及时整理和分析，并根据数据结果进行合理调整，以确保注浆工程顺利进行，并为注浆验收做好准备工作。

注浆工程竣工验收的检验，应根据设计提出的要求进行，包括对注浆强度、注浆时间、浆体的均匀性进行检验，通过现场取样等方式进行评估，注浆检验应在注浆结束 28 d 后进行。对于地基承载力有明确要求的注浆工程，应采用载荷试验进行检验；对抗渗能力有明确要求时，应采用抽水试验、注水试验等原位测试方法进行监测；对于注浆加固工程，可选用标准贯入或静力触探等方法对加固地层进行检测。

一般情况下，对以控制地基沉降为目的的加固工程，可通过无侧限抗压强度试验对加固后的强度进行测试，其强度不得低于设计强度的 90%，被加固土的抗剪强度需达到原状土的 2 倍以上。对抗渗能力有要求的加固工程，被加固后的土体渗透系数应降低 1～2 个数量级；建筑物纠偏工程以建筑物纠偏量和纠偏范围进行裁定。

8.2.6 工程实例

1)工程概况

该工程为江苏南京某装配式混凝土构件生产厂房，建筑占地面积达到 4 000 m^2。地质勘探资料显示，施工地表为 0.5～1.8 m 的松散黏性土，在地基施工之前已将松散黏性土除去，并用素土回填进行分层压实。然而，施工方并未按照施工设计要求对回填土进行分层压实处理，仅仅铺设了一层级配较差的砂石垫层，就浇筑了素混凝土地坪，因此在进行竣工验收之前，厂房的部分区域出现了地基沉降和地坪开裂现象。在用地质雷达对地层进行探测后发现在地表下深 0.2～1.5 m 范围内地层出现了明显的空洞塌陷。为防止地基出现更严重的沉降和塌陷、独立柱基础出现沉降，保护厂房的建筑物安全，需对整个厂房区域的地基进行加固。根据地质勘探报告、现场情况以及专家评审意见，对本工程的地基采用注浆法进行加固。

2)加固过程

(1)材料及设备

基于工程情况初步选用普通硅酸盐水泥 P.O.42.5，设计水灰比为 1、初凝时间为1～2 h，进行水泥浆液配制。采用型号为 ZKJ-38/100 的单液型注浆机，在出浆口安装压力表对注浆压力进行实时观测，注浆机的压力调节范围规定为 0.1～0.5 MPa。注浆管选用直径为 32 mm、长度为 2 m 的镀锌钢管，钢管顶部配有止回阀，钢管下部按照孔距0.2 m进行开孔。由于厂房面积大，需要沉管的数量多，采用水钻对地面进行开孔，并借助 6 t 挖掘机进行沉管。

(2)施工工艺

①测量定位放样。根据地质勘探报告、技术规范以及专家评审意见，采用 TS-02 全站仪对注浆孔进行测量定位并逐一进行编号。保证注浆孔间距为 1 m，地基梁及柱独立基础周围的注浆孔应对称布置，并且注浆孔距离地基梁和柱下独立基础 1 m。

②开孔与沉管。在混凝土地坪上采用水钻进行开孔，沉管时使用 6 t 的挖掘机将钢管静力压入土体至设计深度。沉管过程中若遇障碍物导致钢管受阻无法下沉，则用钢钎引孔(或开挖)，若仍然无法沉管，则将注浆孔位移 200 mm 重新开孔和沉管。沉管完成后使用高强堵漏剂将钢管与洞口之间的缝隙进行填堵，防止在注浆过程中因漏浆造成注浆压力不足。为保障注浆质量，应将注浆孔位偏位误差控制在 5 mm 内，注浆孔深度误差控制在 200 mm 内，垂直度偏差控制在 1%以内。

注浆顺序：首先对外面的 2 排孔注浆以形成围幕层，防止水泥浆外流围幕，再对中间区域进行注浆。注浆压力宜控制在 0.2～0.3 MPa。同时，为防止相邻注浆孔窜浆，注浆时应采用隔孔跳打的方式，相邻孔的注浆时间间隙应不小于 3 h。每个注浆孔需在第一次注浆液初凝前进行二次补浆，以保障每个注浆孔下的土体被加固充分。地基梁及柱独立基础附近注浆孔注浆时应注意对称灌注，防止两边注浆压力不对称引起地基梁和独立柱基础偏位或倾斜。

(3)地基加固效果

采用注浆加固法对地基进行加固后，随机在加固区域钻孔取样，可观察到取出的素土芯样已密实，原本级配不良、未被压实的下层土体由浆液填充孔隙并硬化成一个整体，表明地基承载能力得到了提升

为进一步量化加固后的地基承载能力，将加固后取得的芯样试块送检，测得土体芯样平均抗压强度为 14.3 MPa，说明注浆加固法对地基的强度提升效果明显。

此外，选取一片重要区域进行了堆载试验，堆放荷载对应的应力大小为 6.25 MPa，经过长时间监测后，结构未出现沉降现象，地坪也未出现开裂现象，再次说明此次注浆法对地基的加固效果明显。

8.3 高压喷射注浆法

8.3.1 概述

1)加固机理

高压喷射注浆法(旋喷法)是在高压水射流技术的基础上进一步发展而来，采用钻机钻孔，把带有特殊喷嘴的注浆管钻进地层的预定位置和深度后，以高压设备使浆液或水形成压力为20～40 MPa的射流，从喷嘴中射出对土体造成冲击破坏，高压流将土层搅碎形成分散的细部土颗粒，部分土颗粒随着浆液和水一起从钻孔中被排出，在高压流的搅拌混合下，地层中的浆液和其余土颗粒逐渐凝结，所形成的固结体与桩间土共同构成具有一定强度和抗渗能力的复合地基，进而提高地层强度，减小地基沉降量，达到地基加固的目的。

2)适用范围

由于高压喷射流使用的压力达到了20～40 MPa，因此喷射流的冲击效果好，冲击能量强，冲击速度快。当喷射流连续且集中冲击破坏土体时，超高的压应力和冲蚀作用可快速在地层中形成较大的孔隙，无论是粒径小的细粒土还是颗粒直径很小的卵石、碎石土等，均可产生强烈的冲击破碎和搅动作用，并凝固成新的固结体。由于机械体量小，易操作，因此可在室内进行施工，且高压喷射孔径仅有10 cm左右，对已有地基具有良好的加固效果。

但喷射流可能会受到大直径石块、长根茎植物或高有机质黏土的阻挡，造成冲击破坏力急速下降，使喷射效果降低。针对上述几种复杂情况，高压喷射处理效果较差，无法准确判定，因此需要根据现场试验结果进行判别，并确定其处理程度。针对湿陷性黄土地基，由于当前试验资料和施工案例较少，在施工前需要进行现场试验，确定喷射注浆施工工艺、施工方法、施工设备等。

与注浆法相比，高压喷射注浆处理地层可注深度更大，目前我国建筑地基行业高压喷射注浆处理深度已超过30 m。且高压喷射注浆具有提高地基承载力、降低沉降、防渗堵漏等作用，已经形成完善的施工工艺，可针对现有建筑和始建工程进行地基处理，如加固深基坑地下工程支挡和护底、筑造地下防水帷幕、减振防止砂土液化、增大土的摩擦力和黏聚力以及防止基础冲刷等。当地下水流速过大或防水工程已出现涌水情况时，由于施工工艺、施工设备和瞬时速凝材料等方面的原因，应通过现场试验确定能否使用高压喷射注浆。

3)工艺类别

根据高压喷射注浆的喷射流方向可分为旋转喷射(简称旋喷)注浆、定向喷射(简称定喷)注浆和摆动喷射(简称摆喷)注浆三种形式，并形成桩、板、墙三种不同的固结体，如图8-3所示。

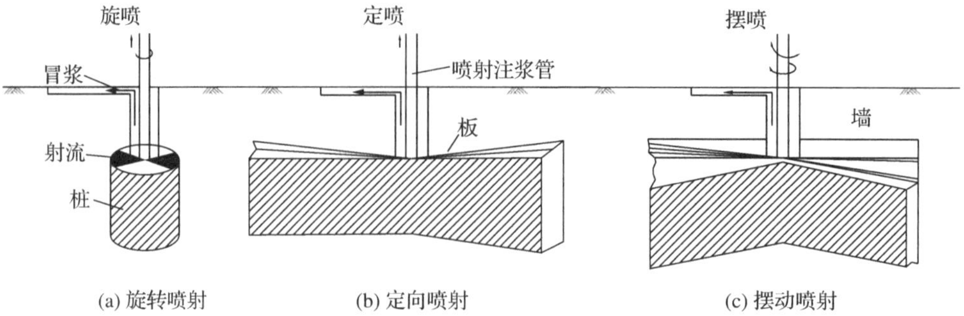

图 8-3　高压喷射注浆法的三种形式

(1)旋喷注浆

喷嘴一边喷射一边旋转并提升，所形成的固结体呈圆柱状或圆盘状。旋喷法施工后，在地基中形成的圆柱体称为旋喷桩。

(2)定喷注浆

随喷嘴提升喷射方向不变，所形成的固结体呈墙壁状，按喷射孔位排列形成不同形状的连续壁状固结体。

(3)摆喷注浆

喷嘴一边提升一边呈钟摆状进行来回摆动，所形成的固结体呈扇形。

高压喷射注浆法根据喷射方法的不同可分为单喷管法(喷射高压水泥浆液一种介质)、二重管法(同轴复合喷射高压水泥浆液和压缩空气两种介质)和三重管法(同轴复合喷射高压水流、压缩空气和水泥浆液三种介质)等形式(图 8-4)。

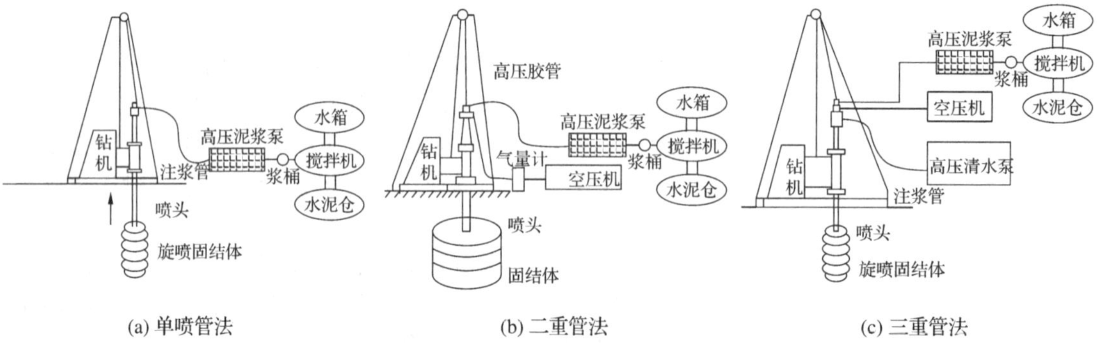

图 8-4　高压喷射注浆法的三种形式

①单喷管法。该法又称单管旋喷注浆法，是利用钻机把安装在单管底部侧面的特殊喷嘴置入土层预定位置后，用高压泥浆泵等装置以 20 MPa 左右的压力，把浆液从喷嘴中喷射出去冲击破坏土体，使浆液与从土体上崩落下来的土搅拌混合，经过一定时间凝固，在土中形成一定形状的固结体，其直径为 0.3～0.8 m。由于喷射流较短，单喷管法形成的固结体直径较小，一般适用于松散、稍密的砂层，浆液中水泥的用量通常不超过 200 kg/m，提升速度一般可取 10～20 cm/min。

②二重管法。二重管法是在单管法的基础上利用气喷射、浆液灌注搅拌混合喷射的方法，即使用双重注浆喷射管同时高速喷射高压气和浆液，并搅碎破坏地基土体使浆液与土

颗粒进行混合凝结，最后在土中形成连续且坚硬的固结体。二重管法破坏能力和范围相较于单管法显著增大，所形成固结体的直径为 0.8～1.6 m。该法通常适用于中密砂层中，水泥用量通常不超过 300 kg/m，提升速度一般为 10～20 cm/min。

③三重管法。三重管法利用同轴复合喷射高压水流、压缩空气和水泥浆液三种介质，并采用高压泵等高压发生装置产生高压水流，并在其周围环绕一股圆筒状气流，高压水流和气流同轴喷射冲切土体，形成较大的孔隙，再用泥浆泵将水泥浆以较低压力注入被切割、破碎的地基中，喷嘴做旋转和提升运动，使水泥浆与土颗粒混合并凝结，形成连续且坚硬的固结体。该法可在圆砾层内施工，水泥用量通常为 400 kg/m，提升速度通常为 10～20 cm/min。形成的桩径可达 1.2～2.2 m，三列管法为不同轴的三个管路，分别灌入不同介质，如图 8-5 所示。

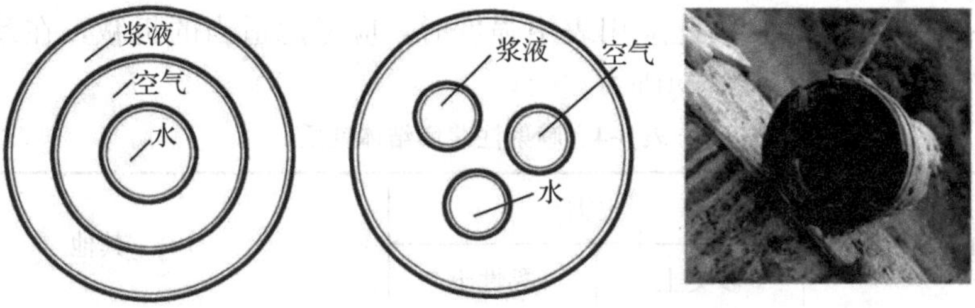

(a) 三重管　　(b) 三列管

图 8-5　三重管与三列管

高压喷射注浆法(单喷管法、二重管法和三重管法)技术参数如表 8-3 所示。

表 8-3　高压喷射注浆技术参数

固结体性质	喷注种类		
	单喷管法	二重管法	三重管法
单项定喷有效长度/m	1.0～2.5		
单桩垂直极限荷载/kN	500～600	1 000～1 200	2 000
单桩水平极限荷载/kN	30～40		
最大抗压强度/MPa	砂土 10～20，黏性土 5～10，黄土 5～10，砂砾 8～20		
平均抗折强度/平均抗压强度	1/10～1/5		
干重度 γ/(kN/m^3)	砂土 16～20，黏性土 14～15，黄土 13～15		
渗透系数 k/(cm/s)	砂土 10^{-4}～10^{-2}，黏性土 10^{-7}～10^{-5}，砂砾 10^{-2}～10^{-1}		
黏聚力 c/MPa	砂土 0.4～0.5，黏性土 0.7～1.0		
内摩擦角 φ/°	砂土 30～40，黏性土 20～30		
标准贯入击数 N	砂土 30～50，黏性土 20～30		

（续表）

固结体性质		喷注种类		
		单喷管法	二重管法	三重管法
弹性波速/(km/s)	P 波 S 波	砂土 2.0～3.0，黏性土 1.5～2.0 砂土 1.0～1.5，黏性土 0.8～1.0		
化学稳定性能		较好		

高压喷射注浆固结体的主要特性如表 8-4 所示。旋喷形成加固体的强度受多种因素的影响而存在一定的分散性，因此应用表中强度时，应考虑适当的折减，在黏土中一般为 1～5 MPa，在砂土中为 4～10 MPa。

表 8-4 喷射注浆固结体性质

固结体的性质	土类		其他
	砂类土	黏性土	
最大抗压强度/MPa	10～20	5～10	砂砾：最大抗压强度 8～20 MPa，渗透系数：10^{-7}～10^{-6} cm/s；黄土：最大抗压强度 5～10 MPa；干重度：13～15 kN/m^3
弹性模量/MPa		2～5	
干重度/(kN/m^3)	16～20	14～15	
渗透系数/(cm/s)	10^{-7}～10^{-6}	10^{-6}～10^{-5}	
黏聚力/MPa	0.4～0.5	0.7～1.0	
内摩擦角/°	30～40	20～30	
标准贯入击数 *N*	30～50	20～30	
单桩垂直承载力/kN	500～600(单管)；1 000～1 200(双管)；2 000(三重管)		

8.3.2 高压喷射注浆法设计

对软弱地基土进行处理，高压喷射注浆法所选用浆液主要为以水泥为主剂的浆液以及水泥和水玻璃混合的双液型浆液，当软弱地基下层有地下水流动时，不应采用单液水泥浆液。

注浆孔间距宜取 1～2 m。砂土地基中，浆液的初凝时间宜为 5～20 min；在黏性土地基中，浆液的初凝时间宜为 1～2 h。注浆量和注浆有效范围，应通过现场注浆试验确定，黏性土地基中，浆液注入率宜为 15%～20%；注浆点上的覆盖土厚度应大于 2 m。对于人工填土，应采用多次注浆，间隔时间按浆液的初凝时间根据试验结果确定，一般不应大于 4 h。

对于以地基加固为目的的设计而言，其内容主要包括喷浆孔的点位布置与范围、喷射浆液的材料和配比、固结体的强度要求，并根据地勘资料和现场试验结果进行分析与计算。

(1)喷射注浆直径的估计

有效的喷射直径应通过现场试验来确定。

(2)确定地基的承载力

喷射注浆形成的加固体地基常看作复合地基，通过现场试验求出复合地基的承载力。当无现场荷载资料时，可按复合地基中的有关地基强度的计算公式进行计算。相应的分析计算方法可按前节水泥搅拌桩法进行。

(3)沉降计算

可通过分层总和法对地基沉降量进行计算，按现行国家标准《建筑地基基础设计规范》(GB 50007—2011)有关规定进行。

(4)稳定性分析

当喷射注浆法应用于堤坝加固和基坑底部加固时，可采用常规的圆弧滑动法分析其稳定性。当滑弧通过加固体时，加固体的抗剪强度应考虑一定的安全度，同时还要考虑渗透力。

(5)防渗帷幕设计

采用旋喷注浆或定喷注浆针对防渗帷幕进行加固时，首先要合理确定注浆布孔的位置和间距，并注意相互搭接形成连续的固结体。一般布置两排或三排注浆孔，孔距为$0.866R$(R为旋喷桩有效半径)，排距为$0.75R$，喷射形成防渗帷幕。对用定喷或摆喷形成的防渗帷幕，要求前后搭接良好，可用直线和交叉对折喷射。防渗帷幕的厚度、深度和位置则根据工程的要求，通过防渗计算来确定。

8.3.3 高压喷射注浆法施工

1)施工机具选择

高压喷射法的施工设备，主要由钻机和高压发生设备两部分组成。高压发生设备主要由高压泥浆泵和高压水泵组成，另外还包括转子流量计、空气压缩机、卷扬机、泥浆搅拌机等，如图 8-6 所示。

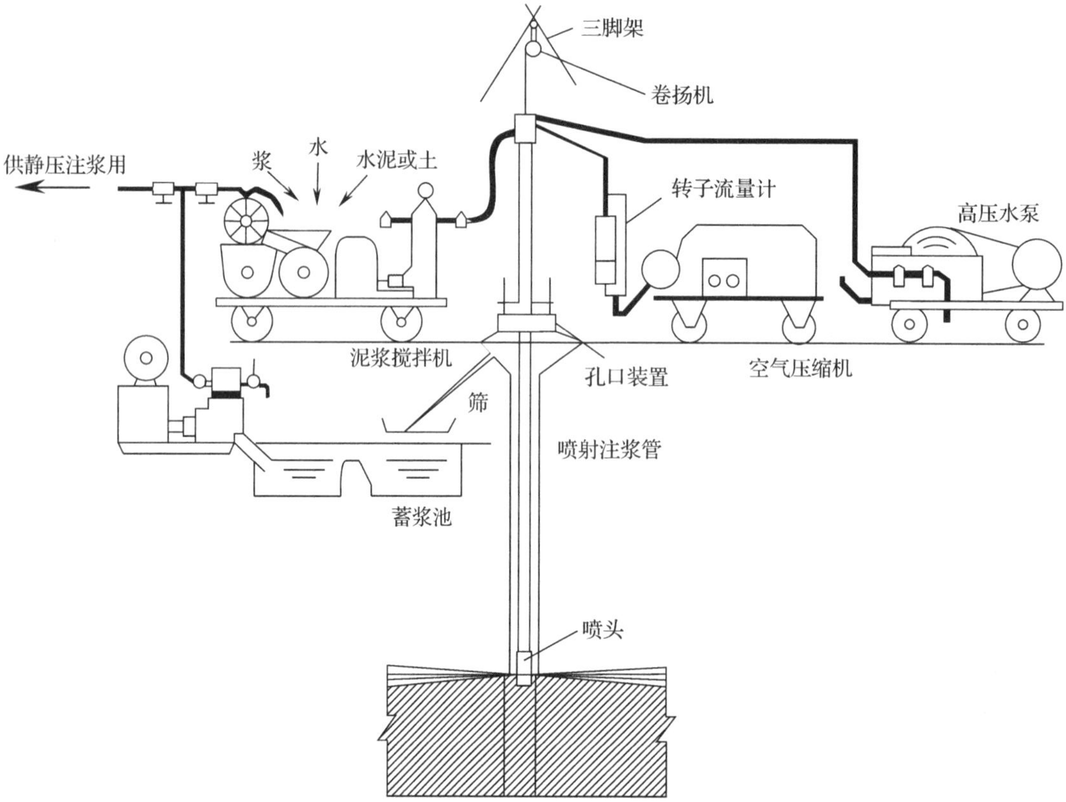

图 8-6　注浆设备

高压喷射注浆施工参数、旋转和提升速度可根据施工工艺要求和地层条件按表 8-5 和表 8-6 选取，并应通过现场试验确定。

表 8-5　高压喷射注浆施工参数

喷射方法		旋转喷射			定向喷射
		单喷管法	二重管法	三重管法	摆喷
水	压力/MPa			20～30	25～30
	流量/(L/min)			80～120	80～120
	喷嘴孔径/mm			2～3	2～3.2
	喷嘴个数/个			1，2	2
浆液	压力/MPa	25～40	25～40	1～3	1～3
	流量/(L/min)	65～120	80～120	100～150	100～150
	喷嘴孔径/mm	2～2.5	2～3	10～14	10～14
	喷嘴个数/个	2	1，2	1，2	2
	送浆密度/(g/cm^3)	1.4～1.5	1.4～1.5	1.5～1.7	1.5～1.7
	回浆密度/(g/cm^3)	≥1.3	≥1.3	≥1.3	≥1.3

（续表）

喷射方法		旋转喷射			定向喷射
		单喷管法	双重管法	三重管法	摆喷
空气	压力/MPa		0.5～0.8	0.6～0.8	0.6～0.8
	风量/(L/min)		1～2	0.5～2	0.5～2
	喷嘴孔径/mm		1～2	1～3	1～2
	喷嘴个数/个		2	2	2
注浆管	提升速度/(cm/min)	15～20	10～20	7～14	6～12
	旋转速度/(r/min)	15～20	10～20	11～18	
	外径/mm	42，50	75	75，90	75，90
	摆角/(°)				0～30

表 8-6　高压喷射注浆旋转和提升速度

地层	提升速度 v/(cm/min)	旋转速度/(r/min)	摆喷/(次/min)	摆角/(°)
粉土层	10～20	(0.8～1.0)v	(0.8～1.0) v	15～30
砂土层	10～25	(0.8～1.0) v	(0.8～1.0) v	15～30
砾石层	8～15	(0.8～1.0) v	(0.8～1.0) v	30～90
卵石(碎石)层	5～10	(0.8～1.0) v	(0.8～1.0) v	30～90

2)主要施工流程

高压喷射注浆的施工工序为机具就位、贯入注浆管、喷射注浆、拔管及冲洗等。钻机应放置在高压注浆泵附近。其施工工艺如图 8-7 所示。

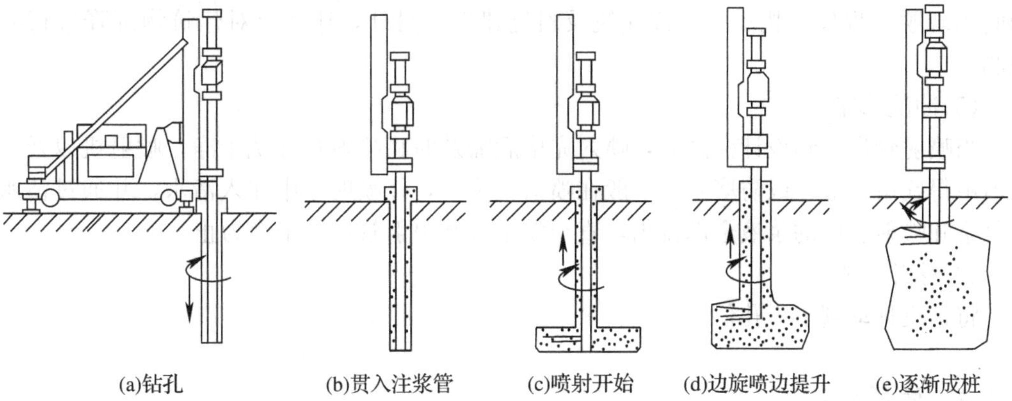

图 8-7　高压工艺喷射法施工工艺

在开始高压喷射注浆之前，应提前对施工场地和周边建筑物进行地质勘探，并根据地质勘探数据分析施工现场的水文地质和建筑结构设计资料等。对周边既有建筑物还应搜集竣工和现状观测资料、邻近建筑和地下埋设物等资料。

(1)钻孔

钻孔孔径应大于注浆喷射管外径 20 mm 以上。钻孔的有效深度应超过设计墙底深度 0.3 m。钻孔的位置与设计位置的偏差不得大于 50 mm。钻进暂停或终孔待喷时，应保护孔口。若时间过长，应采取措施防止塌孔。

(2)试喷

在注浆喷射管插入土层后，管口到达预定位置时，即可喷射注浆。需在正式下管喷射前进行现场地面试喷，检查设备及管道安全情况，并确定喷射方向和摆动角度。

(3)下管

在插入或拆卸注浆喷射管时，应采取措施防止管口堵塞。

(4)喷射作业

在喷射注浆参数达到设定值后，根据喷浆工艺(旋喷注浆、定喷注浆、摆喷注浆)要求自下而上进行连续作业。如果在喷射中途需要拆卸注浆管时，对于注浆管的搭接段应进行复喷，复喷长度应超过 0.2 m。

当注浆深度过深时，在注浆过程中由于浆液凝结等原因会造成下层固结体过细，形成类似锥状固结体，降低固化地基的承载能力或抗渗作用，因此为防止此类现象发生，可采用提高喷射注浆压力和流量、降低旋喷注浆旋转速度、提升注浆速度等方法进行补救。当地面冒浆量大于注浆量的 20%时，可采用提高喷射压力、缩小喷嘴直径、加快提升速度和旋转速度等措施来降低冒浆量。喷射注浆结束后浆液会出现析水现象，此时固结体顶端会出现凹陷现象，降低地基防渗作用，减小地基承载力，因此可通过将冒出地面的浆液进行回填或添加膨胀材料等方法进行预防。对于漏浆严重的地层，注浆管插入前应预先注入膏状泥浆进行喷灌前预堵漏。出现串浆现象时，应对串浆孔进行封堵，当注浆孔高压喷射注浆结束后，需及时对串浆孔进行清理，重新进行高压喷射注浆，或继续钻进。

当注浆施工对象为既有建筑地基时，可采取在浆液中添加速凝剂减少浆液凝结时间或提高旋喷孔间距和冒浆回注等措施，以防止旋喷过程中地基产生附加变形和地基与基础间出现脱空现象，扰动被加固建筑及附近建筑。另外，还需要对建筑物沉降进行实时观测。

(5)冲洗管路

当喷射管提升到设计标高后，喷射完毕后需及时将喷射管冲洗干净，喷射机以及注浆管内不得残留浆液，以防堵塞。一般在喷射完毕后，往喷射管中注入清水，并通过清水将泥浆泵和喷射管中的浆液全部排出，直至泥浆泵和喷射管清洗干净为止。

(6)移开钻机

将钻机移动到下一孔位。

8.3.4 质量检验

在高压喷射注浆施工结束 28 d 后开始质量检验。可根据工程要求和当地经验采用开挖检验、取芯、钻孔试验、标准贯入试验、轻型动力触探、载荷试验或围井注水试验等方法进行检验。对加固土体进行分层取样，深度每隔 1 m 取土进行室内检测，测定地基土体积压缩性、承载力及抗渗能力。所需检验的注浆点不应少于总注浆孔数的2%～5%，检验点合格率需不低于80%，若低于80%时，需对不合格区域进行重复注浆。

总结室内试验、观测资料、现场检验及实际效果等，综合评价浆液固化效果。

检测点应在以下区域重点布置。

① 帷幕中心线区域。

② 注浆施工过程中发生异常情况的区域。

③ 建筑荷载大的部位。

④ 地质情况复杂，可能对高压喷射注浆质量产生影响的部位。

高压喷射固结墙体质量检验宜在以下重点区域进行。

① 地层构造复杂的区域。

② 漏浆严重的区域。

③ 可能存在质量缺陷的区域。

高压喷射注浆操作时常见加固后地基承载力强度不均匀，注浆过程中出现沉管、冒浆等问题，分别可采用以下方法解决。

(1)针对加固后地基承载力强度不均匀问题的解决方法

① 应基于工程目的、设计规范和地质构造条件等，选用不同的旋喷法、不同的喷浆设备并调整喷浆点位的布置。

② 在正式旋转喷浆前，应提前进行压水、压浆、压气试验，检查高压喷射各构造部位的密封性以及高压水泵、钻孔机等设备的运行情况。一切正常后方可配制浆液，再开始旋喷，并保证其连续进行。

③ 必须用筛网对配制的浆液进行过滤，过滤网眼应小于喷嘴直径，需对搅拌池中的浆液翻动搅拌，防止其凝结沉淀，因此在旋喷中断停歇时，需及时将清水注入高压泵、注浆管和喷嘴，使其中无浆液残留。

④ 对易出现缩颈部位及底部不易检查处，采用定位旋转喷射(不提升)或复喷的扩大桩径办法。

⑤ 实时监测旋喷固结体的形状及桩身的均匀性，并及时调整注浆管的旋转速度、提升速度、喷射压力和喷浆量。

⑥ 控制浆液的水灰比及稠度。

(2)在高压喷射注浆过程中出现沉管、冒浆等问题时的解决方法

① 施工前应对放桩位点时进行钎探，若遇到地下障碍物应及时清除或移动布桩位点。

② 旋喷前需对场地进行整平压实，稳钻杆或下管要双向校正，使垂直度控制在1%范围内。

③ 利用侧口式喷头，减小出浆口孔径并提高喷射压力和喷射浆量，使压浆量与实际需要量相当，以减少冒浆量。

④ 将冒出浆液进行过滤后再回填。

⑤ 采取合理调整水泥浆配合比(通常为0.6～1)。

8.3.5 工程实例

1)工程概况

某市在建道路 K0＋220～K0＋290 段，基于工程地质、水文地质勘察报告及现场钻孔试验结果，该土层为第四系覆盖层：主要有冲洪积层($Q_{al}+p_{l}$)、残积土层(Q_{el})，如表 8-7 所示。

表 8-7　地层特征一览表

层数		名称	特征
(1)冲洪积层($Q_{al}+p_{l}$)该层分布广泛，土质以亚黏土淤泥等为主体，局部夹砂土	②$_1$	淤泥质亚黏土	深灰色、饱和、软塑状、土质具黏性、含有机质；平均厚度 6.8 m，层底标高－5.1 m；标贯试验 $N=3$
	②$_2$	亚黏土	灰黄色为主，含较多粉细砂，软塑～可塑，饱和；平均厚度 12 m，层底标高－14.88 m；标贯试验 $N=3\sim7$
	②$_3$	粗砂	灰黄色、饱和、稍密，上部含粉细砂及少量黏性土，下部含少量小角砾；平均厚度 2.2 m，层底标高－17.52 m
	②$_4$	亚黏土	灰白、灰红色，硬塑状，含较多粉细砂；局部细砂含量达 40%而呈亚砂土状，中密；平均厚度 3.2 m，层底标高－20.75 m
(2)残积土层(Q_{el})		亚黏土	灰黄色，饱和，硬塑，土质均匀，局部含少量砾砂和岩屑；场地均有揭露，平均厚度为 3.8 m，层底标高为－23.95 m；标贯 $N=12\sim22$

2)设计处理方案

该工程地质情况较差，最上淤泥层厚且深，地下水位相对较高，需对该地层进行软基处理，处理方法为旋喷桩法。旋喷桩桩径 600 mm，桩间距 1 300 mm，正三角形布置。单桩长根据各桩位实际情况而定，约 22 m，根据设计要求，应穿过淤泥层进入下部黏土层②不少于 0.6 m。处理范围从道路主线相交处延长 62 m，宽 17 m，大致与主线平行。范围约有 1 054 m^2，布置 719 根旋喷桩，工作量共 15 800 延米。

施工主要控制参数如下。

①浆液。使用 P. O. 32.5 级硅酸盐水泥作为固化剂，水泥用量为 180 kg/m，水灰比为 1∶1，相对密度为 1.53。

②浆液压力为 20～40 MPa；浆液流量为 80～100 L/min；喷嘴孔径为 2～3 mm，数量2 个；提升速度为 0.15～0.2 m/min；旋转速度为 18～23 r/min；复合地基承载力设计值为 200 kPa。

3)施工方法

本工程采用单管旋喷法施工。由于打桩时相邻两根桩之间会产生相互干扰，所有桩应至少间隔一根桩，并进行跳跃打桩法施工，从而尽可能地降低相邻桩基的影响。

① 施工前应率先对场地进行平整压实，清除地下的障碍物，开挖排浆沟渠，做好钻机定位。要求钻机必须保持水平安置，钻杆保持垂直状态，其倾斜度不得大于 1%。

② 成孔前需根据现场地质条件的实际情况，确定成孔工艺。在标准贯入 $N<40$ 的土层中进行单管喷射作业时，可采用旋喷钻机直接将注浆管插入，在深部有地下障碍时，采用地质钻机开孔。

③ 插管。需检查喷嘴与注浆管的连接接头是否密封良好，再使用钻机将喷嘴插入地层预定深度。

④ 喷射注浆施工前应检查注浆管喷嘴是否通畅，输浆(水)管道是否存在泄漏现象。确认无异常情况后，方可开始按设计要求进行喷射注浆作业。施工过程中，应随时检查各压力表所示压力是否正常，如果出现异常情况，应立即停止喷射作业，并马上组织检修。待检修正常后，才能重新开始施工作业。

⑤ 注浆喷射完毕后，将注浆管从土层中拔出。

⑥ 拔出注浆管后，立即将清水注入注浆泵、注浆管道以及喷嘴中进行清洗，防止剩余浆液残留。

⑦ 将桩机移动到下一布桩点位，重复以上工序，完成下一根桩的作业。

4)施工质量检测

本工程施工历时 33 d，共注浆完成 719 根旋喷桩。为对工程加固效果进行检测和评价，分别进行了抽芯检测、桩头开挖、单桩静载荷试验和复合地基平板载荷试验。共开挖检测 10 个桩头，开挖深度 1.5～2 m。经测量和观察，旋喷体垂直度良好，桩径最小处大于 0.6 m，桩体外缘不平，桩土咬合密实，有利于桩体承载。各抽芯检测孔所取得的桩芯均成长柱状，完整性较好，水泥土体胶结良好，取 12 桩 48 组样品进行室内试验，测得试样抗压强度为 3～4.5 MPa。

在进行单桩静荷试验时，采用快速荷载法，最大荷载为设计值的 2 倍。在加固区进行复合地基平板载荷实验，采用慢速维持荷载法加载，大部分试桩的总沉降量不大，卸载后都有一定的回升，且有的试验回升较大，这表明桩的弹性模量、刚度和强度都较大，单桩及复合地基承载力均达到设计要求。

8.4 深层搅拌法

8.4.1 深层搅拌法概述

1)加固机理

深层搅拌法是针对加固饱和软黏土地基提出的一种新型化学加固方法。主要是通过水泥、石灰等材料制备浆液，利用深层搅拌机钻到地基深处，边喷射浆液边进行搅拌，使喷入地基深处中的浆液与软土强制搅拌混合在一起，凝结成具有整体性强、水稳定性好、抗压强度高的连续纵向固结体。搅拌桩柱体和桩周土体可构成复合地基，也可相割搭接排成一列，形成连续墙体，还可相割搭接成多排墙。

深层搅拌法施工顺序示意图如图 8-8 所示。主要分为浆液深层搅拌法和粉体深层搅拌法。前者通过深层搅拌机械在土层深处将水泥浆液和地基土体进行混合搅拌，并形成稳定性强、均匀性好的连续水泥固结体；后者通过深层搅拌机械在土层深处将水泥粉体和地基土体进行混合搅拌，并形成稳定性强、均匀性好的连续水泥固结体。通常浆液搅拌比粉体搅拌的均匀性更好；如果待处理的淤泥含水量较高，粉体搅拌相较于浆液搅拌优势明显。我国以水泥浆液深层搅拌桩应用较广，粉体深层搅拌桩宜用于含水量大于30%的淤泥土层。

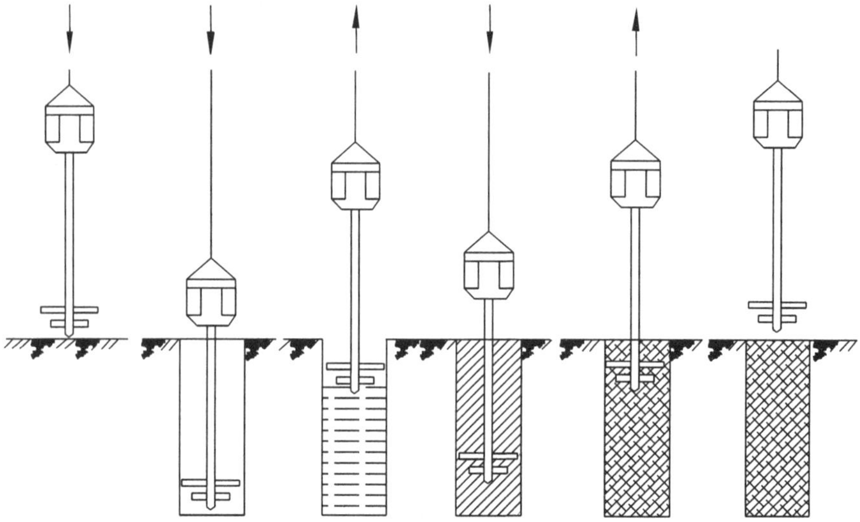

图 8-8　深层搅拌法施工顺序示意图

2)适用范围

深层搅拌法适用于处理较深较厚的淤泥、淤泥质土、素填土、黏性土(软塑、可塑)、粉土(稍密、中密)、粉细砂(松散、中密)、中粗砂(松散、稍密)和砾砂、饱和黄土等土层。不适用于处理未固结的淤泥、淤泥质土、硬塑及坚硬的黏性土、密实的砂类土，有较大较多的石块且难以清除的杂填土，以及地下水渗流严重的土层。当地基土的天然含水量小于30%(黄土含水量小于25%)时，不宜采用粉体搅拌法，大于70%时不应采用湿法。在寒冷地区或者进行冬季施工作业时，应考虑温度低于0 ℃时对地基处理效果的影响。

深层搅拌法具有防渗堵漏、加固地基、降低沉降、边坡支护等多种作用，因此使用范围广泛，例如：加固软土地基，以形成复合地基而支承水工建筑物、结构物基础；作为泵站、水闸等的深基坑和地下管道沟槽开挖的围护结构，同时还可作为止水帷幕；当在搅拌桩中插入型钢作为围护结构时，基坑开挖深度可加大；稳定边坡、河岸、桥台或高填方路堤，以及作为堤坝防渗墙等。此外，深层搅拌法作业时间短、不污染环境、施工过程无噪声污染、不排污排土、不对周边建筑造成有害影响、具有良好的经济效益和社会效益。近十几年来，深层搅拌法已在我国大部分地区得到了广泛应用，其中主要包括浙江、江苏、福建、广东、广西、云南、湖北、河南、陕西、湖南、安徽、上海、天津等软土分布较多的地区。

8.4.2 水泥土的基本特性

1)固化机理

深层搅拌法用固化剂通过特制的深层搅拌机械注入地层中并加以搅拌混合，固化剂和地层中的软土间发生一系列的物理、化学反应，提高原状土的整体强度，并凝结成整体性强、均匀性好、水稳性高的连续水泥固结体。由于固化剂种类和施工方法的不同，其加固机理也相应有所差异。

地层中水泥浆液或粉体与土颗粒进行搅拌混合后，会发生以下物理化学反应。

(1)水泥的水解、水化反应

普通硅酸盐水泥的主要成分有氧化钙、二氧化硅、三氧化二铝和三氧化二铁，通常占95%以上，由这些不同的氧化物分别组成了不同的水泥矿物，如：硅酸二钙、硅酸三钙、铝酸三钙、铁铝酸四钙等。水泥与软土混合固化后，水泥颗粒表面矿物与软土中的水发生水化反应生成氢氧化钙、含水硅酸钙等，可迅速溶于水中，使水泥颗粒表面重新暴露出来，再与水发生反应，这样周围的水溶液就逐渐达到饱和。当水溶液饱和后，新生成的水化产物无法与水继续溶解，因此只能以胶体状态析出并悬浮于溶液中。

(2)离子交换与团粒化反应

黏土和水在水泥的作用下进行结合，并在二氧化硅与水反应后形成硅酸胶体微粒，其表面所带的钠离子、钾离子和水泥水化生成氢氧化钙中的钙离子进行当量吸附交换，这种离子当量交换，使土颗粒表面吸附的钙离子所形成的扩散层减薄，大量较小的土颗粒形成较大的团粒，从而使土体强度提高。

(3)硬凝反应

水泥的水化反应生成了不溶于水的稳定的铝酸钙、硅酸钙的结晶水化物，在水和空气中逐渐硬化，提高了水泥土的强度、增强了水泥土的整体结构，使水分难以渗入，进而提高水泥土的水稳定性。

(4)碳酸化反应

生成的水化产物及残留的氢氧化钙吸收土体中的二氧化碳，反应生成不溶于水的碳酸钙，碳酸钙能提高固化土的结构性，进而提高地基强度、增强防渗性能。

2)力学特性

(1)无侧限抗压强度

水泥固化后土的无侧限抗压强度可达200～4 000 kPa，反应到一定龄期后，其变形特征随强度的不同而介于脆性体和半弹性体之间。水泥土受力开始阶段，应力-应变关系基本上满足线性变形关系；当外力达到极限强度的70%～80%时，其应力-应变关系不再保持直线关系。当外力达到极限强度时，强度大于2 MPa的水泥土很快出现脆性破坏，强度小于2 MPa的水泥土则表现为塑性破坏。影响水泥土强度的因素主要如下。

①土样含水量。水泥土的无侧限抗压强度 f_{cu} 随土样含水量的增加而降低。通常土样含水量降低10%，则水泥土强度 f_{cu} 可增加10%～50%。

②水泥标号。水泥强度等级提高10级，水泥土的无侧限抗压强度 f_{cu} 可增大20%～30%，如果达到要求的水泥土强度，水泥强度提高10级可降低水泥掺入比2%～3%。

③地基的渗透排水条件。地基的渗透性越大、排水条件越好，水泥土浆中的自由水越容易向周围土中渗透，因而水泥土固结体的强度也就越高。

④水泥的掺入比。根据试验发现，水泥土的无侧限抗压强度 f_{cu} 随水泥掺入比 α_w 的增大而提高，当 $\alpha_w<5\%$ 时，水泥占比小，反应效果差，水泥土固化程度低，因此进行深层搅拌法施工时，水泥掺入比应 $>5\%$。一般掺入比范围为 7%～15%。

⑤土样有机质含量。由于土中存在的有机质可提高土样的水溶性、塑性、膨胀性，降低土样的渗透性，增强土的酸性，以上因素都会对水泥水化反应造成抑制效果，进而抑制水泥土的固化。

⑥龄期对强度的影响。水泥土强度随龄期的增长而提高，且水泥掺入比越高，强度增长越快。一般情况下，7 d 时水泥土强度可达标准强度的 20%～40%(有时可达 30%～50%)，28 d 后，其强度仍有较明显的增长，一般可达标准强度的 35%～60%。有时 30 d 强度可达标准强度的 60%～75%，90 d 为 180 d 强度的 80%，而 180 d 后，水泥土强度增长仍未终止。为了降低造价，对承重搅拌桩试块国内外都取 90 d 龄期为标准龄期，对于起支挡作用承受水平荷载的搅拌桩，为了缩短养护周期，水泥土强度标准值取 28 d 龄期作为标准龄期。不同龄期的水泥土抗压强度间的关系大致呈线性，其经验关系式如下。

$$
\begin{aligned}
&f_{cu7}=(0.47\sim0.63)f_{cu28};f_{cu14}=(0.62\sim0.80)f_{cu28}\\
&f_{cu60}=(1.15\sim1.46)f_{cu28};f_{cu90}=(1.43\sim1.80)f_{cu28}\\
&f_{cu90}=(2.37\sim3.73)f_{cu7};f_{cu90}=(1.73\sim2.82)f_{cu14}
\end{aligned}
\tag{8-2}
$$

式中，f_{cu7}、f_{cu14}、f_{cu28}、f_{cu60}、f_{cu90} 分别为 7 d、14 d、28 d、60 d 和 90 d 的水泥土抗压强度。

(2)抗剪强度

水泥土的抗剪强度随无侧限抗压强度的提高而增长。当 $f_{cu}=0.3\sim4$ MPa 时，其黏聚力 $c=0.1\sim1$ MPa，一般为 f_{cu} 的 20%～30%，内摩擦角 φ 在 20°～30°。水泥土在三轴剪切试验破坏时，试件有清楚平整的剪切面，剪切面与最大主应力面的夹角为 60°。

(3)抗拉强度

大量试验表明水泥土的抗拉强度 σ_t 随水泥土的无侧限抗压强度 f_{cu} 的增长而提高。当水泥土强度 $f_{cu}=0.55\sim4$ MPa 时，其抗拉强度 $\sigma_t=0.05\sim0.7$ MPa，即有 $\sigma_t=(0.06\sim0.3)f_{cu}$。

(4)变形模量

当垂直应力达 50%无侧限抗压强度时，水泥土的应力与应变的比值称为水泥土的压缩模量 E_{50}，$E_{50}=(80\sim150)f_{cu}$。水泥土破坏时的轴向应变 $\varepsilon_f=1\%\sim2\%$，呈脆性破坏。

(5)渗透系数

水泥掺入比为 7%～15%时，水泥土的渗透系数可达到 10^{-8} cm/s 的数量级，具有明显的抗渗、隔水作用。

(6)室内试样强度与现场强度的关系

由于水灰比、拌和、养护条件不同，室内试验所得无侧限抗压强度 f_{cu} 与现场取样所测 f_{cuf} 差异较大。据统计：一般情况下，$f_{cuf}/f_{cu}=0.35\sim0.5$；但对于粉体搅拌，据统计 $f_{cuf}=(1/5\sim1/3)f_{cu}$。

8.4.3 深层搅拌桩设计与计算

1)材料

固化剂宜选用强度等级不低于 P. O. 32.5 级的普通硅酸盐水泥(型钢水泥土搅拌墙不低于 P. O. 42.5 级)。但对于地下水中存在大量硫酸盐的黏土地区，应采用大坝水泥或抗硫酸盐水泥。水泥掺量应根据设计要求的水泥土强度经试验确定。块状加固时水泥掺量不应小于被加固天然土质量的 7%，作为复合地基增强体时不应小于 12%，湿法的水泥浆水灰比可取 0.45～0.55。深层搅拌桩复合地基宜在基础和桩之间设置褥垫层，褥垫层厚度可取 200～300 mm。褥垫层材料可选用中砂、粗砂、级配砂石等，最大粒径不宜大于20 mm。褥垫层的夯填度不应大于 0.9，其中夯填度是指夯实后的褥垫层厚度与虚铺厚度的比值。

2)加固深度确定

竖向承载搅拌桩的长度，应根据上部结构对承载力和变形的要求确定，并应穿透软弱土层到达承载力相对较高的土层。当设置的搅拌桩同时起提高抗滑稳定性的作用时，其桩长应超过危险滑弧不少于 2.0 m。

3)复合地基承载力特征值与单桩承载力特征值的确定

竖向承载力水泥土搅拌桩复合地基的承载力特征值应通过现场单桩或多桩复合地基载荷试验确定。初步设计时可按下式估算：

$$R_a = u_p \sum_{i=1}^{n} q_{si} l_{si} + \alpha_p q_p A_p \tag{8-3}$$

式中，R_a为增强体单桩竖向承载力特征值；u_p为桩的周长；q_{si}为桩周第 i 层土的侧阻力特征值，应按地区经验确定；l_{si}为桩长范围内第 i 层土的厚度；α_p为桩端端阻力发挥系数，可取 0.4～0.6，承载力高时取低值；q_p为桩端土端阻力特征值，可按地区经验取桩端土未修正的地基承载力特征值，也可参考现行国家标准《建筑地基基础设计规范》(GB 50007—2011)的有关规定确定；A_p为桩的截面面积。

应使由桩身材料强度确定的单桩承载力不小于由桩周土和桩端土的抗力所提供的单桩承载力，即

$$R_a = \eta f_{cu} A_p \tag{8-4}$$

式中，f_{cu}为与搅拌桩桩身水泥土配比相同的室内加固土试块(边长为 70.7 mm 的立方体)，在标准养护条件下 90 d 龄期的立方体抗压强度平均值；η 为桩身强度折减系数，干法可取 0.20～0.25，湿法可取 0.25。

4)选择加固形式

深层搅拌法在土中形成的水泥加固体，可制成柱状、壁状、格栅状或块状加固形式(图 8-9)。柱状是每隔一定的距离打设一根搅拌桩，适用于单独基础和条形、筏形基础下的地基加固；壁状是将相邻搅拌桩部分重叠搭接而成，适用于上部结构荷载大且对不均匀沉降控制严格的建筑物地基加固和防止深基坑隆起及封底使用。由于深基搅拌法是将固化剂直接与原有土体搅拌混合，没有成孔过程，也不存在孔壁横向挤压问题，因此对附近建筑物不产生有害的影响；同时经过处理后的土体重度基本不变，不会由于自重应力增加而导致软弱下卧层的附加变形。施工时无振动、无噪声、无污染等问题。

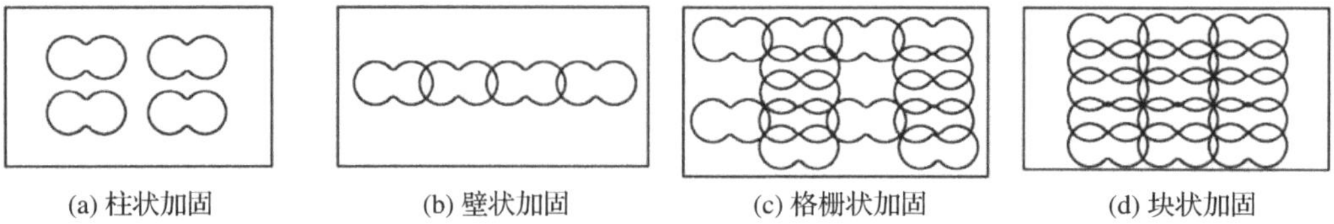

图 8-9　深层搅拌桩的加固形式

8.4.4　深层搅拌法施工

喷浆深层搅拌法施工(图 8-10)步骤如下。

①桩机定位。将深层搅拌机械移动到指定桩位，并对准布桩点。可使用定位卡来保证桩位准确，桩位对中误差不大于 10 cm，导向架和搅拌轴应与地面垂直，垂直度的偏离不应超过 1.5%。

②预搅下沉。待深层搅拌机的冷却水循环正常后，启动搅拌机电机，放松起重机钢丝绳，使搅拌机沿导向架搅拌切土下降，下沉速度可由电机的电流监测表控制。工作电流不应大于 70 A。如果下沉速度太慢，可从输浆系统补给清水，以利钻进。

③制备浆液。待搅拌桩机下沉至一定深度时，即按设计确定的配合比制备水泥浆，并稍提前集中于浆池内。

④提升喷浆搅拌。深层搅动机下沉到达设计深度后，开启灰浆泵将水泥浆压入地基中，且边喷浆边旋转，同时严格按照设计确定的提升速度提升深层搅拌机。

⑤重复上下搅拌。深层搅拌机提升至设计加固深度的顶面标高时，集料斗中的水泥浆应正好排空。为使软土和水泥浆搅拌均匀，可再次将搅拌机边旋转边沉入土中，至设计加固深度后再将搅拌机提升出地面。

由于桩体顶部与上部结构的基础或承台接触部分受力较大，因此通常对桩的上部(自上而下 3～4 m 范围内)进行重复搅拌。

⑥移位。桩机移位进行下根桩的施工，重复上述①～⑤步骤。

由于搅拌桩顶部与上部结构及基础或承台接触部分的受力较大，故通常还可对桩顶 1 m～1.5 m 范围内再增加一次搅浆，以提高其强度。

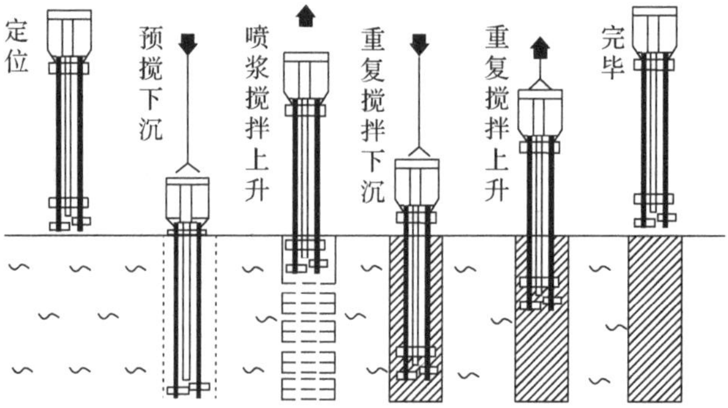

图 8-10　喷浆深层搅拌法施工工艺流程

喷粉深层搅拌法施工步骤简单介绍如下。

①桩机定位。

②移动钻机，准确对孔，对孔误差应不大于 50 mm。

③利用支腿油缸调平钻机，钻机主轴的垂直度误差应不大于 1%。

④启动主电动机，按照施工要求，以Ⅰ、Ⅱ、Ⅲ挡逐渐加速，正转预搅下沉。钻至接近设计深度时，宜采用低速慢钻。从预搅下沉开始直到喷粉结束为止，应在钻杆内连续输送压缩空气。

⑤使用粉体材料，除了水泥之外，还有石灰、石膏及矿渣等，也可使用粉煤灰作为掺加料。在国内工程中，经常使用的主要是水泥材料。使用水泥粉体材料时，宜选用 P.O.42.5 级的普通硅酸盐水泥，其掺合量通常为 180～240 kg/m^3。若使用低于 P.O.42.5 级的普通硅酸盐水泥或选用矿渣水泥、火山灰水泥或其他品种的水泥，使用前必须在室内进行各种配合比实验。

⑥提升喷粉搅拌。在确定已喷粉加固至孔底时，按 0.5 m/min 的速度反转提升；当提升至设计停灰标高后，应慢速原地搅拌 1～2 min。成桩过程中因故停止喷粉时，应将搅拌头下沉至停灰面以下 1 m 处，待恢复喷粉时再喷粉搅拌提升。喷粉压力一般宜控制在 0.25～0.4 MPa，灰罐内的气压要比管道内的气压高 0.02～0.05 MPa。若在地基土天然含水量小于 30%的土层中喷粉成桩，则应采用地面注水搅拌工艺。

⑦重复搅拌。为保证粉体搅拌均匀，必须再次将搅拌头下沉至设计深度。提升搅拌头时，其速度宜控制在 0.5～0.8 m/min。

⑧在提升喷粉距离地面 0.5 m 处应减压或停止喷粉，以防对空气造成污染。

⑨提升喷粉的过程中，必须有自动计量装置，该装置为控制和检验喷粉桩的关键。

⑩钻头上抬到地面后移动位置对准下一孔口，重复上述步骤进行下一根桩的施工。

设计要求必须对搭接的桩体连续施工，一般相邻桩的施工间隔时间不得超过 8 h。

8.4.5 质量检验

1)施工质量检验

在进行深层搅拌施工前，应首先开始工艺性试桩，试桩的数量不得少于 3 根，多轴搅拌施工不得少于 3 组。并对桩样进行质量检测，确定施工技术参数。

搅拌桩施工中的质量控制应贯穿整个施工计划，随时对搅拌桩进行检查并及时记录和分析，对每根桩的质量进行裁定。其中检测数据主要包括：水泥用量、桩长、搅拌头转数与提升速度、复搅次数与复搅深度、停浆处理方法等。

2)竣工质量检验

搅拌桩施工结束后，可采用以下几种方法对搅拌桩的施工质量进行检测。

①标准贯入试验。通过贯入阻力的变化情况确定水泥土承载力，检验不同龄期条件下的桩身强度和均匀性。

②静力触探试验。水泥土搅拌桩成桩后用静力触探测试桩身强度沿深度的分布图，并与原始的地基土的静力触探曲线进行比较，可得桩身强度的增强幅度，并能判断桩体的缺陷位置和桩长。

③静载荷试验。静载荷试验可是单桩复合地基，也可是多桩复合地基。载荷板的面积应与检测范围内桩所承担的加固面积相当，否则应予修正。载荷试验一般在 28 d 龄期进行，而设计的标准龄期通常是 90 d。所以，推算 90 d 龄期的复合地基承载力时应乘以一个大于 1 的系数。

④开挖检验。可根据工程设计要求，选取一定数量的桩体进行开挖，目测检查搅拌的均匀性，测量成桩直径。检查量为总桩数的 5%。对相邻的搭接要求严格的工程，应在成桩 15 d 后，选取数根桩进行开挖，检查搭接情况。

⑤钻芯取样。通过静力触探和静载荷试验检验发现桩身质量可能存在问题时，应在成桩 28 d 后，用单管单动取样器钻取芯样作抗压强度检验，检验数量不低于施工总桩数的 0.5%，且不少于 3 根，钻孔直径不宜小于 108 mm。

8.4.6 工程实例

1)工程地质条件

烟台港西港池二期工程突堤北侧码头位于离岸约 300 m 外的水深 3～4 m 的海域，对长 305 m、宽 21 m、深 7～11 m 的软土进行深层水泥搅拌加固。加固土为较软的粉质黏土、砂质粉土、间夹较薄的淤泥质黏土或粉砂的透镜体，加固土的主要物理指标如表 8-8 所示。

表 8-8 加固土的主要物理指标

指标	含水量 %	重度 /(kN/m³)	孔隙比	液限 /%	塑性指数	液性指数	pH	相对密度	腐殖质含量/%	有机质含量/%	易溶盐含量/%	活化反应 /(ms/cm)
粉质黏土	28.3	19.21	0.75	25.4	5.7	1.53	7.45	2.70	0.06	1.51	0.21	0.75
砂质粉土	32.2	18.62	0.88	29.8	10.3	1.25	7.70	2.68	0.06	0.77	0.43	0.77

烟台港海底土的特性分析如下。

①烟台港属非火山灰质土地区。烟台港表层为海相沉积土，下卧层为陆相沉积土及基岩风化土。

②烟台港海底土的矿物组成，经差热分析法和 X 射线衍射法分析，主要成分为石英，而在次要矿物或微量矿物中才含有长石、伊利石和绿泥石。一般认为，含有高岭石、蒙脱石等黏土矿物成分者加固效果较好，含有一定量的伊利石和绿泥石者则较差。

③烟台港加固土体一般在 21 m 以上。粉质黏土和砂质粉土较多。

2)设计计算

①材料选备。从日本和我国天津新港软基加固工程实践经验来看：无论采用的是普通硅酸盐水泥还是矿渣硅酸盐水泥，都是旋转窑生产的水泥，都具有质量稳定、性能良好的优点。基于此，烟台搅拌桩工程理当首先选用旋转窑生产的水泥，但经过调查，山东地区的旋转窑水泥厂相对来说离现场运距远、运价高，特别是厂家不能按要求及时供货，势必影响工期。为此，选用烟台附近的立窑厂生产的水泥。

②现场取芯。为了检验室内试验结果，合理选择现场施工配合比和实际加固效果，在现场先后根据不同施工阶段及时进行了四次取芯检验，完全达到了对加固效果进行直接检验的目的，较好地指导了现场施工，保证了工程质量和施工进度。

3)施工方法

在烟台港西港池现场，沿码头轴线方向自西向东每 10 m 为一区(宽度 21 m)。第一区设在北侧码头中部，往东共分 33 区。每区沿码头轴线方向拌和 10 排，垂直于码头轴线方向每排拌和 11 组，每区共拌和 110 组。

在海上实施搅拌法的关键设备是深层水泥拌和船组。拌和船组由拌和船、制浆船和水泥运输船组成，并配以海上自动定位系统。该拌和船组的处理机、制浆设备及控制系统是由日本引进的，其他(如船体与定位系统)则是利用打桩船改造与自行研制的。其主要性能如下。

①拌和头数：2 头。叶片直径：1 200 mm。

②拌和头可调搭接宽度：0 mm、200 mm、300 mm。

③拌和深度：水面以下 26.5 m。

④拌和效率：220 m^2/d。

⑤船舶定位精度：±25 mm(2.5 km 范围内)。

用该设备进行了 300 m 码头岸线的地基处理施工，完成了近 60 000 m^2 的拌和工程量，为后期码头沉箱安装打下了良好的基础。

4)质量检验

根据不同施工阶段及时进行了四次取芯检验，取芯试压结果完全达到了设计要求。

设计要求搅拌桩拌和体坐落于标高为－21 m 左右的中砂层。拌和体具体位置在施工时需参考工程钻探资料上的砂层标高与拌和时搅拌轴所受扭矩值(以电流值大小表示)来进行调整。在全部 39 个桩体的取芯中，着底时钻孔内部出现突然涌水现象(这是强透水层的特征)，由于上试芯的底部附有中粗砂($N_{63.5}>25$)且标准贯入器中全部为中粗砂或粉细砂，着底部分试件的强度明显偏高，有的在 7 MPa 以上。大量检验结果表明，搅拌地基底标高均已超过下卧层顶面，与砂层有着很高的连接强度，着底情况良好。

思考与练习

1. 简述常用的注浆方法及其适用范围。

2. 简述高压喷射注浆法的施工步骤。

3. 深层搅拌法的加固机理和适用范围是什么？

4. 某独立基础埋深 3 m，底部面积为 4 m×4 m，上部结构荷载为 2 500 kN，基础底面下设褥垫层 300 mm，场地地质资料如下：①黏土，0～12 m，$\gamma=19\ kN/m^3$，$q_{sk}=10\ kPa$，$f_{ak}=85\ kPa$，$E_a=5\ MPa$；②黏土，12～20 m，$\gamma=18\ kN/m^3$，$q_{sk}=20\ kPa$，$f_{ak}=280\ kPa$；③地下水位距地表 1.5 m。

5. 采用深层搅拌法处理，正方形布桩，桩径为 500 mm，桩长为 10 m，水泥掺入比为 0.15，桩体强度平均值 $f_{cu}=3$ MPa，桩间土承载力折减系数取 0.4，桩端天然地基土承载力折减系数取 0.5，桩身强度折减系数取 0.33，试计算：

(1)复合地基承载力特征值不得小于多少?

(2)单桩承载力特征值 R_a 取何值?

第9章　土工加筋技术

本章学习目标

- 了解土工合成材料的分类、特性；
- 熟悉加筋的作用机理；
- 掌握土工合成材料的主要功能；
- 了解加筋地基的设计与施工要点。

9.1　概　述

土是各种松散颗粒的堆积体，具有很好的物理、化学稳定性和一定的抗压强度与抗剪强度，但抗拉强度很低。因此，工程应用上受到很大的限制。若在土中埋设抗拉性能较好的土工合成材料，则可很好改善整个土工构筑物的强度和稳定性，这种加固技术就称为土工加筋技术。

土工加筋技术是一种土工增强技术，通过在土体中铺设土工格栅、土工格室等筋材形成加筋土，提高土体的抗剪和抗拉性能，减小土体竖向沉降和侧向变形，提高土体稳定性。加筋技术历史十分悠久，很多国家都有古老的加筋土技术应用实例，但作为地基处理技术对它加以系统研究和推广应用则是在20世纪后半叶之后。工程师Herri Vidal于1963年根据三轴实验结果提出了加筋土的设计理论，于1965年在法国建造了世界上第一座加筋土挡墙并获得成功。加筋土技术在我国的应用大约始于20世纪70年代末，1978年在云南田坝矿区建造了我国第一座试验性加筋土挡墙。经过半个多世纪的探索和研究，加筋土技术在我国公路、铁路、水利、煤炭、城建等行业的工程建设中得到了迅速发展和推广应用，取得了良好的经济效益和环境效益。图9-1是典型加筋土结构形式，随着土工合成材料品种的增多和应用研究的开展，出现了许多新的加筋土结构形式。例如，土工格栅碎石格宾用于堤基加固，土工材料筋箍碎石桩用于软弱路基的加固，袋装土沿坡面砌成连续的拱圈，用以保护土坡或修复滑动的渠坡和坝坡，还有纤维土，即纤维、碎散纤维网或格栅与土的混合材料等。

加筋土由加筋材料和土组成，荷载作用下土与筋材间产生相对位移和剪应力，其结果是筋材产生拉力从而增加了对土横向变形的限制。此外，处于受拉筋材(张力膜)下面的土应力更均匀，地基不均匀沉降减少。加筋土一般由能够提供较大剪切阻力的无黏性土组成，对土的塑性指数、内摩擦角、粒径等都有相应技术要求。内摩擦角大的填料可相应减少筋材的用量。

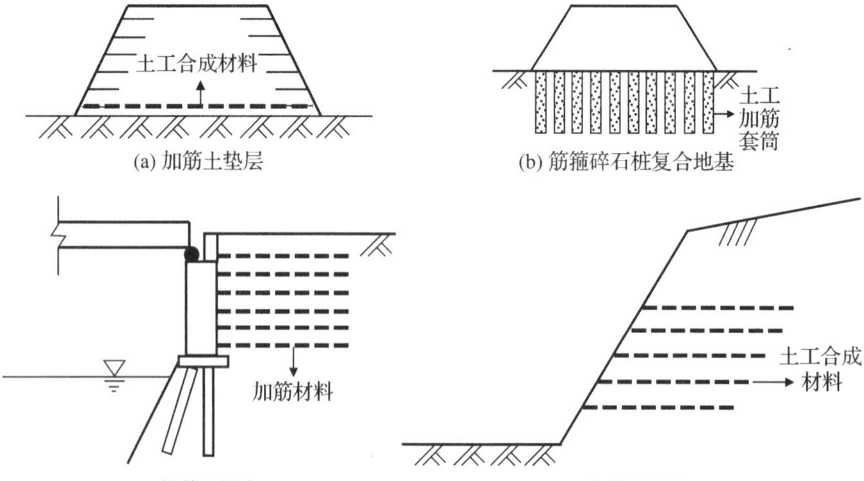

(a) 加筋土垫层　(b) 筋箍碎石桩复合地基

(c) 加筋土桥台　(d) 加筋土边坡

图 9-1　典型加筋土结构

9.2　土工合成材料的分类

土工合成材料(geosynthetics)是以天然或人工合成聚合物(塑料、纤维、橡胶等)等为主要原料制成的不同类型的土工产品。土工合成材料可分为土工织物(geotextiles)、土工格栅(geogrids)、土工膜(geomembranes)、土工格室(geocells)、土工网(geonets)、土工排水材料、防水材料、保温材料及土工复合材料(geocomposites)等种类。

①土工织物是透水性土工合成材料，按制造方法不同分为织造(有纺)土工织物和非织造(无纺)土工织物。其中织造(有纺)土工织物是由纤维纱或长丝按一定方向排列机织的土工织物。非织造(无纺)土工织物是由短纤维或长丝按随机或定向排列制成的薄絮垫，经机械结合、热黏或化黏而成的织物。

②土工格栅是由有规则的网状抗拉条带形成的用于加筋的土工合成材料。其开孔可容周围土、石或其他土工材料穿入。

③土工膜是由聚合物或沥青制成的一种相对不透水薄膜。

④土工格室是由土工格栅、土工织物或土工膜、条带构成的蜂窝状或网格状三维结构材料。

⑤土工网是由平行肋条以不同角度与其上的相同肋条黏结为一体的用于平面排液排气的土工合成材料。

⑥土工模袋是由双层化纤织物制成的连续或单独的袋状材料。用高压泵在其中充填混

凝土或水泥砂浆，凝结后形成板状防护块体。

⑦土工网垫是以热塑性树脂为原料制成的三维结构。其底部为基础层，上覆起泡膨松网包，包内填沃土和草籽，供植物生长。

⑧土工复合材料是由两种或两种以上材料复合成的土工合成材料。

⑨塑料排水带是由不同凹凸截面形状、具有连续排水槽的合成材料芯材，外包无纺土工织物构成的复合排水材料。

⑩土工织物膨润土垫是在土工织物或土工膜中包有膨润土或其他低透水性材料，以针刺、缝接或化学剂黏结而成的一种防水材料。

⑪聚苯乙烯板块亦称泡沫苯乙烯(简称 EPS)，是由聚苯乙烯加入发泡剂膨胀，经模塑或挤压制成的轻型板块。

⑫玻纤网是以玻璃纤维为原料，通过纺织加工，并经表面处理后而成的网状制品。

随着科技的不断发展，相信未来还将有更多新型的土工合成材料涌现，为土木工程领域带来更多的创新和发展机遇。

9.3 土工合成材料的特性

9.3.1 物理性能

1)单位面积质量

单位面积质量是土工合成材料物理性能指标之一，反映其原材料用量及其均匀性和质量稳定性，与土工合成材料性能密切相关。单位面积质量是指尺寸一定的试样质量与其表面积之比，用 g/m^2 表示。常用土工织物的单位面积质量为 100～1 200 g/m^2。由于材料质量不完全均匀，通常要求测试试样不少于 10 块，采用其算术平均值。单位面积质量的大小影响织物的强度和平面导水能力。

2)厚度

指压力为 2 kPa 时其底面到顶面的垂直距离，由厚度测定仪测定。要求试样不少于 10 块，再取其平均值。土工织物表面蓬松，一般厚度为 0.15 mm，最厚可达十几毫米；土工膜一般为 0.25～0.75 mm，最厚可达 2～4 mm；土工格栅的厚度随部位的不同而异，其肋厚一般为 0.5～5 mm。厚度对其水力学性质(如孔隙率和渗透性)有显著影响。

3)幅宽

幅宽是指整幅样品经调湿，除去张力后，与长度方向垂直的整幅宽度。幅宽是土工合成材料规格中重要的指标之一，直接影响到产品的有效使用面积。

4)网孔尺寸

对于土工格栅、土工网等大孔径的土工合成材料，其网孔尺寸通过换算折合成与其面积相当的圆形孔的孔径来表示，称为当量孔径。土工格栅等土工合成材料与土之间的界面参数是表征加筋作用的重要参数，网孔结构的网孔尺寸对材料与土的界面特性有显著影响，对加筋土结构的稳定和变形破坏特征有显著影响。

9.3.2 力学性能

1)拉伸强度

试样的拉伸强度和伸长率是各项工程设计中最基本的技术指标。试样的拉伸强度是指试样受拉伸至断裂时单位宽度所受的力。试样的伸长率是指拉伸时长度增量 ΔL 与原长度 L 的比值，以百分比表示。拉伸性能的好坏，可通过拉伸试验进行测试。常用的无纺土工织物的抗拉强度为 10～30 kN/m，高强度的为 30～100 kN/m；常用的有纺土工织物的抗拉强度为 20～50 kN/m，高强度的为 50～100 kN/m，特高强度的(包括带状物)为 100～1 000 kN/m；一般的土工格栅的抗拉强度为 30～200 kN/m，高强度的为200～400 kN/m。

2)梯形撕裂强度

织物撕裂也称撕破，是指织物局部纱线受到集中负荷作用，使织物撕开的现象。撕裂性能是指片状材料抵抗被撕裂的能力，一般用撕裂强度来表示。撕裂强度的大小用撕裂试验来检测，撕裂强度是表征纺织品力学性能的指标之一，一般不直接应用于设计。

3)CBR 顶破强力性能

土工合成材料在工程结构中要承受各种法向静态力的作用，顶破强力(push-through force)是土工合成材料力学性能的重要指标之一，是指顶压杆顶压试样直至破裂过程中测得的最大顶压力。评价顶破强力的方法有很多，一般有 CBR 顶破和圆球顶破，而 CBR 顶破强力被广泛地用于土工织物产品中。

4)刺破强力性能

刺破强力的原理方法与 CBR 顶破强力类似，但在顶杆直径、试样面积和顶压速率上有所不同。刺破强力反映的是土工合成材料抵抗小面积集中负荷的能力。

5)落锥穿透性能

落锥穿透试验模拟具有尖角的石块或锐利物掉落在土工织物上，从而对土工织物造成损坏的一种试验，用于评价土工织物抵抗冲击和穿透的能力。试验可用来检查土工织物是否符合现场施工对其性能的要求。土工格栅和土工网本身具有网格形状，落锥穿透试验不适用于这类产品。

6)蠕变特性

土工合成材料的一个重要特性是恒定荷载下其变形是时间的函数，即表现出明显的蠕变特性。作为加筋加固作用的土工合成材料应具有良好的抗蠕变性能，否则在长期荷载作用下，材料若产生较大的变形将会使结构失去稳定。

7)握持强度

土工合成材料承受集中力的现象普遍存在，握持强度反映其分散集中力的能力。握持强度由两部分组成：一部分是试样被握持宽度的抗拉强度，另一部分为相邻纤维提供的附加抗拉强度。握持强度与条带拉伸强度之间没有简单的关联性和等效性。

9.3.3 水力特性

1)渗透系数和透水率

土工织物的渗透特性是其重要水力学特性之一，是水力学设计中一项不可缺少的重要指标。当水流方向垂直于织物平面时，垂直于织物平面的渗透特性简称垂直渗透特性，其透水性主要用垂直渗透系数表示。该系数是渗流的水力梯度等于1时的渗流流速，一般服从达西定律。为避免厚度测量引起的误差，土工织物的渗透特性也可采用透水率来表示。

2)通水量

纵向通水量是塑料排水带整体性能的体现，是其最重要的工程应用指标。

3)有效孔径

孔径是土工织物水力学性能中的一项重要指标，它反映土工织物的过滤性能，既可评价土工织物阻止土颗粒通过的能力，又反映土工织物的透水性。表征土工织物孔径特征的指标是有效孔径(O_e)。其中，标准颗粒材料是指洁净的玻璃珠或天然砂粒，其粒径应符合粒径分组要求。有效孔径是指能有效通过土工织物的近似最大颗粒直径，例如O_{90}表示土工织物中90%的孔径低于该值，O_{90}亦表示90%的标准颗粒材料留在土工织物上。

9.3.4 相互作用

1)淤堵特性

判断淤堵通常是由通过织物水流量的减小，及进入织物土颗粒的增多来评估的。流量的减小用梯度比(GR)来定量表示，进入织物的土颗粒量用试验后土工织物单位体积的含土量来表示。梯度比是指淤堵试验中，土工织物试样至其上方25 mm土样的水力梯度与织物上方25～75 mm之间土样的水力梯度的比值。

2)界面摩擦特性

土工合成材料与土体之间的界面摩擦特性是影响工程结构稳定性的重要因素之一。界面摩擦特性中的直剪试验是使用直剪仪对土工合成材料与土体进行直接剪切试验，以模拟它们之间的作用过程，评价土工合成材料与土体的界面摩擦特性。

9.3.5 抗老化能力

1)抗氧化性能

抗氧化性能是土工合成材料耐久性能的重要指标之一，用于筛选抗氧化性能好的土工合成材料。试样悬挂于常规的试验室中进行自然通风，在规定温度下放置一定的时间，聚丙烯材料试样在110 ℃下进行加热老化，聚乙烯材料试样在100 ℃下进行加热老化。将对照样和加热后的老化样进行拉伸试验，比较它们的拉伸强度和峰值应变，从而评估判断该土工合成材料的抗氧化性能。

2)抗酸、碱性能

土工合成材料在工程应用中，不可避免受到酸、碱溶液侵蚀，抗酸、碱性能是土工合成材料耐久性能的重要指标之一。聚合物对化学侵蚀一般具有较高的抵抗能力，但是某些特殊的化学材料或废液对聚合物也有侵蚀作用：柴油对聚乙烯有一定的影响；碱性很大(pH=12)的物质对聚酣的影响以及酸性很大(pH=2)的物质对聚酰胺的影响都较严重；盐水对某些土工织物也有一定影响，例如有的织物在盐水中浸渍六个星期，强度下降30%，但有的织物强度就没有显著的变化；氧化铁沉积在土工织物上可能发生化学淤堵，影响滤层的透水性。

3)抗紫外线性能

当紫外线照射到织物表面时，部分紫外线会被织物透射、吸收和反射。普通的纤维、纱线和织物本身就具有一定的防紫外线能力，但是大多达不到日常所需的防晒效果。纤维类型对织物紫外线防护性能的影响很大，不同纤维的紫外线吸收和反射能力也不同，主要取决于其化学和物理特性。土工合成材料及其相关产品老化程度受到紫外线的影响较大，使用时应对其抗紫外线能力进行测试，用于评价其老化趋势。

4)抗生物侵蚀能力

土工合成材料一般能抵御各种微生物的侵蚀。但在土工织物或土工膜下面，如有昆虫或兽类藏匿和建巢，或者土工织物或土工膜被树根穿透，也会产生局部的破坏作用。有时细菌繁衍或水草、海藻等可能堵塞一部分土工织物的孔隙，对透水性能产生一定的影响。

9.4 土工合成材料的主要功能

土工合成材料的功能可归纳为以下六项基本作用：反滤作用、排水作用、隔离作用、防渗作用、防护作用、加筋作用。

1)反滤作用

单向渗流作用下，紧贴土工合成材料一侧的土体易发生细颗粒逐渐向滤层的移动，部分细颗粒通过土工合成材料网孔后被带走，遗留下较粗的颗粒。相邻滤层一定厚度的土层会逐渐形成一个自然反滤带和骨架网，阻止土颗粒的继续流失，最后趋于稳定平衡，亦即土工合成材料与其相邻接触部分的土层共同形成了一个完整的反滤系统。如图 9-2 所示，将土工合成材料铺设在上游块石护坡下方，可起反滤和隔离作用。

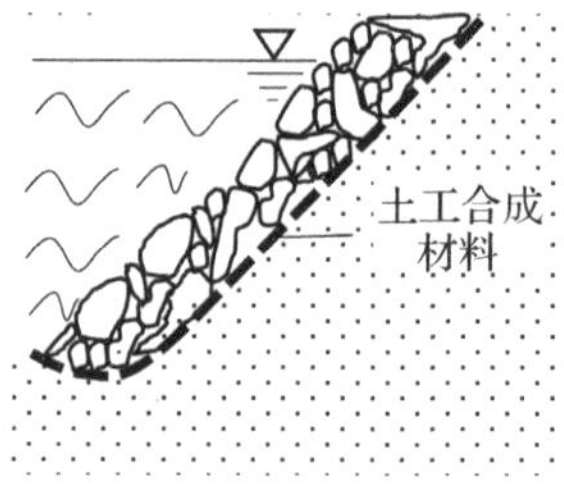

图 9-2 土工合成材料用于护坡工程

2)排水作用

一定厚度的土工织物具有良好的三维透水性，利用这一种特性除了可作透水反滤层外，还可使水经过土工合成材料的平面迅速沿水平方向排走，构成水平排水层。在地基中打入塑料排水板，地基水沿竖向排水，加速地基排水固结，构成竖向排水层。图 9-3 所示为土工合成材料与其他排水材料(如塑料排水板)共同构成的排水系统，能加速地基的排水固结过程。

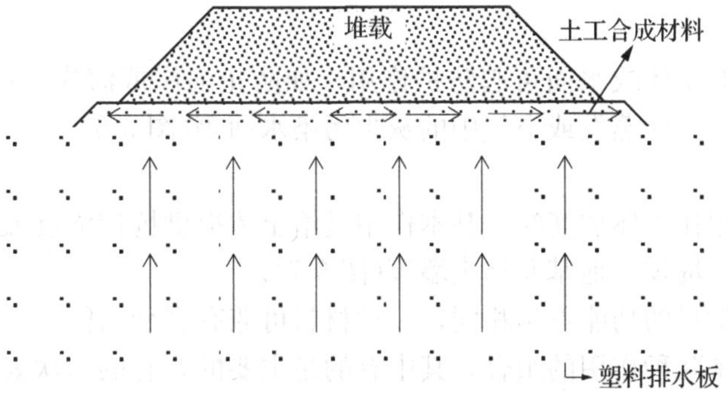

图 9-3　土工合成材料用于地基排水固结

3)隔离作用

道路工程中路基、路床材料和一般材料易混合在一起，从而发生材料强度、排水、过滤功能的减弱。为了防止这种现象的发生，可将土工合成材料设置在两种不同特性的材料间，避免其混杂，但又能保持统一的作用。在铁路道砟中，铺设土工合成材料可以保持道砟和轨道的稳定，减少养护费用，如图 9-4 所示。土工合成材料在道路工程中可起渗透膜的作用，防止软弱土层侵入路基的碎石，避免翻浆冒泥、路基及路床设计厚度减小和道路破坏；地基加固方面，可将新筑基础和原有地基分开，增强地基承载力，有利于排水和加速土体固结；材料的储存和堆放时，可避免材料的质量损失和劣化，对于废料还有助于防止污染。用作隔离的土工合成材料，其渗透性应大于所隔离土的渗透性；在承受动荷载作用时，土工合成材料还应有足够的耐磨性。当被隔离材料或土层间无水流作用时，也可用不透水土工膜。

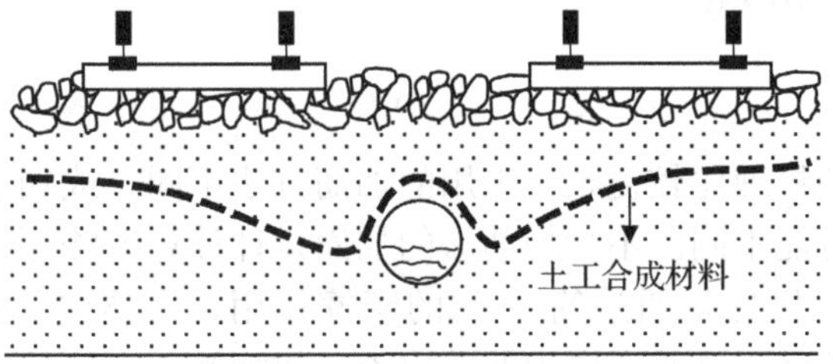

图 9-4　土工合成材料用于铁路工程

4)防渗作用

土工膜和复合土工合成材料可防止液体渗漏、气体挥发，保护环境或建筑物的安全，它们可用于各类大型液体容器或水池的防渗漏和防蒸发、土石坝和库区的防渗、渠道防渗、隧道和涵管周围防渗、屋顶防漏、修建施工围堰等(图 9-5)。

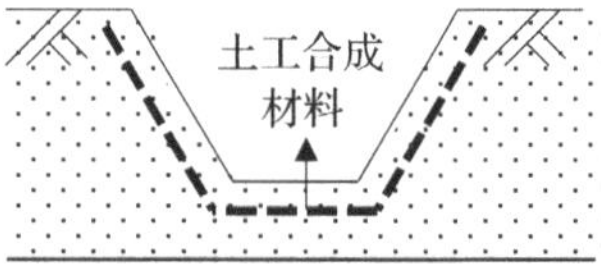

图 9-5　土工合成材料用于防渗工程

5)防护作用

土工合成材料对土体或水面可起防护作用，如防止河岸或海岸冲刷，减轻土体冻害，防止路面反射裂缝、水面蒸发或空气中的灰尘污染水面等(图 9-6)。

6)加筋作用

土工合成材料用作土体加筋时，基本作用是给土体提供抗拉强度或表观黏聚力，应用范围包括加固土坡、堤坝、地基及挡土墙等(图 9-7)。

不同土工合成材料的功能不尽相同，一种材料可兼有多种功能。土工合成材料在实际工程中的应用可以是几种作用的组合，其中有的是主要的，有的是次要的。例如：对松砂或软土地基上的铁路道砟，其隔离作用是主要的，而反滤和加筋作用是次要的；对软土地基上的公路路基，加筋作用是主要的，而隔离作用和反滤作用是次要的。

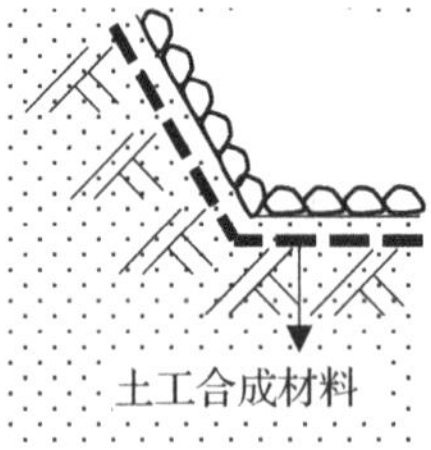

图 9-6　土工合成材料用于防护工程

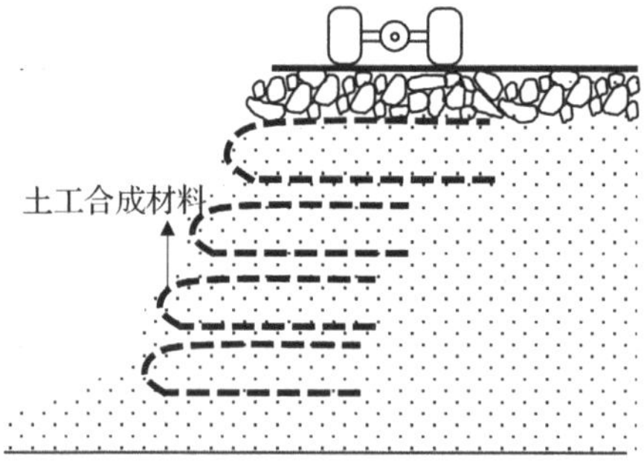

图 9-7　土工合成材料用于加固路堤

9.5　加筋的作用机理

加筋法加固地基的机理比较复杂，采用的加筋方法不同，或加筋方法相同而所用筋材不同，其加固机理也可能不同。不少加筋法的加固设计计算方法还处在探讨之中。一般认为，加筋土技术的基本机理是通过筋-土间的摩擦作用，土体中的拉应力传递到筋体上，筋体承受拉应力，而筋间土承受压应力及剪应力，使加筋土中的筋体和土体都能较好地发挥各自的作用。下面借助土力学原理来揭示加筋对土体强度改善的内在机理。

9.5.1　侧压力增量理论

无黏性土地基中 z 深度处土单元体所受大、小主应力 σ_1、σ_3(图 9-8)计算如下。

$$\sigma_1=\sigma_v=\gamma z \tag{9-1}$$

$$\sigma_3=\sigma_h=K_0\sigma_1 \tag{9-2}$$

$$K_0=1-\sin\varphi' \tag{9-3}$$

式中，σ_v、σ_h 为竖向和水平向应力；γ、φ'分别为土的重度和有效内摩擦角；K_0 为土的静止侧压力系数。

这一应力状态如图 9-8 中的摩尔圆Ⅰ。图中的直线 S 是土的抗剪强度包线，土单元处于弹性平衡状态，故圆Ⅰ与 S 线不接触。如果由于某种原因，例如在其附近开挖，则土单元的竖向应力不变，而水平向应力 σ_3 有所减小，待其降低到 $\sigma_3=K_a\sigma_1$[K_a 为主动土压力系数，$K_a=\tan^2(45°-\varphi/2)$]($\varphi$ 为土的内摩擦角)，达到主动极限平衡状态，即由圆Ⅰ变成圆Ⅲ，与强度包线 S 相切。此时，若土单元内埋有水平放置的筋材，由于应力传递的作用，卸荷后土单元受筋材约束不能自由侧胀，筋材处于拉伸状态。此时土单元的侧压力 $\sigma_3=K\sigma_1$，即图 9-8 中圆Ⅱ的状态。由于 $K_a<K<K_0$，因此，加筋作用使土体在卸荷时免于破坏，从应力圆看，这是因为筋材为土单元提供了一个侧压力增量 $\Delta\sigma_3$ 所致。

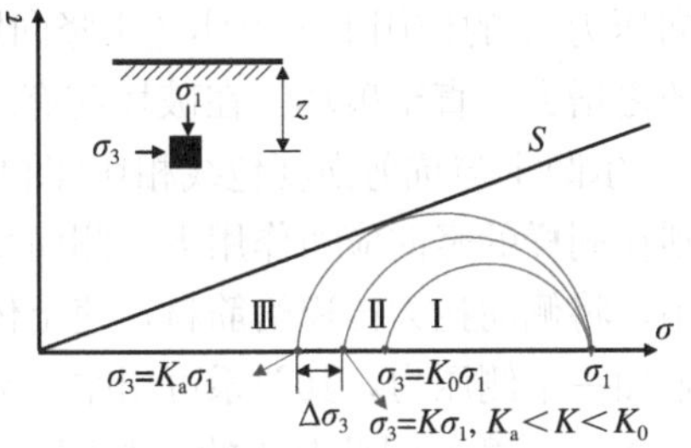

图 9-8　侧压力增量理论

9.5.2　表观黏聚力理论

图 9-9 所示为纯砂试样和土工织物水平加筋砂样的三轴剪切试验结果对比图。当围压 σ_3 增加到一定值后，两种试样的 σ_1-σ_3 关系曲线基本平行(圆Ⅰ和圆Ⅲ)，而对于加筋试样，在相同的围压 σ_3 下，其破坏的轴向压力增加了 $\Delta\sigma_1$，即土工织物为无黏性砂提供了一个表观黏聚力(φ 值不变)。

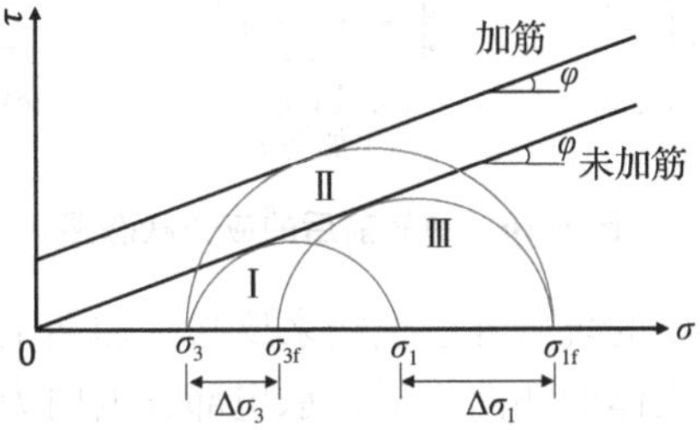

图 9-9　加筋与未加筋砂的三轴剪切试验结果

根据土的极限平衡条件，当土具有黏聚力时，大、小主应力符合以下关系：

$$\sigma_1=\sigma_3K_p+2C_R\sqrt{K_p} \tag{9-4}$$

如果试样中水平设置的土工织物的垂直间距为 ΔH，则

$$C_R = R_t\sqrt{K_p}/(2\times\Delta H) \tag{9-5}$$

式中，R_t为土工织物筋材的抗拉强度；K_p为土的被动土压力系数，$K_p=\tan^2(45°+\varphi/2)$。

从前述侧压力增量理论看，筋材实质上是为试样提供了一个侧压力增量 $\Delta\sigma_3$，这时试样破坏的大主应力相应增大为

$$\sigma_{1f} = (\sigma_3 + \Delta\sigma_3)K_p \tag{9-6}$$

与式(9-4)比较得到

$$C_R = \Delta\sigma_3\sqrt{K_p}/2 \tag{9-7}$$

从式(9-5)和式(9-7)，可得

$$\Delta\sigma_3 = R_t/\Delta H \tag{9-8}$$

增加的侧压力由筋材承担，来源于其抗拉强度 R_t，增加值等于该强度平均分配给高度为 ΔH 的试样侧面上的压力。若 R_t很小或筋材失效(织物被拉断或被拔出)，则侧压力增量将随之消失。

对于无加筋土体，在竖向压力 σ_1 的作用下，土体产生竖向压缩和侧向变形，竖向应力增大，压缩变形和侧向变形也随之增大，直至破坏。在破坏前有一破坏临界状态，此时侧向压力为 σ_3，如图 9-10(a)所示，摩尔圆 Ⅰ 与抗剪强度包线相切(图 9-9)。如果在土体中水平方向设置一层或多层加筋材料，则在同样的竖向应力作用下，侧向变形就会减小。这是由于水平加筋与土体之间产生摩擦作用，将侧向拉力传递给筋材，使土体的侧向变形受到约束。筋材的约束力相当于在土体侧向施加一个侧压力，其关系可用摩尔圆表示。摩尔圆 Ⅱ 是加筋土体的极限应力状态(σ_3、$\sigma_{1f}=\sigma_1+\Delta\sigma_1$)，摩尔圆 Ⅱ 与 Ⅰ 的 σ_3 相同，而能承受的竖向应力则增加了 $\Delta\sigma_1$，摩尔圆 Ⅲ 与 Ⅱ 的 σ_{1f}相同，而周围压力却增加了 $\Delta\sigma_3$。对于加筋土，欲使它达到极限平衡破坏，则必须增加竖向应力 $\Delta\sigma_1$(σ_1 变成 σ_{1f})，这是由于土体中加入高模量的拉筋后，拉筋为土体提供了一个约束阻力，即水平应力增量($\Delta\sigma_3$)，使得侧向压力增加。

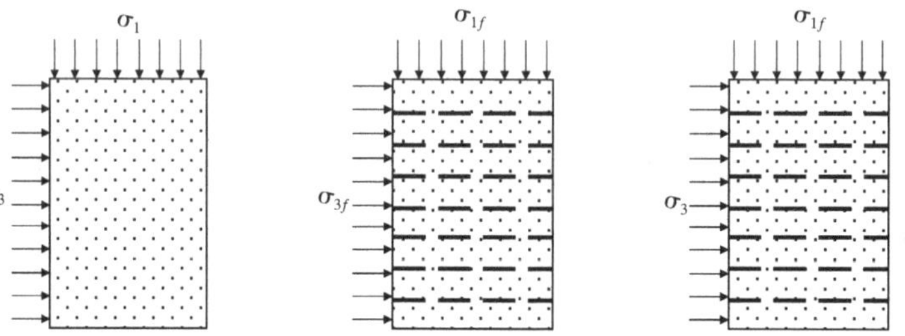

(a) 主动极限平衡状态（未加筋） (b) 静止状态（加筋） (c) 主动极限平衡状态（加筋）

图 9-10 加筋前后的应力状态图

加筋土强度的增加可由新的抗剪强度包线来反映。加筋土与未加筋土的强度包线几乎完全平行，说明筋材约束了土体的侧向变形，承担部分侧向力，相当于增大黏聚力，使得土体强度增加。加筋土具有的黏聚力不是土本身固有的，而是加筋的结果，因此，称为表观黏聚力。

9.5.3 抗剪强度理论

利用专门的机具将聚合物的连续长纤维、有一定长度的短纤维或网片等均匀掺入砂土中形成加筋土体，称作纤维土。该加筋法于 20 世纪 70 年代由法国巴黎道桥中心研究所提出，随之采用该法在法国修建了纤维土边坡和挡墙。与其同时，英国 Netlon 公司研究了网片加固土体的技术。纤维土不是将筋材层层置于土中，未导致复合土体具有明显的各向异性。相反，纤维土中纤维或网片系随机均匀分布，故几乎是各向同性体。此外，纤维的掺入量按重量计仅为千分之几，故加筋后土体重度可认为不变，同时土的渗透性也没有明显改变。

土中掺入纤维或网片使土体得到加固，可用弯曲机理和交织机理来解释。假设土中的每根纤维都成弯曲形，当土体受到外力而引起拉力时，纤维的凹侧将对土颗粒产生压力和摩擦力，从而提高土体的整体性。学者认为众多纤维在土中相互交错、相互连接，交织成三维网络结构，当其中的某段纤维受到拉力时，必会牵扯到其他纤维的运动，起到相互制约和阻碍作用。

如图 9-11 所示，纤维相互平行并垂直于土体剪切带，垂直方向的纤维由于产生位变，纤维土中引起了拉力 σ_R。设剪切带面积为 A，纤维所占面积为 A_f，则单位土体面积内的纤维拉力为 $t_R=(A_f/A)/\sigma_R$，它在垂直于剪切带的方向上引起的压力增量为 $t_R\cos\theta$，平行于剪切带的方向上的分力使剪应力减少(即与作用剪应力的方向相反)，相当于使土的抗剪强度增大 $t_R\sin\theta$。土的抗剪强度总增量为

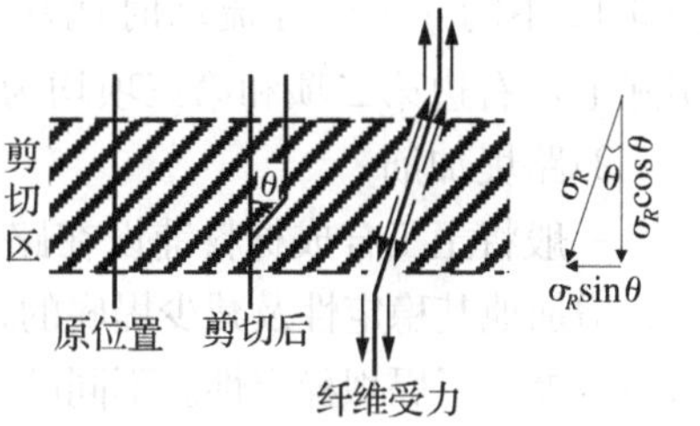

图 9-11　纤维加筋作用

$$\Delta S_R=t_R(\cos\theta+\tan\varphi+\sin\theta) \tag{9-9}$$

当纤维与剪切带倾斜时，也可得到类似的加筋效果。实际情况中，纤维土内的纤维不可能有序地平行排列，而是随机定向排列。曾有学者进行过统计分析，得到砂土中随机分布优势方位是与剪切带呈 90°，而纤维土的直剪试验也证实了这一结论。

9.6 加筋地基设计

1)地基加筋

在软弱路基基底与填土间铺设土工合成材料是常用的浅层处理方法之一，若土工合成材料为多层，则应在层间填以中、粗砂以增加摩擦力。由于这种土工合成材料具有较高的延伸率，因此可使上部荷载扩散，提高原地基承载力，增加填土稳定性。此外，铺设土工合成材料后施工机械行驶方便，工程竣工后还能起排水作用，加速地基固结。

把具有一定刚度和抗拉力的土工合成材料铺设在软土地基表面，再在其上填筑粗颗粒土(砂土或砾石)，地基在荷载作用的正下方产生沉降，周边地基产生侧向变形和部分隆

起，如图 9-12 所示。土工合成材料受拉，而作用在土工合成材料与地基土间的抗剪阻力就能相对地约束地基的位移；同时，作用在土工合成材料上的拉力，也能起到支承荷载的作用。设计时其地基极限承载力 p_{s+c}的公式如下：

$$p_{s+c}=Q'_c=\alpha cN_c+(2S/b)\sin\theta+(\beta S/r)N_q \tag{9-10}$$

式中，Q'_c为地基竖向反力；α、β 为基础的形状系数，一般分别取 1.0 和 0.5；c 为土的黏聚力；N_c、N_q 为内摩擦角有关的承载力系数，一般分别取 5.3 和 1.4；S 为土工合成材料的抗拉强度；b 为基础宽度；θ 为基础边缘土工合成材料的倾斜角，一般为 10°～17°；r 为假想圆的半径，一般取 3 m 或软土层厚度的一半，但不能大于 5 m。

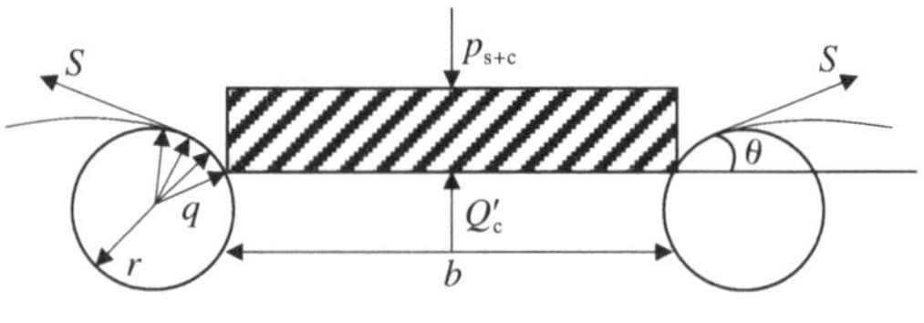

图 9-12　土工合成材料加固地基的承载力计算简图

式(9-10)右边第一项是没有加筋时，原天然地基的极限承载力；右边第二项是在荷载作用下，由于地基沉降使土工合成材料发生变形而承受拉力的效果；右边第三项是土工合成材料阻止隆起而产生的平衡镇压作用的效果(假设近似圆的半径为 r，图 9-12 中的 q 是塑性流动时地基的反力)。实际上，右边第二项和第三项均为由于铺设土工合成材料而提高的地基承载力。

2)路堤加筋

一般将土工合成材料铺设在路基底与填土间或堤身内填土层间，以此来提高地基承载力、增加地基稳定性及减少堤底的差异沉降。底筋在地基变形时筋材产生的拉力增加了抗滑力矩，提高了堤坝稳定性。不同的地基土和土工合成材料使得平铺的筋材滑动时可能处于不同的方位：仍保持水平位置；高压缩性地基土和延伸率大的筋材在滑弧处筋材折曲与滑弧相切；介于两者之间。因此，采用的计算也不同，一般可采用荷兰法和瑞典法进行分析计算。

(1)荷兰法

荷兰法是假定土工合成材料在和滑弧切割处形成一个与滑弧相适应的扭曲，且土工合成材料产生的拉应力认为是直接相切于滑弧的(图 9-13)。绕滑动圆心的力矩，其臂长即等于滑弧半径 R，此时抗滑稳定安全系数为

$$F_s=(M_r+\Delta M_r)/M_0=\left[\sum(c_{ui}l_i+W_i\cos\alpha_i\tan\varphi_{ui})+T\right]/\left(\sum W_i\sin\alpha_i\right) \tag{9-11}$$

式中，l_i 为第 i 分条的底弧长；α_i 为第 i 分条底弧中点处的仰角；M_r为土的抗剪强度产生的抗滑力矩；$\Delta M_r=TR$ 为筋材拉力提供的附加抗滑力矩；M_0 为土重引起的滑动力矩；W_i为第 i 土分条的重量；c_{ui}、φ_{ui}分别为土的不排水黏聚力和内摩擦角。

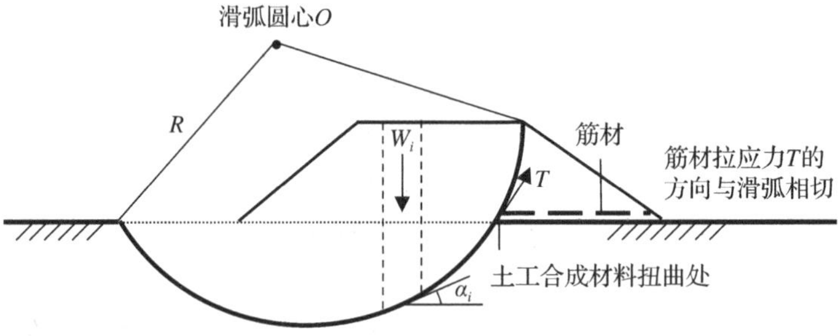

图 9-13　土工合成材料加固软土地基上路堤的稳定分析(荷兰法)

故所增加的安全系数为

$$\Delta F = TR/M_0 \tag{9-12}$$

通过式(9-11)即可确定所需 F_s 值，从而推算 T 值，以此选择土工合成材料的规格型号。

值得注意的是，除了验算滑弧穿过土工合成材料的稳定性外，还应验算在土工合成材料加筋范围以外的路堤有无整体滑动可能性，同时满足以上两个要求才可认为路堤是稳定的。

(2)瑞典法

瑞典法是假定土工合成材料产生的拉力总是保持在原来铺设的方向，且滑动时，填土中产生的垂直裂缝贯穿全高。筋材产生的拉力不仅直接提供抗滑力矩增量，还通过垂直裂缝中的摩阻力又增加抗滑力矩，如图 9-14 所示。

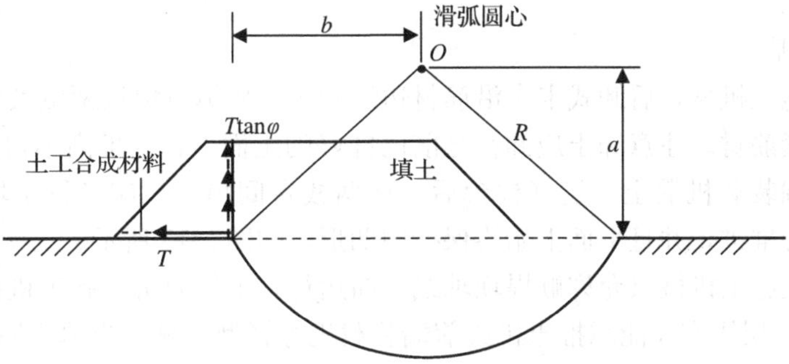

图 9-14　土工合成材料加固软土地基上路堤的稳定分析(瑞典法)

要撕裂筋材需要筋材所受拉应力 T 大于其抗拉强度 S，以及克服填土内垂直方向因开裂而产生的抗力 $S\tan\varphi$。如以 O 点为力矩中心，前者的力臂为 a，后者的力臂为 b，则安全系数为

$$F_s = (M_r + \Delta M_r)/M_0 = \left[\sum (c_{ui} l_i + W_i \cos\alpha_i \tan\varphi_{ui})R + T(a + b\tan\varphi)\right] / \left(\sum W_i \sin\alpha_i\right) \tag{9-13}$$

式中，$\Delta M_r = T(a + b\tan\varphi)$ 为筋材拉力提供的附加抗滑力矩；φ 为填土的内摩擦角。

故所增加的安全系数为

$$\Delta F = T(a + b\tan\varphi)/M_0 \tag{9-14}$$

当已知筋材强度 S 时，便可求得 ΔF。同理，当已知要求增加的 ΔF 时，可求得所需筋材的抗拉强度 S，便于选材。

采用以上两种方法验算时，都需根据不同圆心和半径进行多次重复计算，直至求得最小安全系数，且该值不小于要求的数值，否则要采用更高强度的筋材或多层筋材。

9.7　加筋地基施工要点

以软弱地基加筋施工为例，施工程序对软弱地基加筋效果十分关键，工序不当，会使筋材破坏，引起地基不均匀沉降，甚至造成地基失稳。施工应注意下列要点。

1)场地准备

应砍除树木，整平地面。

2)筋材铺设

①筋材要求幅宽尽量大，长度要大于堤底宽加上回折长，且无接缝。

②筋材强度大的方向应垂直于堤坝轴线，铺设时卷材垂直于堤坝轴线，平顺展铺拉紧勿使皱褶出现，常需在其上及时压重或设固定钉，防止筋材掀起。

③筋材铺好后，尽快填土。填土前检查有无损伤，如孔洞、撕裂等情况，如有损伤应及时补救。

④筋材补救方法：对大面积破坏应割除裂缝，另铺新材(但要注意是否满足受力要求)；小裂缝、孔洞则缝补一块新材，破坏面积边长为 15～20 cm 时，可在其上搭接新材，各边≥1 m。

3)填土施工

(1)极软地基

采用轻型施工机械，后卸式卡车沿筋材边缘卸土，先填筑堤坡两侧坡趾处的栈台和交通道，旨在拉紧筋材。注意卸土应卸在之前已铺好的土面上，土堆高不得超过 1 m，用轻型推土机或前端装载机散土。筑好栈台后，往两栈台间填土，应平行于堤坝轴线对称进行，由外向中心推进，并且平面上始终保持中凹形，如图 9-15 所示。

第一层填土施工机械只允许顺堤坝轴线方向运行，不得回折。施工机械形成的车辙不超过 8 cm。第一层压实仅能靠推土机或前端装载机等轻型机械，当填土厚 0.6～0.7 m 后才能用平碾等压实。应控制施工填土的含水量，碾压到设计规定的密实度。

(2)一般地基

铺设筋材不得有皱褶，并要拉紧。填土从中心向外侧对称进行，平面上使其呈中凸形，如图 9-16 所示。使筋材一直受拉，填铺土厚不能过大，防止局部下陷。施工机械的选择应不使车辙超过 8 cm。第一层即可用平碾及气胎碾，不要过压。

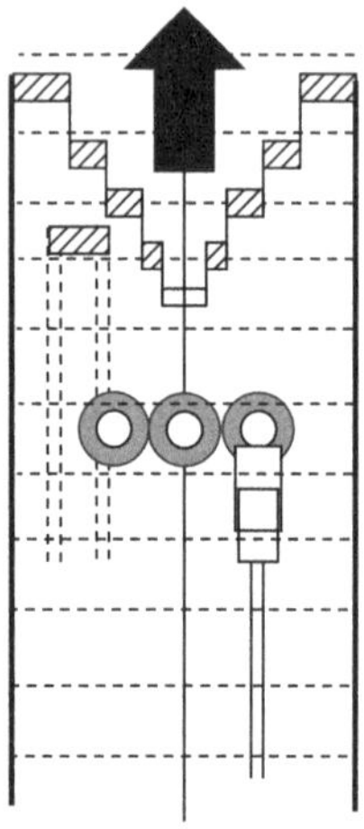

图9-15　两栈台间填土的顺序示意图

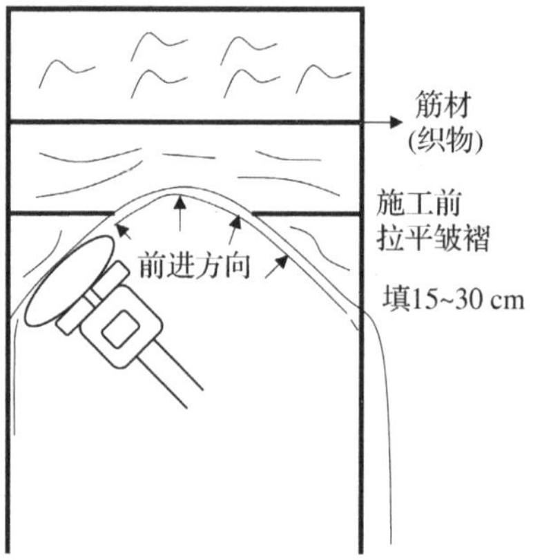

图 9-16　一般地基上筋材内拉力产生示意图

9.8 工程实例

9.8.1 工程概况

国华瑞丰(利津)风力发电场二期工程位于山东省东营市利津县东北部刁口乡辖区内，主要建(构)筑物分布于南北宽约 7 km、东西长约 10 km 的沿海带状区域内。风电场建设规模为 49.5 MW，单机容量 1 500 kW、轮毂高度 70 m、叶片直径 82 m 的机型共 33 台。在沿海滩涂的风力发电场的项目中，需要快速建设大量成本低廉的进场道路，满足重载运输车辆行驶的要求，保证施工期间风电机组施工和吊装要求，同时后期可作为轻型车辆检修道路。该项目工程采用了三向土工格栅与级配碎石结合的加筋地基设计和施工方案，形成的柔性稳定层作为临时场内道路可保证风电机组施工和吊装要求。

该地区属亚干旱气候，场区为海积平原滩涂，勘测深度内揭露地层主要为第四系全新统海陆相交互沉积层，有素填土、粉土、黏土、淤泥质粉质黏土、粉质黏土、粉砂和粉细砂。地表分布有以粉土为主的人工填土层，混有粉质黏土，含少量黏粒、粉粒、云母碎片等，土质不均匀，偶见少量砖屑、灰屑等。

9.8.2 设计方案

原设计为泥结石路面，路基采用灰土处理，路面采用泥结石，施工工艺复杂，且须养护，容易导致工期严重滞后。由于场内道路全部沿虾池围堰修建，受虾池养殖季节性影响，道路施工集中在冬季进行，在冬季低温条件下，灰土和泥结石处理施工难度大，还会造成严重污染。

结合现场实际情况，通过在现场试验段进行分段测试的方式，最终确定采用三向土工格栅结合级配碎石形成无罩面道路进行处理，如图 9-17 所示。级配碎石的配合比参照《公路路面基层施工技术细则》(JTG/T F20—2015)，具体设计参数如表 9-1 所示。通过三向土工格栅与级配碎石之间的有效嵌锁，为粒料层提供了一个有效侧向约束，并作为隔离层将粒料与地基较差土分隔开，避免相互挤入而导致有效粒料有效厚度减少。荷载作用时，通过侧向约束粒料和底部隔离，形成一个具有一定刚度、且为柔性结构的力学稳定层。

图 9-17 设计方案示意图

表 9-1 设计参数

参数	地基土强度	道路总长	修建支线道路道长度	道路宽	交通量
数值	CBR=2%	27 km	5 km	6 m	32 990 次
参数	设计标准轴载	级配碎石粒径范围	级配碎石厚度	最大车辙深度	土工格栅
数值	100 kN	0～40 mm	250 mm	75 mm	单层

9.8.3 施工工艺

三向土工格栅结合级配碎石力学稳定层施工工艺简单易行，施工设备为压路机、刮平机和装载机等道路施工常用设备。具体施工工艺：地基整平压实→格栅摊铺固定→粒料摊铺刮平→粒料压实。级配碎石的级配很重要，直接关系到稳定层的压实度，若缺少细颗粒，将导致面层碎石无法压实，粒料会随着汽车加速、刹车、转弯等发生较大位移变形。实际配比应根据料场实际的碎石粒径进行适当调整。地基土的含水量和 CBR 值直接影响稳定层效果，含水量大时，在交通荷载作用下，将产生大的孔隙水压力，导致地基土的强度迅速降低，最终产生较大车辙，道路破坏，而且在含水量很高的情况下，容易形成弹簧土，导致稳定层的碎石无法压实，这种情况与设计时采用的地基土强度和前提条件已有较大差别，可采取增加三向土工格栅层数和碎石层厚度或对地基土进行降低含水量的处理等措施。

9.8.4 效果及评价

本项目采用的三向土工格栅结合级配碎石稳定层是首次在国内尝试使用，前期进行了大量的准备工作，2010 年 3 月 4 日正式开工，道路长总共约 27 km，历时约 1 个月，2010 年 4 月 10 日前基本已全部完工并投入使用，大大缩短了工期，后期施工机械顺利进场且使用状况良好。采用土工格栅加筋地基方案，相比原设计采用灰土拌和处理路基结合泥结石路面的方案节约成本约 20%，整个道路工程节约投资约 364 万元。现场承载板试验结果证明，地基承载力特征值由原碾压后填土的 140 kPa 提高到土工格栅加筋地基的 200 kPa，提高约 40%，满足了风机道路及吊装平台的要求。

思考与练习

1. 试述土工合成材料的加筋作用机理。
2. 简述土工合成材料的主要功能。
3. 与其他地基处理方法相比，加筋法的优缺点有哪些?
4. 加筋地基设计时需要注意哪些方面?

第 10 章　其他地基处理方法

本章学习目标

• 了解长短桩复合地基法、双向增强复合地基法、TRD 工法、CSM 工法、MJS 工法、微生物固化法等新近地基处理方法的特点。

10.1　概　述

近些年来，地基处理技术蓬勃发展。地基处理技术的最新发展不仅反映在机械、材料、设计理论、施工工艺、现场监测技术及地基处理新方法等方面，而且表现在多种地基处理方法的综合应用方面。本章简要介绍多桩型复合地基法、双向增强复合地基法等几种地基处理方法联合运用形成的新的地基处理方法，以及 TRD(trench cutting re-mixing deep wall method)工法、CSM(cutter soil mixing)工法、MJS(metro jet system)工法、微生物固化法等近几年出现的地基处理新方法。

10.2　长短桩复合地基法

长短桩复合地基是由长桩和短桩形成的一种多桩组合型复合地基，其中长桩常采用各类混凝土桩、钢管桩等刚性桩，短桩常根据被加固的地基土性质采用水泥搅拌桩、石灰桩以及砂石桩等柔性桩或散体材料桩。当长桩采用刚性桩、短桩采用柔性桩时，也称为刚柔性桩复合地基。应该说刚柔性桩复合地基是长短桩复合地基中的一种类型。当刚性长桩与基础相连接时，也称为刚柔性桩复合桩基。

长短桩复合地基在加固深厚软土地基工程中应用较多，在建筑工程、道路工程和堆场工程中均有应用。在建筑工程中常用于小高层和高层建筑中的地基加固。在处理深厚软黏土地基时，常采用水泥搅拌桩作为短桩，钢筋混凝土桩作为长桩；在处理深厚砂性土地基时，常采用砂石桩作为短桩，钢筋混凝土桩作为长桩；在处理深厚黄土地基时，常采用灰土桩作为短桩，钢筋混凝土桩作为长桩。

10.2.1 长短桩复合地基的布置形式和受力性状

长短桩复合地基中长桩和短桩的布置形式可分三类：长桩和短桩相间布置[图 10-1(a)]；长桩居中，向外桩长逐步递减[图 10-1(b)]；短桩居中，向外桩长逐步增长[图 10-1(c)]。其中又以第一类长短桩复合地基在工程中应用最多，故下面的加固机理、承载力计算和沉降计算方法都仅针对这一类长短桩复合地基。第二类和第三类长短桩复合地基在工程中应用较少，长桩和短桩一般用同一种桩。已有研究对比分析表明：当用桩量及荷载等条件相同时，第二类长短桩复合地基的沉降量较大而基础底板中弯矩较小，第三类长短桩复合地基的沉降量较小而基础底板中弯矩较大。

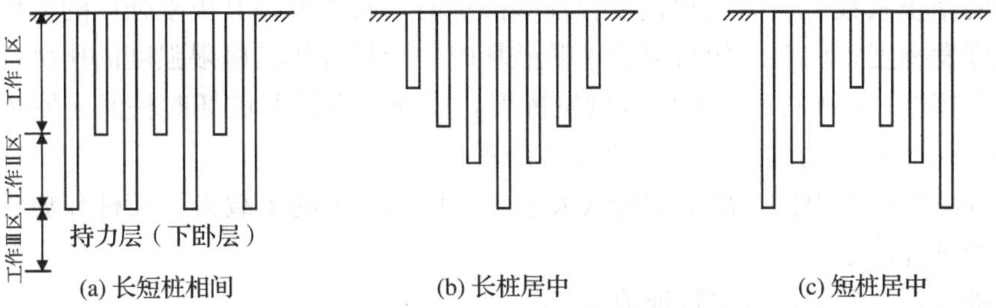

图 10-1 长短桩复合地基中长桩和短桩的布置形式

10.2.2 长短桩复合地基的作用机理

因桩长差异，长短桩复合地基作用机理有别于一般的桩体复合地基。

图 10-1(a)中，长桩、短桩相间布置，形成三个不同作用的工作区域，即以提高承载力为主的长、短桩联合工作区(工作Ⅰ区)，以减小沉降量为目的的长桩工作区(工作Ⅱ区)，以及持力土层或无桩工作区(工作Ⅲ区)。长短桩复合地基中，长桩和短桩的作用不尽相同。

长桩的主要作用是提高地基承载力，控制地基沉降量。它将荷载通过桩身向地基深处传递，减小压缩层变形。同时对柔性短桩起到“护桩”作用，并与短桩一起抑制地基周围土体的隆起。在Ⅰ区范围内，桩体的“挟持”及“遮挡”效应较明显，桩、土共同沉降；在Ⅱ区的长桩，由于土体和桩体不能同时沉降，其桩尖对桩端土体将有相当的刺入量。

根据地基土的物理力学性质的不同，短桩有两方面的功能：当基底以下存在较厚的软弱土层时，采用短桩对该区域土层进行加固，可提高基底软弱土层的承载力；若基底以下存在上、下两层较为理想的桩端持力层，将长、短桩分别落在下、上两层桩端持力层，充分发挥上、下两层桩端持力层的特性，利用短桩提高复合地基的承载力，通过长桩减小变形，在满足设计要求的同时减少地基处理的工作量。

通常情况下，在桩顶铺设一定厚度的褥垫层，通过垫层来协调长桩、短桩和桩间土的变形，以保证长桩、短桩和桩间土直接承担上部结构荷载。

长短桩复合地基加固区中上部(Ⅰ区)置换率高，下部(Ⅱ区)置换率低，与在荷载作用下地基中附加应力上部大、下部小的分布相适应，因此长短桩复合地基具有良好的承载性能。长短桩复合地基具有承载力高、沉降量小的优点，具有较好的经济效益。

10.2.3 长短桩复合地基承载力计算

长短桩复合地基承载力由长桩、短桩和桩间土地基三部分所提供的承载力组成。长短桩复合地基承载力的极限承载力 p_{cf} 可按下式计算：

$$p_{cf} = k_{11}\lambda_{11}m_1 p_{p1f} + k_{12}\lambda_{12}(1-m_2)p_{p2f} + k_2\lambda_2(1-m_1-m_2)p_{sf} \tag{10-1}$$

式中，p_{p1f} 为长桩的极限承载力；p_{p2f} 为短桩的极限承载力；p_{sf} 为桩间土的极限承载力；k_{11} 为反映长短桩复合地基中长桩实际极限承载力与天然地基中自由单桩极限承载力不同的修正系数；k_{12} 为反映长短桩复合地基中短桩实际极限承载力与天然地基中自由单桩极限承载力不同的修正系数；k_2 为反映复合地基中桩间土实际极限承载力与天然地基极限承载力不同的修正系数；λ_{11} 为长短桩复合地基破坏时，长桩发挥其极限强度的比例，称为长桩极限强度发挥度；λ_{12} 为长短桩复合地基破坏时，短桩发挥其极限强度的比例，称为短桩极限强度发挥度；λ_2 为桩间土极限强度发挥度，反映复合地基破坏时桩间土发挥其极限强度的比例；m_1 为长桩的置换率；m_2 为短桩的置换率。

长短桩的置换率根据上部结构荷载大小、长桩和短桩的承载力、长桩和短桩的直径等综合因素经试算确定。

长短桩复合地基的承载力特征值 p_{cc} 为

$$p_{cc} = \frac{p_{cf}}{K} \tag{10-2}$$

式中，K 为安全系数，一般可取 2。

10.2.4 长短桩复合地基沉降计算

长短桩复合地基的沉降由垫层压缩量、加固区复合土层压缩变形量和加固区下卧土层压缩变形量三部分组成。而加固区复合层压缩变形量又由图 10-1 所示的工作Ⅰ区复合土层压缩变形量 s_{11} 和工作Ⅱ区复合层压缩变形量 s_{12} 组成。垫层压缩量小，且在施工期已基本完成，可忽略不计。长短桩复合地基的沉降计算式为

$$s = s_{11} + s_{12} + s_2 \tag{10-3}$$

复合层压缩变形量 s_{11} 和 s_{12} 可按复合模量法计算，加固区下卧层压缩变形量 s_2 可参照刚性桩复合地基加固区下卧土层压缩变形量的计算方法计算。

工作Ⅰ区范围内复合土体的压缩模量 E_{sp} 可按下式计算：

$$E_{sp} = m_1 E_{p1} + m_2 E_{p2} + (1-m_1-m_2)E_s \tag{10-4}$$

式中，E_{p1} 为长桩桩身压缩模量；E_{p2} 为短桩桩身压缩模量；E_s 为桩间土的压缩模量。

在实际工程中，长短复合地基长桩常采用刚性桩，刚性桩又支承在较好的土层上，因此沉降一般较小。

长短复合地基的沉降计算方法也可参照刚性桩复合地基的沉降计算方法。

10.3 双向增强复合地基法

双向增强复合地基是由竖向增强体、水平向增强体与天然地基土所形成的人工地基。竖向增强体主要是桩体，可以是刚性桩、柔性桩等黏结性材料桩，也可以是碎石桩等散体材料桩；水平向增强体的加筋材料可是钢带、钢条、钢筋混凝土带、土工合成材料等。土工合成材料是一种新型的岩土工程材料，包括土工织物、土工格栅、土工膜、土工布、土工格室等。加筋材料的铺设可以是单向的，也可以是双向的；按需要可铺设一层，也可加筋体与填土间隔多层铺设。由此可见，双向增强复合地基的组合形式很多。

国外在软土地基上快速修筑路堤时，常采用桩承式加筋垫层[geosynthetic-reinforced and pile(column)-supported earth platform，GRPS]法。我国交通水利等部门也开始应用类似的方法，多称之为桩网复合地基法，即在路堤下沿竖向打设刚性桩或柔性桩，在桩顶平面沿水平方向铺设加筋材料，加筋材料为一层或多层，铺设于砂石垫层中，形成复合垫层，水平向加筋材料、竖向增强体与天然地基土协同作用，形成复合地基。现有工程中还有采用"土工格室＋碎石桩复合地基"联合的地基处理方法，即在碎石桩复合地基桩顶平面设置三维的土工格室加筋垫层。上述方法中增强体分别在水平向和竖向设置，故都可称之为双向增强复合地基。

10.3.1 双向增强复合地基法的优点及作用机理

双向增强复合地基兼具竖向桩体复合地基和水平向加筋垫层的优点。竖向桩体通过置换加筋、振密挤密、加速固结等作用提高地基承载力，减小地基沉降量；水平向加筋垫层通过加筋体的网兜(或柔性筏基)效应及其应力扩散效应等，提高地基承载力，减小地基沉降量。

双向增强复合地基中桩筋(板)土相互作用、协调变形、共同承载，故其作为一个完整的工作体系具有水平加筋垫层和竖向桩体复合地基协调工作引发的新的作用机理。对于双向增强复合地基支承的路堤工作体系而言，竖向桩体可为水平加筋垫层提供竖向支撑，且通过影响路堤土拱效应的发生、发展而影响作用于加筋垫层上的竖向荷载。而加筋垫层通过网兜(或柔性筏基)效应和应力扩散效应均化路堤荷载，调整桩土应力比：一方面，由于加筋垫层的调整作用，桩土沉降差相应减小，导致因土拱效应而传至桩上的荷载减小；另一方面加筋体受力挠曲变形产生张拉力，其竖向分力又使得作用于桩上的荷载增大。此外，对于散体材料桩而言，桩顶设置的水平加筋体可有效约束桩体侧向鼓胀变形，并使得鼓胀变形可能发生的位置下移。路堤荷载作用下双向增强复合地基的工作机理就是路堤中土拱效应、加筋垫层的网兜(或柔性筏基)效应和应力扩散效应、桩土荷载分担比以及桩筋(板)土协调变形、共同承载的综合反应。

10.3.2 双向增强复合地基法的应用范围

双向增强复合地基法的工程应用可追溯到1975年日本北海道石狩河的堤岸改造工程。该工程采用"土工织物加筋垫层＋素混凝土预制桩"联合方式进行软基处理。处理后的地基差异沉降较小，且缩短了工期，取得了良好的技术经济效益。因此，随后该工法迅速在公路、铁路及建筑工程等领域得到推广应用。双向增强复合地基技术的发展历史虽然较短，但其在工程上的应用已十分广泛，主要应用范围集中在以下几个方面。

①路堤的软土地基处理，如高速公路和铁路的软土地基处理(图10-2)。

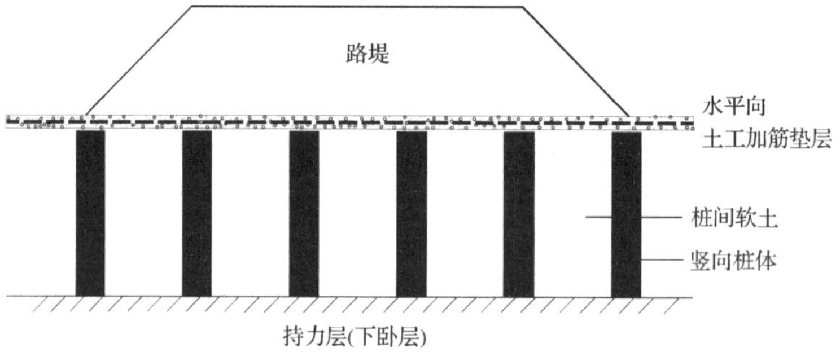

图10-2 路堤的软土地基处理

②桥头过渡段的软土地基处理(图10-3)，以防止出现"桥头跳车"现象。

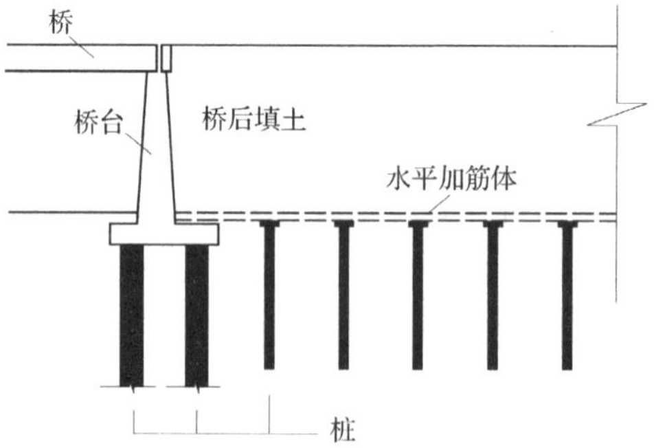

图10-3 桥头过渡段的软土地基处理

③旧路改造中新路堤的地基处理(图10-4)，以防止新老路基差异沉降过大。

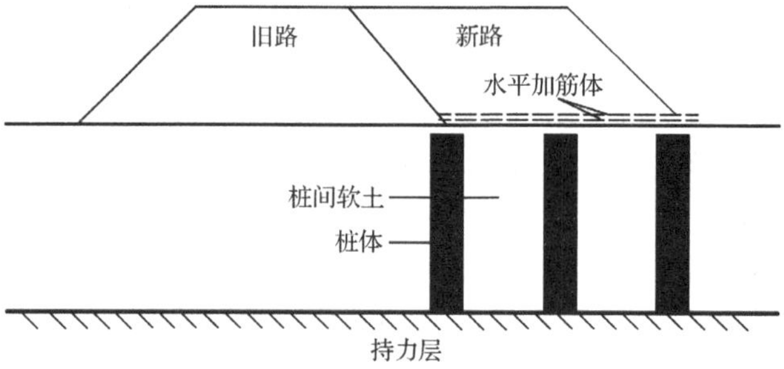

图10-4 旧路改造中新路堤的地基处理

④地基软弱下卧层处理，如房屋、码头等软弱下卧层的处理(图 10-5、图 10-6)。

⑤大面积堆载下的软土地基处理，如大型油罐基础下的地基处理(图 10-7)。

⑥其他工程应用，例如持力层为斜坡的桩基础，以防止地基侧向失稳。

双向增强复合地基法虽近些年来在工程中日益推广应用。但总的来说，双向增强复合地基的研究工作仍处于探索阶段，其承载变形机理仍未完整揭示，相应的理论研究远落后于工程实践，既没有现成的设计理论和设计方法，也没有成熟的施工工艺和控制措施，更缺乏施工质量的检验验收标准，没有形成技术规范和设计指南。虽然目前此法的工程应用尚停留在边摸索边总结经验的段阶，但其有限的应用却已显示出良好的技术效果和经济效益，故进一步深入研究和扩大应用范围具有重要的价值。

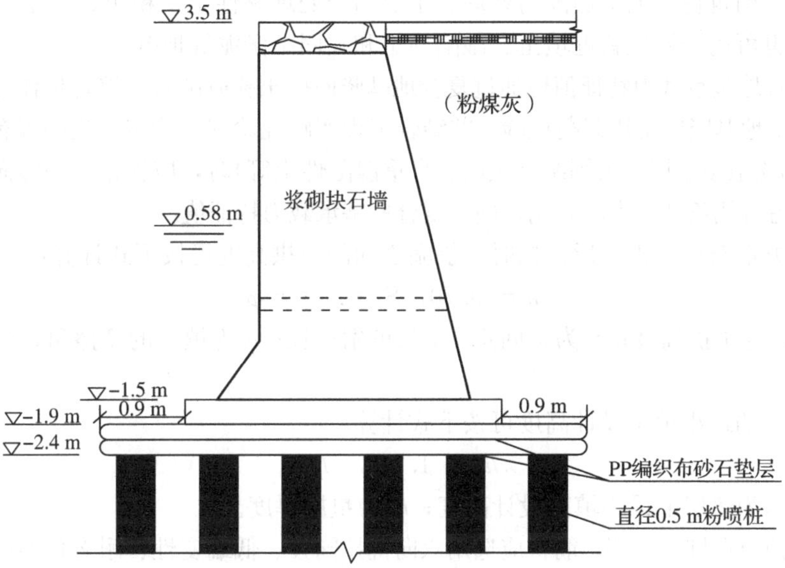

图 10-5　码头的软土地基处理

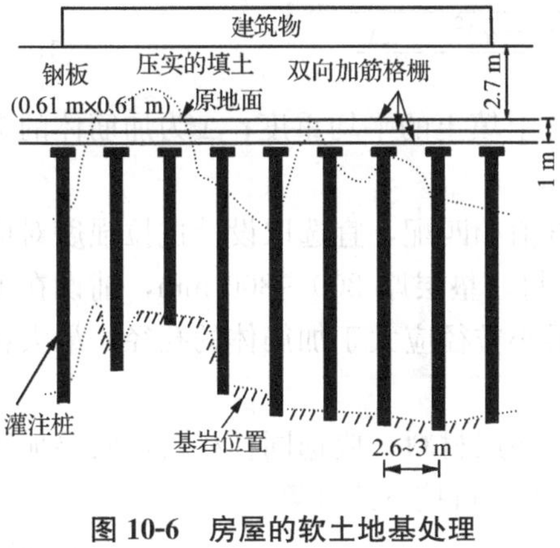

图 10-6　房屋的软土地基处理

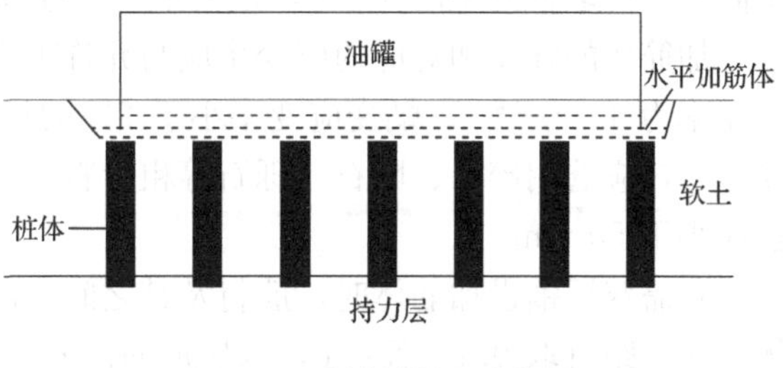

图 10-7　油罐的软土地基处理

10.3.3 桩网复合地基的设计

如前所述，双向增强复合地基的组合形式很多，现有的工程设计多半停留在经验阶段，对于拟采用双向增强复合地基法的重要工程，设计前多采用试验研究或数值模拟分析以解决设计中的关键问题，并优化设计参数。故本节暂不介绍尚不成熟的双向增强复合地基设计计算理论，主要介绍《复合地基技术规范》(GB/T 50783—2012)中推荐的桩网复合地基的设计方法。

桩网复合地基由刚性桩、桩帽、加筋层和垫层构成，可用于填土路堤、柔性面层堆场和机场跑道等构筑物的地基加固与处理。主要用于处理黏性土、粉土、砂土、淤泥、淤泥质土地基，也可用于处理新近填土、湿陷性土和欠固结淤泥等地基。

桩网复合地基承载力特征值应通过复合地基竖向抗压载荷试验或综合桩体竖向抗压载荷试验和桩间土地基竖向抗压载荷试验，并结合工程实践经验综合确定。当处理有明显工后沉降的地基(如松散填土层、欠固结软土层、自重湿陷性土等)时，应根据单桩竖向抗压载荷试验结果，考虑桩侧负摩阻力的影响，确定复合地基承载力特征值。

采用正方形布桩和正方形桩帽时，桩帽之间的土拱高度可按下式计算：

$$h = 0.707(S - a)/\tan\varphi \tag{10-5}$$

式中，h 为土拱高度；S 为桩间距；a 为桩帽边长；φ 为填土的摩擦角，黏性土取综合摩擦角。

桩帽以上的最小填土设计高度可按下式计算：

$$h_2 = 1.2(h - h_1) \tag{10-6}$$

式中，h_2为垫层上最小填土设计高度；h_1为垫层厚度。

加筋层铺设在桩帽顶部，筋材应选用双向抗拉同强、低蠕变性、耐老化型的土工格栅类材料，筋材的经纬方向分别平行于布桩的纵横方向。当处理松散填土层、欠固结软土层、自重湿陷性土等有明显工后沉降的地基时，加筋体的抗拉强度设计值 T 可按下式计算：

$$T \geqslant \frac{1.35\gamma_{cm}h(S^2 - a^2)\sqrt{(S-a)^2 + 4\Delta^2}}{32\Delta a} \tag{10-7}$$

式中，h 为加筋体抗拉强度设计值；γ_{cm}为桩帽之上填土的平均重度；Δ 为加筋体的下垂高度，可取桩间距的 1/10 ，最大不宜超过 0.2 m。

加筋体的强度和对应的应变率应与允许下垂高度值相匹配，宜选取设计抗拉强度对应应变率为 4%～6% ，蠕变应变率小于 2%的加筋材料。垫层厚 200～300 mm，铺设在加筋体上，应选用碎石、卵石、砾石等粗骨料，骨料最小粒径应大于加筋体的孔径，最大粒径应小于 50 mm。

若需双层铺设加筋体时，筋材及其之间的碎石等垫层材料，应选同种材料，两层加筋体竖向间距宜取 0.1～0.2 m，两层加筋体的抗拉强度 T 可按下式计算：

$$T = T_1 + 0.6T_2 \tag{10-8}$$

式中，T_1为桩帽之上第一层加筋体的抗拉强度设计值；T_2为第二层加筋体的抗拉强度设计值。

桩网复合地基沉降(s)由加固区复合土层压缩变形量(s_1)、加固区下卧土层压缩变形量

(s_2)，以及桩帽以上垫层和土层的压缩量变形量(s_3)组成：

$$s = s_1 + s_2 + s_3 \tag{10-9}$$

当加固区采用刚性桩时，s_1可忽略不计。当 s_2需计及桩侧负摩阻力时，桩底土层沉降计算荷载应计入下拉荷载 Q_n的影响，Q_n可按现行行业标准《建筑桩基技术规范 》(JGJ 94—2008)的有关规定计算。当桩土共同作用形成复合地基时，s_3应在施工期完成，在计算工后沉降时可忽略不计。处理松散填土层、欠固结软土层、自重湿陷性土等有明显工后沉降的地基时，s_3可按下式计算：

$$s_3 = \frac{\Delta(S-a)(S+2a)}{2S^2} \tag{10-10}$$

10.4 TRD 工法

10.4.1 TRD 工法概述

TRD 工法又称地下深层水泥土搅拌等厚连续墙工法。与传统柱列式水泥土搅拌连续墙[单轴或多轴钻机(SMW 工法)形成]不同，TRD 工法由专业设备——TRD 工法机(图 10-8)来实现。施工时，将装配有切割刀具传动链条的方形箱体(切割箱体)插入地下，然后进行横向推进成槽，同时刀具链条进行循环切割搅拌，并从前端切削箱体头部向原地基中喷射水泥浆和高压气体，使得原地基中的土壤与注入的水泥浆充分混合搅拌，最终形成等厚、无缝搭接的水泥土搅拌连续墙。

图 10-8 TRD 工法机

1)TRD 工法的特点

TRD 工法具有施工深度大、适应地层广、施工能力强、成墙品质好等独特优点，还具有主机重心低、稳定性好、精度高、墙体等厚、噪声低、振动小等特点。

2)TRD 工法的基本原理

TRD 工法将传统的垂直轴螺旋钻杆水平分层搅拌改变为水平轴锯链式切割箱沿墙深垂直整体搅拌。动力箱液压马达驱动锯链式切割箱，分段连接钻至预定深度，水平横向挖掘推进，同时在切割箱底部注入挖掘液或固化液，使其与原位土体强制混合搅拌，形成水泥土搅拌连续墙，也可插入型钢以增加地连墙的刚度和强度，构筑成高品质、等厚度的复合挡土截水结构。

3)TRD 工法的应用范围

TRD 工法可用于型钢水泥土搅拌桩复合围护结构、钻孔灌注桩排桩复合围护结构中的截水帷幕，自立式重力坝体，基坑(地基)加固，垃圾填埋场插入 PC 板防污染扩散墙，防止滑坡的挡土墙，江河堤坝防止管涌用作斜向调控护岸的防渗墙。在日本也有在 TRD 工法墙体内插入 NS-BOX 钢箱作为地下室主体结外墙的应用实例。

4)TRD 工法的发展

TRD 工法最早是 20 世纪 90 年代在日本作为临时性的支护墙或防渗墙，之后被广泛应用于地铁车站、基坑围护、垃圾填埋场、污染源的密封隔断、护岸、抗液化等多种场景中。TRD 工法可在直径＜100 mm 的卵砾石和单轴抗压强度≤5 MPa 的极软岩中施工，在一般的砂土地基中也可进行大深度防渗墙的施工，最大施工深度达到 61 m。2005 年，中国开始引进该项技术，目前已在上海、杭州、武汉、南昌、长沙、北京、天津、青岛、锦州、广州等大部分沿海、沿江、沿河城市进行多次成功应用。

10.4.2 结构原理及性能特点

1)结构原理

如图 10-9 所示，TRD 工法设备以链锯式刀具为主要机具，将可连接、拆卸的链锯式刀具箱竖直插入预定土层，然后沿水平方向移动切割、搅拌。链条带动刀具上、下回转运动，在地下挖出窄而深的沟槽，同时注入水泥浆，形成地下连续墙。然后，待水泥土硬结前插入一定间距的 H 型钢作为加强材料，进而形成一道具有一定刚度和强度的型钢水泥土复合挡土墙，也可只起止水作用，与钢管或钢筋混凝土梁支撑一起形成整体的基坑支护体系。

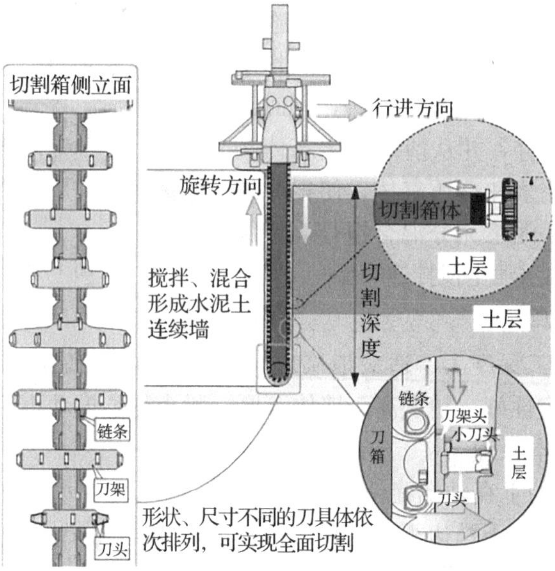

图 10-9 TRD 工法设备构成

2)性能特点

(1)适应多种工况作业

TRD 工法的主机采用全液压步履式底盘，具有接地比压小、横移直线度好等优点，因此能适应于各种复杂施工场地。另外，横切式施工方式和组合式短矮立柱结构使得整机地面部分最大高度 10 m，可适于多种复杂工况的作业。

(2)整机高度低，安全性能好

如图 10-10 所示，相对传统工法，TRD 工法整机重心低、稳定性好，地下部分深度36 m(可根据工况配置最深到 60 m)，可用于限高场所，也可满足高架桥下施工，适用范围广。

(3)成墙质量好

如图 10-11 所示，与传统工法相比，TRD 工法搅拌更均匀，能实现连续施工，确保墙体等厚度、高连续性和高止水性，可在任意间隔插入 H 型钢等芯材，可节省施工材料，提高施工效率。

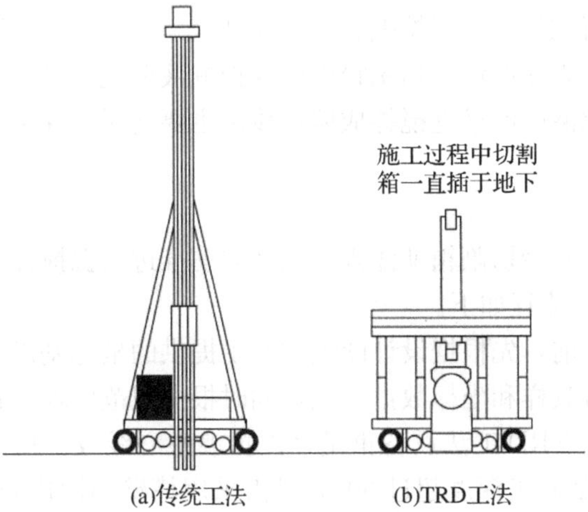

图 10-10 两种工法设备高度对比

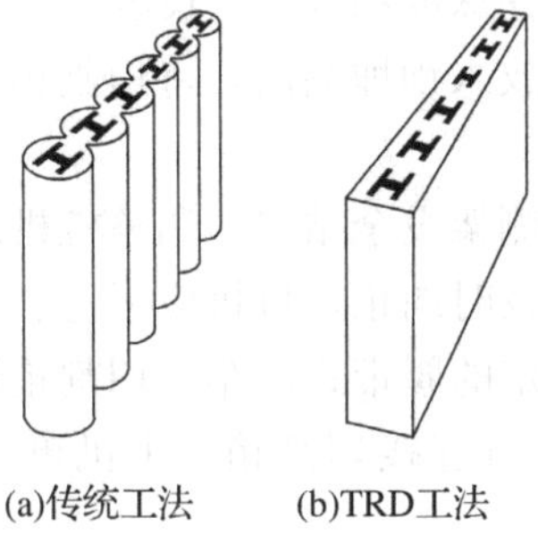

图 10-11 两种工法成墙效果对比

(4)施工精度高

TRD 工法通过施工管理系统实时监测切削箱体各深度 X、Y 方向的数据，实时操纵调节，确保成墙精度。因此，与传统工法相比，TRD 工法施工精度不受深度影响。

(5)性价比高

在造价指标上，TRD 工法较 CSM 工法、SMW 工法及旋喷工法均有一定的优势：在淤泥与淤泥质土、粉性土、素填土、黏性土和无流动地下水的饱和松散砂土软土地基以及深度为 30 m 以内地下基坑围护工程中，TRD 工法造价指标与 SMW 工法造价指标接近，但如遇上砂土或坚硬土层、地下障碍物以及 30 m 以上深度的地下基坑围护工程，则选用 TRD 工法的技术经济指标优于 SMW 工法。

10.4.3 施工工艺与技术要点

1)施工工序

TRD 工法包括切割箱自行打入挖掘工序、水泥土搅拌墙建造工序、切割箱拔除分解工序等。按照切割箱前行的速度是否达到一定值(1.7 m/h)，TRD 工法水泥土搅拌墙施工工序可分为三循环法和单循环法。

(1)三循环法(先行挖掘、回撤挖掘、成墙搅拌)

采用该工法时，首先在链锯式切割箱中注入挖掘液前先行挖掘一段距离，然后回撤挖掘至原处，再注入固化液向前推进搅拌成墙，该法主要适用于深墙、卵砾石层或有地下障碍物的工况。

(2)单循环法

采用该工法时，一开始切割箱就注入固化液向前推进挖掘搅拌成墙。

TRD 工法具体工艺流程如下。

①测量放样。施工前，先根据设计图纸和业主提供的坐标基准点，精确计算出围护墙中心线角点坐标，进行放样和坐标数据复核，同时根据规范要求，相关单位应进行复核。

②开挖沟槽。根据 TRD 工法设备重量，围护墙中心线放样后，对施工场地进行铺设钢板等加固处理措施(如施工深度超过 60 m 时需采用槽壁加固措施)，确保施工场地地基承载力满足机械设备要求，进而确保桩机的稳定性。用挖掘机沿围护墙中心线平行方向开挖工作沟槽，沟槽宽度约为 1 m，深度约为 1 m。

③吊放预埋箱。用挖掘机开挖深度约 3 m、长度约 2 m、宽度约 1 m 的预埋穴，下放预埋箱，然后，将切割箱逐段吊放入预埋箱内，待切割箱全部安装完成后，按规范要求回填预埋穴。

④桩机就位。在施工场地一侧架设全站仪，调整桩机的位置。发现有障碍物应及时清除，移动结束后检查定位情况并及时纠正，桩机应平稳、平整。

⑤切割箱与主机连接。用指定的履带式吊车将切割箱逐段吊放入预埋穴并利用支撑台固定。TRD 主机移动至预埋穴位置连接切割箱，主机再返回预定施工位置进行切割箱自行打入挖掘工序。

⑥安装测斜仪。切割箱自行打入设计深度后，安装测斜仪，确保 1/250 的精度。

⑦TRD 工法成墙。在测斜仪安装完毕，主机与切割箱连接试车合格后，按照设计要求，拌制水泥浆液，送浆至回旋刀链锯端头，在回旋刀链锯切割土体的同时将喷出的水泥浆液与土体搅拌混合，从而形成等厚水泥土地下连续墙。

⑧插入 H 型钢。H 型钢按照设计要求选择使用，为了便于重复使用与吊装，在距型钢顶端处中心开圆孔，孔径约为 8 cm，并在此处型钢两面加焊厚度≥12 mm 的加强板(400 mm×300 mm)，其中心的开孔应与型钢上的孔同轴线。若所需的 H 型钢长度不够，可进行对焊，但焊缝应与型钢截面一致，质量符合相关要求。一般在地下结构完成后，其支护结构中的 H 型钢一般应拔出回收，故在 H 型钢使用前必须涂刷减摩剂，以利拔出。

⑨置换土处理。将 TRD 工法施工过程中产生的废弃泥浆统一堆放，集中处理。

⑩拔出切割箱。在当前施工区段施工结束后，将切割箱拔出(选择远离架空线的位置进行)，再重新组装切割箱进行后续作业。

2)施工技术要点

①施工前实测场地标高，利用挖掘机进行场地整平，处理影响 TRD 工法成墙质量的不良地质和地下障碍物，同时对特殊位置需要调整工艺参数。

②局部土层松软、低洼的区域，必须及时回填并用挖机分层夯实，施工前根据 TRD 工法设备接地比压及施工深度结合地质情况，对施工场地进行铺设钢板等加固处理措施，确保施工场地满足机械设备地基承载力的要求，同时确保施工设备、切割箱的垂直度。

③TRD 施工一般采用三循环成墙的施工方法(即先行挖掘、回撤挖掘、成墙搅拌)，对地基土充分混合、搅拌松动后再进行固化成墙搅拌。

④施工时应保持 TRD 工法设备底盘的水平和导杆的垂直，施工前采用测量仪器进行轴线引测，使 TRD 工法设备正确就位，并校验设备立柱导向架垂直度偏差小于 1/250。

⑤根据设计墙深准备切割箱数量，并通过分段续接切割箱挖掘，切削至设计深度。

⑥切割箱自行打入时，在确保垂直精度的同时，将切削液的注入量控制到最小，使混合泥浆处于高浓度、高黏度状态，以便应对急剧的地层变化。

⑦施工过程中通过安装在切割箱体内部的测斜仪，可进行墙体的垂直精度管理，墙体的垂直度不大于 1/200。

⑧测斜仪安装完毕后，进行型钢水泥土墙体的施工，当天成型墙体应搭接已成型墙体约 30～50 cm，搭接区域应严格控制施工速度，使固化液与混合泥浆充分混合、搅拌，搭接施工中须放慢搅拌速度，确保搭接质量。

⑨型钢插入。成墙搅拌 3 h 内应插入型钢，利用经纬仪控制型钢的垂直度，型钢插入后利用水准仪控制型钢的标高，确保型钢的插入深度，型钢宜依靠自重和必要的辅助设备插入设计要求的深度，型钢的垂直度不大于 1/300。

a. 型钢选材与焊接。在型钢顶端双面焊接加强板，且在距型钢顶端 0.2 m 处开一个圆形孔，孔径约 10 cm，若所需型钢长度不够则进行拼焊。

b. 涂刷减摩剂。由于型钢在主体结构强度达到设计要求后必须全部拔出回收，因此，型钢在使用前必须在其表面均匀涂刷减摩剂以利拔出。

c. 清除型钢表面的污垢及铁锈。减摩剂必须用电热棒加热至完全融化，才能涂敷于型钢上，否则涂层不均匀，易剥落。一旦发现涂层开裂、剥落，必须将其铲除，重新涂刷。

⑩内插型钢施工要求。

a. 焊接型钢应按照《焊接 H 型钢》(YB/T 3301—2015)的有关要求焊接成型。

b. 型钢宜取整材，当需采用分段焊接时，应采用坡口焊接，焊缝质量等级不应低于二级。

c. 单根型钢中焊接接头不宜超过 2 个，焊接接头的位置应避免在型钢受力较大处(如支撑位置或基底开挖面上、下 5 m 范围)，相邻型钢的接头竖向位置宜相互错开，错开距离不宜小于 1 m。

⑪TRD 工法成墙搅拌结束后或因故停待，切割箱体应远离成墙区域不少于 5 m，并注入高浓度的切削液进行临时退避，防止切割箱被抱死。

⑫当一段工作面施工完成后，利用 TRD 主机依次拔出切割箱，该工序须控制在 3 h 内，同时在切割箱底部注入等体积的混合泥浆。

⑬拔出切割箱时，不应使孔内产生负压而造成周边地基沉降，同时应根据拔切割箱的速度调整注浆泵工作流量。

⑭应加强设备的维修保养，特别是在硬质地层作业时，刀具磨耗大，要准备各类备件，及时更换镶补，确保正常施工。同时必须配置备用发电机组，在市电供给不正常的情况下，一旦停电可及时恢复供浆、压气，正常施工作业，避免延误时间造成事故。

⑮应加强对 TRD 工法施工过程的监理及对成型墙体的质量检测工作，如发现质量问题应主动与业主及设计单位联系，以便及时采取补救措施，避免造成不必要的损失。

10.4.4 施工质量控制与检验

TRD 工法对于施工质量的要求具体如下。

①采用 P.O.42.5 普通硅酸盐水泥，水泥掺量≥18%，28 d 无侧限抗压强度要求≥1.2MPa。

②H 型钢若有接头，接头应位于开挖面以下，且相邻两根 H 型钢接头应错开 1 m 以上。

③桩底及桩顶标高允许偏差为+10 cm/根，−5 cm/根。

④桩位允许偏差为 5 cm/根。

⑤桩体垂直度≤1/200。

⑥型钢垂直度≤1/200。

⑦型钢长度允许偏差±1 cm/根。

⑧型钢底标高允许偏差−3 cm/根。

⑨型钢平面位置允许偏差：平行于基坑方向 3 cm/根，垂直于基坑方向 1 cm/根。

⑩形心转角允许偏差 3°/根。

⑪钢围檩、钢支撑内的 H 型钢应有可靠的连接，钢围檩与 TRD 工法桩之间缝隙用快硬细石混凝土填实，待达到强度后，才能施加支撑预应力。

根据有关规定每台班做一组 7.07 cm×7.07 cm×7.07 cm 3 个水泥土试块。试样来源于沟槽中置换出的水泥土浆液，按规定条件养护，到达龄期后送去实验室做抗压强度试验，试验报告及时提交监理工程师。

10.5 CSM 工法

10.5.1 CSM 工法概述

CSM 工法，又称双轮铣削深层搅拌技术，是近几年发展的一种土体加固新施工方法。

与传统的深搅设备不同，CSM 工法搅拌头由马达驱动两铣轮以水平轴向旋转铣削搅拌土层，注入水泥浆搅拌混合后形成矩形水泥土防渗墙，墙体插入型钢后，形成挡土和止水作用的连续墙。CSM 成槽机(图 10-12)的施工工序主要包括加水-气向下铣削成槽和喷浆向上铣削成墙两部分。其中在向下铣削成槽的过程中，两组铣轮正转铣削地层，通过导杆施加向下的推进力，向下铣削搅拌同时注入水泥浆和压缩空气，可提高水-土搅拌混合的效果。向下铣削到设计深度后，上提时两组铣轮反转，通过底部注浆孔向槽内注入水泥浆液并与成槽内的拌和土体均匀混合，进而形成水泥土搅拌墙。

图 10-12　CSM 成槽机

目前在德国、荷兰、比利时、意大利、美国、日本等国，CSM 工法已有大量成功应用案例。2011 年，中国从德国首次引进了 CSM 工法施工工艺和全套工法设备。目前，该工法已经在沿海软土区域得到一定范围的应用，取得了良好的技术经济效果。与传统的止水支护和截水方式相比，CSM 工法具有地层适应性强、施工精度高、可控性好、成墙质量高、成墙深度大、适应性强、施工功效高等优点。

10.5.2　结构原理及性能特点

1)结构原理

CSM 工法施工原理是利用铣轮(图 10-13)进行土体切削，同时注入固化剂(如水泥浆液等)，并通过铣轮绕水平轴旋转使固化剂与土体充分搅拌混合，形成具有一定强度且防渗的水泥土墙体，必要时在防渗的水泥土墙体中插入型钢，既可作为护坡桩起到支护作用又达到了基坑止水的效果，具有止水与支护双重功效。

如图 10-13 所示，CSM 工法通过两组铣轮绕水平轴方向旋转搅拌形成矩形加固墙体，而非传统深层搅拌法以单轴或多轴搅拌头绕竖直轴旋转，形成圆柱形的咬合加固墙体。

图 10-13　双轮铣削搅拌机及铣头示意图

2)性能特点

与深层搅拌技术相比，CSM 工法有以下优点。

①施工效率高。双轮铣拥有两个大扭矩齿轮箱，铣轮上切割齿布局设计合理、切削能力强、施工效率高。

②地层适应范围更广。CSM 工法能够在坚硬的地层进行深层搅拌施工，克服了传统的多轴搅拌系统不能在坚硬地层施工的缺点；源于双轮铣技术，该工法具有一定的入岩能力，能够截断地下水渗透墙底风化岩的途径。

③墙体垂直度更好。双轮铣设备中具有高精度垂直度传感器，施工中可通过电脑动态监测成槽的垂直度，利用双轮铣设备所配置的纠偏系统及时做出调整，确保墙体精度。

④墙体质量更好。通过计算机精确控制水泥浆液注入量，确保水泥浆和土体混合均匀，从而使得墙体均匀性强、质量好，材料利用率高，并且较其他搅拌工艺节约材料。

⑤施工过程更加环保。CSM 工法直接将原状地层作为建筑材料，弃土和弃浆总量小，节能环保，符合基础施工技术发展的趋势。

⑥施工阶段扰动小。采用 CSM 工法施工时几乎没有震动，对周边建筑物基础扰动小，可邻近建筑物施工。

⑦墙体的深度更大。导杆式双轮铣深搅设备的施工深度可达 53 m，悬吊式双轮铣深搅设备，施工深度可达 80 m。

10.5.3　施工工艺与技术要点

CSM 工法具体工艺流程如下。

1)施工前的监理准备工作

①施工前，应充分调查并掌握工程的性质与用途、规模、设计要求、地质条件等，同时应结合调查得到的施工条件、地质概况及周围环境等因素编制施工组织设计。

②整平、清除双轮铣深层搅拌水泥土墙区域表层和地下障碍物。

③应预先组装并调试双轮铣搅拌施工机械、水泥浆制作和供浆系统，确保运转正常后方可进行双轮铣深层搅拌水泥土墙施工。

④根据双轮铣深层搅拌水泥土地下连续墙的轴线开挖导向沟槽，沟槽宽度比墙宽大 40～60 mm，深度 1.2 m 左右。沟槽两边均应整平，并在沟槽外侧设置控制线(必要时设置定位型钢)进行定位。

⑤正式施工前，应进行试成墙进而确定不同地质条件下适宜的成墙工艺，确保工程质量。尤其对于地质条件复杂或重要的工程，可通过试成墙确定实际成墙步骤、水泥浆液的水灰比、注浆泵的工作流量、铣轮的提升速度等参数。

2)开沟挖槽、设置定位型钢

沿 CSM 墙体预先开挖沟槽，深度宜为 0.8～1.5 m，主机一侧的钢板宽度不宜小于 6 m，厚度不宜小于 20 mm。施工前应按照平面布置图进行测量放样并复核验收，并根据确定的施工顺序，安排主机、配套机具、自动拌浆系统等的放置位置。

3)测量放样

施工前，先根据业主提供的坐标基准点，按设计图纸计算出防渗墙轴线各角点坐标，利用测量仪器进行精确放样和复核，每隔 50 m 设置 1 个高程控制桩并做好标志。

4)CSM 工法机组装就位

由当班班长统一指挥桩机就位，工法机应平稳、平正，并用经纬仪或线锤进行观测以确保钻机的垂直度；水泥土搅拌墙定位偏差应小于 50 mm，成墙后水平偏移不得超过 20 mm，深度不得小于设计墙深且不得大于墙深 100 mm，墙身垂直度偏差不得超过 1/400。

5)膨润土浆液制备、水泥浆液及浆液注入

膨润土浆液需充分拌制，时间宜为 5～10 min；水泥浆配制好后，停滞时间不得超过 2 h。注浆时通过 2 台注浆泵的 2 条管路同 Y 型接头从 H 口混合注入。注浆压力宜不大于 2 MPa，注浆流量按 145～290 L/(min·台)控制。

6)铣轮下沉

铣轮就位后往下钻切铣削搅拌原位土体至设计深度；一般下沉速度为 0.3～0.5 m/min，不宜大于 0.8 m/min。下沉过程通过空压机送气，气压 0.5～0.7 MPa。

当土层坚硬难以钻进或砂层过厚时，可在下钻搅拌过程中添加灌注膨润土浆液，提钻搅拌过程中再灌注水泥浆液或水泥浆-膨润土混合浆液；在铣削入岩区段时，按钻机自身的钻进速度下钻，供浆流量可相应减少。

铣削搅拌过程中应采用自动供浆系统，一般情况下下钻铣削搅拌过程灌注稀浆，按较大的水灰比(≥1.3)配制浆液，原则上根据土层差异及下钻或上提的不同速度调整供浆流量，保证总的供浆量和供浆均匀性。

7)铣轮提升

铣轮提升过程中，提搅速度宜为 0.5～1.5 m/min，灌注浓浆，按较小的水灰比(≤1.3)配制浆液，铣削提升搅拌与灌注水泥浆液同步进行，形成二搅二喷，最后搅拌成水泥土墙。

8)检测

施工结束后，进行钻孔取芯，对双轮铣搅拌水泥土墙进行检测，并确保水泥土墙芯样完整，取芯率≥96%。

10.5.4 施工质量控制与检验

CSM 成槽机都配备了先进的 LCD 监视器，实时显示施工过程中的多项技术参数(垂直度、注浆量、当前成墙深度、铣轮的转数、铣削钻速等)。尤其是可实时显示成槽过程中的垂直度(包括前后和左右的偏差)，能够有效地保障施工质量；也可实时显示向上铣削成墙过程中注入水泥浆液的总量和泵量，可控制成墙过程中注浆的质量。同时，在采用 CSM 工法施工过程应注意以下几点。

1)做好向下铣削垂直度的控制

双轮铣头定位于墙体中心线划好的槽段上，利用激光经纬仪进行墙中心线的监控，偏差控制在±5 cm 以内；成槽过程中通过监视器实时显示偏斜量即垂直度(包括前后和左右的偏差)，通过调整铣头的姿态，墙体垂直度可控制在 3‰以内。

2)水泥浆掺入量和水灰比的控制

水泥土搅拌墙的强度随水泥掺入量的增加而提高，设计的水泥掺入量一般为12%～20%。采取两次注浆，即向下铣削和向上铣削时都注水泥浆，水泥掺入量要符合设计值。如果向上铣削一次完成注浆施工时(即一次注浆)，水泥掺入量不应小于设计值。

水灰比的大小会直接影响水泥土搅拌墙成墙的强度，水灰比一般应控制在1～1.5。施工现场质检员应定时测量水泥浆的密度，以监控现场水泥浆的水灰比是否符合要求(水灰比为1、1.2、1.5时，密度分别为1.50 kg/L、1.435 kg/L、1.364 kg/L)。采取一次注浆施工时，应严格控制水灰比不小于设计值，确保搅拌墙成墙的强度。

3)向下铣削成槽和向上铣削喷浆搅拌成墙的施工质量控制

采取单次注浆施工时，双轮铣头对准槽段位置并下放到墙顶的标高后，开动主机双轮铣头正转向下铣削，同时注入水泥浆(或水)和气体。要控制好注泥浆(或水)量，避免过大，影响向上铣削注水泥浆搅拌后成墙的强度。向下铣削全程供气不得间断，且气体压力宜控制在0.3～0.6 MPa。向下铣削时铣轮的转数宜为20～27 r/min(软地层转数可取大值，硬地层取小值)。向下铣削钻速控制在0.5～1 m/min，向下铣削达到设计深度后，对墙底标高以上2～3 m范围，重复向上铣削和向下铣削1～2次。搅拌均匀后，反转双轮向上铣削进行喷浆施工，铣轮转数宜控制在27 r/min，钻速控制在1～1.5 m/min。在墙底和淤泥层位置控制向上铣削喷浆速度，钻速宜控制在1 m/min左右。

4)注浆的流量和总量的控制

根据钻速与铣削量情况，注浆的流量在80～320 L/min内调整。注浆压力一般控制在2～3 MPa。采取二次注浆施工时，向下铣削注水泥浆占总量的70%～80%，向上铣削占总量的20%～30%，且需控制好向下铣削和向上铣削注浆的比例和注浆总量。向上铣削一次完成注水泥浆施工时，需确保注水泥浆均匀，并控制好注水泥浆的总量不少于理论总量。

另外，还须按下述标准严格控制浆液存放的有效时间和温度。

①当气温在10 ℃以下时，>5 h。

②当气温在10 ℃以上时，>3 h。

③浆液温度应控制在5～40 ℃。

当水泥浆存放时间超过以上规定的有效时间或发生离析时，须均作废浆处理。

5)搭接长度的控制

双轮铣头沿墙体中心线平行移动到新的槽段定位后，要控制好搭接长度，顺铣槽段间的搭接长度≥200 mm。跳铣时，与相邻两侧槽段的搭接长度都应≥200 mm。若搭接长度太小，则会影响搅拌墙的止水效果，因此，基坑存在多处拐角要与已施工完成的搅拌墙搭接时，转角位置的搅拌墙可采取“T”字搭接的施工方法，搭接的长度应适当加长，以保证止水效果。

6)插入搅拌墙内的型钢的质量控制

为确保型钢插入搅拌墙内垂直且居中，在平行沟槽方向放置型钢定位架，引水准点定位型钢来控制型钢顶部标高。定位架应按相关尺寸位置来进行放置并固定，不得在型钢插入搅拌墙时出现偏移。插入型钢施工应在成墙后4 h内完成，否则型钢插入困难，影响成墙质量。

成墙质量验收时，应检查搅拌桩墙体的强度、搭接状况以及型钢的位置偏差等，水泥土搅拌桩的桩身强度宜采用浆液试块强度试验确定，也可采用钻取桩芯强度试验确定。基坑开挖期间应检查开挖面墙体的质量、腰梁和型钢的密贴状况以及渗漏水情况等。

10.6 MJS工法

10.6.1 MJS工法概述

MJS工法，又称全方位高压喷射工法。在传统高压喷射注浆工法的基础上，采用了钻杆内部增设中央排泥孔及钻头部位集成的地内压力监测(图10-14)，在施工过程中，通过测压传感器，可控制吸浆孔的开启大小，调节泥浆排出量达到控制土体内压力的目的。MJS工法可减小对环境的影响，避免出现挤土效应，从而显著减少了地基加固施工中出现的地表变形、建筑物开裂、构筑物位移等不良现象。因此，该工法在成桩直径、成桩深度以及环境友好性方面都有较大优势。

MJS工法拥有对周边地基的扰动可控制在毫米级的特性，从而成功解决了施工区域狭小、跨越较大障碍及保护已有建(构)筑物等难题，应用前景广泛。

图10-14 MJS工法设备

10.6.2 结构原理及工法特点

1)结构原理

MJS工法施工通过改良的多孔管，利用超高压泵及空气压缩机，从喷头中喷射超高压浆液及压缩空气，喷嘴边喷射、钻杆边旋转向上提升，最后在土中形成一根圆柱状固结体。在喷射浆液的同时，利用特有的排泥装置，通过倒吸水和倒吸气在排泥管内形成负压从而将地下泥浆主动吸出，使地下压力得到释放，显著减小了对周边环境的影响，也使深层桩径尺寸得以保证。同时，通过特有的传感器，更有效地了解和控制地下压力，进一步保证施工的可控性。

利用“气举”原理，MJS工法在多孔管内部喷射倒吸水，使泥浆闸门口内外部形成压力差，闸门口外的泥浆在压力的作用下被强制吸入，并在倒吸水的作用下通过多孔管中部的排泥管向上排出，如图10-15所示。MJS钻杆内部通常配置吸空气适配器，适配器能够产生强大动力，帮助泥浆顺利排出，避免发生泥浆堵塞现象。

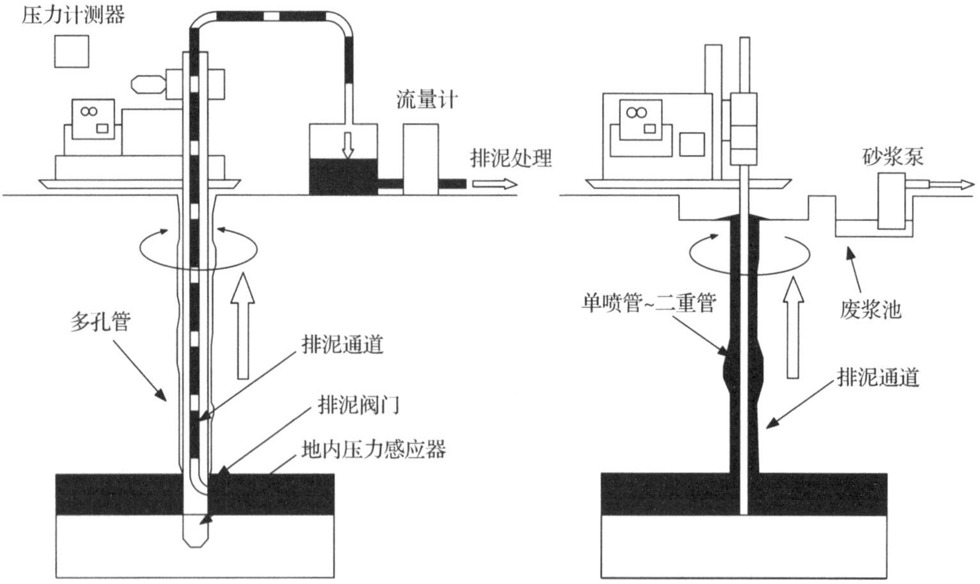

图 10-15　MJS 工法工艺原理图

2)工法特点

MJS 工法是一种能进行 360°全方位喷射加固，能主动控制地内压力及环境影响的先进工法，其主要特点如下。

(1)独特的多孔管技术

与传统的高压旋喷单喷管法、二重管法以及三重管法技术不同，MJS 工法采用独特的多孔管技术。多孔管钻杆内部各有 11 个管道，除了浆管、气管和高压水管外，多孔管集成了排泥管、数据连通管、液压油路管以及预留管等(图 10-16)。

图 10-16　MJS 多孔管

(2)可进行全方位施工(垂直、水平、倾斜)

MJS 工法通过调整主机设备可进行垂直、水平以及倾斜施工(图 10-17)。

(a) 重直施工

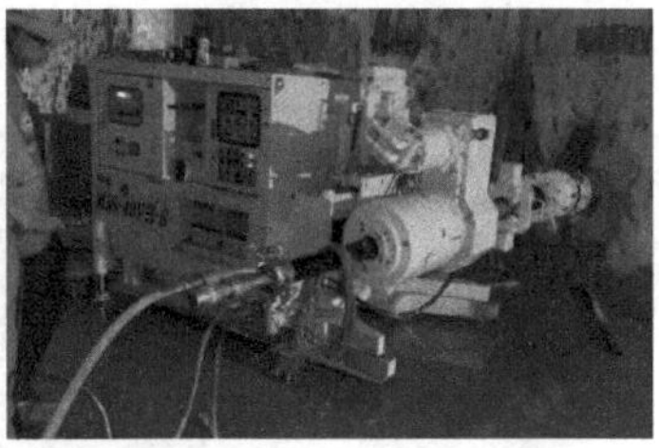

(b) 水平施工

(c) 倾斜施工

图 10-17　MJS 施工图

(3)可进行超大直径旋喷施工

MJS 工法浆气同轴的超高压喷射流特性，在同轴环状高压空气的保护以及可控的地内压力调整下，显著减少了高压喷射流的能量衰减。此外高达 40 MPa 的喷射流初始速度，以及稳定的 90～130 L/min 喷射流量使得 MJS 工法成桩直径明显增加。在日本 MJS 工法试验直径达到 2.4 m，而在上海地区 MJS 垂直施工试验直径最大达到了 3.5 m。

(4)可提高有效加固深度

常规高压旋喷工艺加固深度浅，通常≤40 m，深部土体加固效果和可靠性均不理想。这是因为常规旋喷桩工艺在超深地基加固存在以下两个缺陷。

①深部排泥困难。随施工深度加大，气升效果减弱。

② 喷射效率下降。无法消除超深处排泥困难、地内压力增大(气闭效应)造成的影响，导致喷射效率下降。

MJS 工法通过特有的排泥及喷射技术，最大有效加固深度最高可达 100 m。上海施工案例表明，采用配套外套管技术有效加固深度可达 62 m。由于直接采用水泥浆液进行稳定喷射，且水泥掺量≥40%，因此其桩身质量较好，强度指标大于 1.5 MPa。

(5)可防止因地基改良施工污染周边环境

如图 10-18 所示，常规高压旋喷桩施工时废弃泥浆会沿钻杆周边间隙经地面自然排出，从而污染施工现场地面。此外，该法也无法控制高压注浆喷射过程中聚集的地内压力，从而使得在巨大地内压力的推动下水泥浆容易沿着地层或结构的薄弱环节，(如地墙接缝、降水井内壁等)向四周扩散，易影响周边大范围内地下水文环境。

MJS 工法采用独特的多孔管从地下主动吸取泥浆，通过专用排泥管将废弃泥浆输送至地面排泥箱或泥浆池内，有利于对泥浆进行集中处置，避免污染周边环境，另外，由于排泥管的强制排泥，避免了水泥浆进入土壤、水体或地下管道，从而降低了地基加固施工对周边环境的影响。

图 10-18　高压旋喷桩施工示意图

(6)可防止因地基改良施工对周边地表及建筑物产生影响

传统的高压旋喷工艺施工因挤土效应易造成施工周边地面隆起和建筑物变形，主要原因如下。

①地基内部泥水压力偏高，导致地面隆起和毗邻地下结构物的侧向变形。

②由于地内压力偏高，排泥管堵塞或者钻孔周边孔隙被封闭导致地内压力无法释放。

MJS工法中，通过设计出一种位于高压喷射口端部的排泥吸嘴及传感器实时测量地内压力，并根据监测情况来调整排浆阀门开口大小(由导水喷嘴喷出高压水，形成排泥管真空，主动吸出地内泥浆)，从而有效地控制地内压力，可防止因地基改良对施工周边建筑物产生的影响。

(7)土体改良自动化程度高

与传统高压旋喷施工不同，MJS工法转速、提升速度及喷射角度等关系到质量的关键参数均被提前设置，施工过程中根据设置情况进行自动化喷射，并实时记录施工数据，尽可能地减少了人为因素造成的质量问题。

10.6.3　施工工艺

1)引孔

为了保证工期，需预先成孔。MJS工艺配备了导向切削钻头进行预钻孔施工，钻孔直径200～300 mm。预钻孔施工过程中随时监测钻孔垂直度及地层稳定情况，并及时纠偏。成孔后及时检测垂直度。预钻孔成孔过程中应采用优质泥浆护壁，泥浆黏度≥20 s，比重宜为1.2～1.25。成孔中心与桩位中心误差须小于100 mm，深度大于设计深度1 m以上且垂直度误差小于1/150。

2)施工步骤

①检查高压泵管、MJS主机、地内压力监测显示器、多孔管钻头、空气压缩机等设备

连接是否正常，管道连接是否密封等，确认正常后在钻头无负荷的情况下对设备参数进行清零。

②主机就位，机架放置平稳后，接通电源线路，检查 MJS 主机、高压注浆泵、空气压缩机等，确保设备正常后进行校零。

③引孔机引孔完毕后，在孔内下放 MJS 钻杆至设计深度，钻杆下放过程中若遇到困难，则打开削孔水喷嘴，利用钻杆自带的筒式钻头再次进行引孔钻进。

④对接 MJS 钻杆或钻头，对接前认真检查钻杆密封圈工作情况，密封圈损坏及时更换，密封圈夹泥及时冲洗，对接过程中关注地内压力监测显示器是否显示正常。若 MJS 加固深度大于 5 m，钻头与钻杆之间需要加接倒吸空气适配器。

⑤重复步骤③及步骤④直至钻杆下至设计深度。

⑥钻杆到达设计深度后，开始进行校零，使动力头上的零刻度、喷嘴、钻杆上标定的白线等处于同一条直线，校零完成后，设定 MJS 工艺参数，主要包括摇摆角度、提升速度、回转数等，MJS 参数设定完成之后，开始进行 MJS 加固。

⑦MJS 施工时，先开启倒吸水和倒吸气泵，确认排泥管是否工作正常。开启高压水泥泵，开始用 10 MPa 左右的高压水切割土体，钻杆提升 50 cm，同时打开排泥闸门确认排泥是否正常。

⑧排泥正常后将高压水切换成高压浆，钻杆重新下放到设计深度后，开始向上喷射改良。高压水切换成高压水泥浆时，注浆压力会自动上升，当压力有突变时，可调节注浆压力。高压浆逐步增压至设定注浆压力，确认地内压力正常后，钻杆开始向上提升。

⑨当钻杆向上提升 1.5 m(一节钻杆)后，对提升完成的一节钻杆进行拆卸，拆卸前先将水泥浆切换成水，当水流至喷嘴位置时，关闭水泥浆泵、喷射主空气、倒吸空气等。钻杆拆卸完成后，将钻杆放至指定位置并进行冲洗及保养。

⑩钻杆拆卸过程中，检查钻杆密封圈及数据连通管数据线情况，如有损坏应及时更换。MJS 施工过程中应密切监测地内压力情况，当压力数值出现异常时，应及时调整排浆闸门大小，控制地内压力至安全范围以内。

⑪重复以上各步骤直至施工结束。施工完成后，对 MJS 设备进行及时冲洗和保养。

10.6.4 施工质量控制与检验

1)引孔施工控制

①引孔应采用黏度 20～25 Pa·s 和比重 1.2～1.25 性能较好的泥浆。

②监控泥浆箱内泥浆液面高度，泥浆不足应及时补充。

③仔细校核引孔机平面，确保引孔垂直度，成孔完成后及时进行垂直度检测。

④MJS 工法桩引孔施工要求引孔孔径为 200 mm，采用套管法施工引孔直径不小于 300 mm，引孔深度应大于设计桩深 1 m。

2)水泥浆液质量控制

(1)水灰比及泥浆比重

MJS 工法水灰比为 1，泥浆比重为 1.5，每拌合一桶浆使用前至少测试一次，合格后方可使用。

(2)造浆工艺

造浆时将水泥放入浆桶中与水混合并进行充分搅拌，浆液使用前需进行二次过滤，确保浆液的纯度及均匀性，为防止浆液沉淀，外置的储浆桶需采用低速搅拌机搅拌。

(3)造浆时间

浆液搅拌时间应不低于 15 min，但也不能搅拌过久。当气温超过 10 ℃时，搅拌时间最长不宜超过 3 h；气温低于 10 ℃时，搅拌时间最长不宜超过 5 h。对于超出存放时间的浆液应进行报废处理。

3)MJS 工法成桩过程控制

(1)桩体搭接质量

MJS 工法在拆卸钻杆时，需要停止喷浆工作，钻杆拆卸完成后，为了确保桩体质量，重新进行喷浆时需要对新老接头进行处理，通常对交界面进行搭接喷射，喷射长度不应小于 20 cm。当遇突发的断电、断水、断浆或者断气及设备故障情况，使喷浆间隔时间超过 3 h 时，搭接长度应不低于 50 cm，以防止出现断桩现象。

(2)操作人员的配合

主机、后台及高压泵操作人员应密切配合，使用对讲机作为联络信号，各操作岗位由专人负责操作、监控各工序参数，做到浆、气、水同步，前后协同配合，保持浆液的连续性。高压泵操作人员随时关注高压泵压力和异常情况，主机操作人员密切关注地内压力和排浆情况，一旦发生异常，立即相互协调通知，采取有效措施合理解决。

4)MJS 工法成桩过程检查

MJS 工法在施工过程中，采用如表 10-1 所示的质量控制表进行检查。

表 10-1　MJS 质量控制表

项目		管理标准	检查方法	频度
桩	桩位	±100 mm 以内	卷尺	每根
	角度误差	1/150	气泡	
	桩长	设计桩长±500 mm	钻杆数量，尺寸确认	
水泥浆	喷射压力	40 MPa	压力计	时常
	喷射量	90 L/m	流量计	
	比重	1.5±0.02	比重计	每班 1 次
主空气	压力	0.8～1 MPa	压力计	时常
	风量	1～2 m^3/min	风量计	
钻杆	回转数	3～4 r/min	秒表角度计	时常
	提拔速度	40 min/m		
	摇动角度	±180°		

（续表）

项目		管理标准	检查方法	频度
倒吸水	喷射压力	0～20 MPa	压力计	时常
	喷射流量	0～60 L/min	流量计	
	地内压力	设定值(上限、下限)	压力计	
	排泥	排泥状况	目视	

10.7 微生物固化法

10.7.1 微生物固化法概述

微生物固化法，又称微生物诱导碳酸钙(MICP)技术，是一种普遍发生的矿化反应，主要通过微生物自身的代谢作用和呼吸作用，在特定的物理和化学条件下，诱导碳酸钙生成的过程。常见的矿化过程有多种，如尿素水解过程、反硝化过程、硫酸盐还原过程等。由于脲酶促进尿素水解的 MICP 技术作用原理简单，产物对人体无害且耗能低，反应好控制，且短期内就能生成大量的碳酸钙晶体，因此被广泛研究与运用。

目前，MICP 技术常使用的细菌是巴氏芽孢杆菌，利用巴氏芽孢杆菌在新陈代谢过程中产生的脲酶催化尿素分解，产生氨气和二氧化碳，氨气遇水产生铵根离子，部分二氧化碳溶于水产生碳酸氢根离子，铵根离子使得溶液 pH 升高，加速碳酸氢根离子与钙离子结合生成碳酸钙晶体。MICP 作用产生的碳酸钙晶体有别于普通化学反应生成的碳酸钙沉淀，其生成速度快、产量可控，可填充在土体内部颗粒间，提升土体的物理、力学性质，因此，MICP 技术被广泛运用于地基加固、重金属土壤修复、污染水处理材料修复等多个领域。常见的微生物加固方法有浸泡法、滴灌法等，为防止先期生成的碳酸钙堵塞土体中的通道，加固时将液体分为菌液和培养液，通过调节培养液和菌液的浓度，控制碳酸钙的生成速率，从而影响最终加固效果。

10.7.2 微生物固化原理

目前，常用的微生物加固地基的措施有尿素水解、反硝化、硫酸盐还原和铁盐还原。其中，在标准条件下，尿素水解反应体系的自由能最低，且相对于其他的水解反应，尿素的水解反应机制简单，反应过程易于控制，且能够在短时间内产生大量的碳酸根离子，因此，尿素参与的水解过程成为目前 MICP 试验中最常用的加固方法。微生物加固的过程主要包括：

①碱性环境的形成。

②过饱和碳酸钙溶液的形成。

③方解石胶体的形成。

④微生物结合周围的钙离子形成碳酸钙晶体。

⑤涵盖矿物的成岩作用和结晶作用。

⑥胶结和集合作用下使沉积物生成岩石。

1)尿素水解的 MICP 技术

基于尿素水解的 MICP 技术利用产脲酶细菌在新陈代谢等生理活动中产生大量的高活性脲酶，以尿素为能源，将尿素水解生成 NH_3 和 CO_2，NH_3 水解为 NH_4^+，CO_2 水解为 HCO_3^-，在 NH_4^+ 营造的碱性环境下，HCO_3^- 和 Ca^{2+} 结合生成 $CaCO_3$，当 $CaCO_3$ 沉积到一定的程度后，与土颗粒相结合形成一个整体，进而改变土体的物理性质和化学性质，最终实现土体固化的目的。颗粒表面处的微生物诱导碳酸钙沉积过程示意图如图 10-19 所示，反应方程式为

$$\begin{gathered} CO(NH_2)_2 + H_2O \rightarrow 2NH_3 + CO_2 \\ NH_3 + H_2O \rightarrow NH_4^+ + OH^- \\ Ca^{2+} + HCO_3^- + OH^- \rightarrow CaCO_3 \end{gathered} \tag{10-11}$$

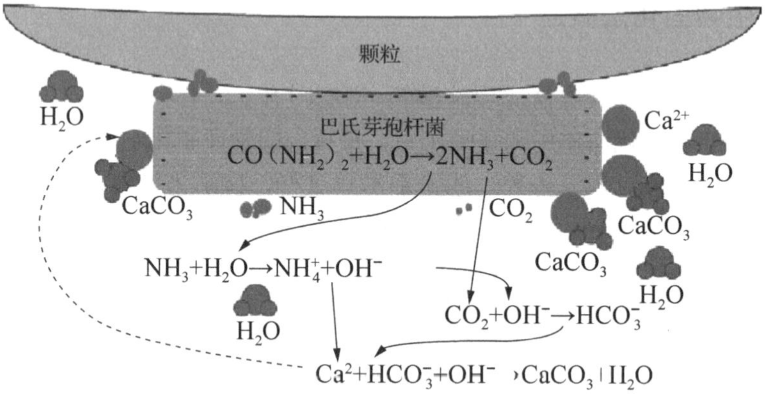

图 10-19 颗粒表面处的微生物诱导碳酸钙沉积过程示意图

巴氏芽孢杆菌在此反应过程中起到两个核心作用：一是为水解尿素提供脲酶，二是为碳酸钙晶体沉积提供成核点。如图 10-20 所示，生成的碳酸钙晶体在土体中起到如下作用：首先，碳酸钙晶体会填充土颗粒之间的缝隙，增加土体的密实程度以及土颗粒之间的摩擦；其次，碳酸钙晶体会在土颗粒之间起到胶结作用，相当于一种黏结剂将微小土粒黏结在一起，形成密实块状体，增加土颗粒间的黏聚力，从而提高土体的抗剪强度。

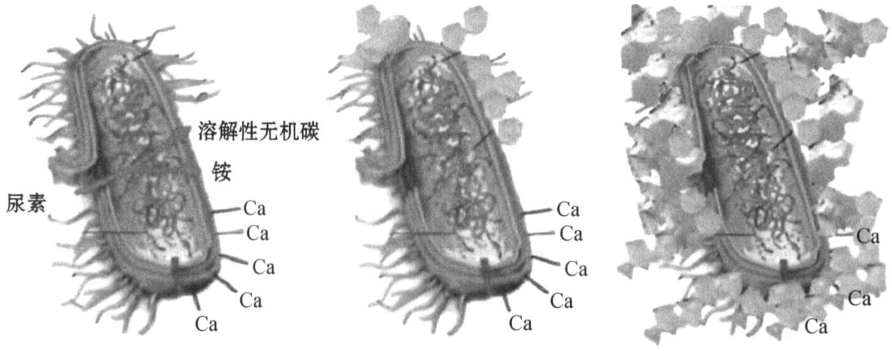

图 10-20 微生物诱导碳酸钙胶结原理示意图

2)反硝化类细菌

通过反硝化细菌将亚硝酸盐或者硝酸盐还原，排出氮气，消耗氢离子，增大周围环境的pH，放出 CO_2，CO_2 与 H_2O 结合生成 HCO_3^-，HCO_3^- 与 Ca^{2+} 结合生成 $CaCO_3$ 沉淀。常见的反硝化类细菌有反硝化卡斯特兰尼氏菌(Castellaniella denitrificans)和脱氮假单胞菌(psedomonas denitificans)等。由于反硝化类细菌参与的微生物矿化反应与污水处理中运用硝酸盐脱氮反应的机理相近，故在原位地基灌浆过程中使用反硝化细菌进行注浆，能够同时实现治理污水和地基加固。反硝化菌诱导碳酸盐(碳酸钙)结晶的反应方程式为

$$\begin{gathered}5CH_3COO^- + 8NO_3^- + 13H^+ \rightarrow 10CO_2 + 4N_2 + 14H_2O \\ CO_2 + H_2O \rightleftharpoons HCO_3^- + H^+ \\ Ca^{2+} + HCO_3^- + OH^- \rightarrow CaCO_3 + H_2O\end{gathered} \tag{10-12}$$

3)硫酸盐还原菌

硫酸盐还原过程是利用硫酸盐还原菌(sulphate reducing bacteria，简称SRB)将硫酸根离子在有足够有机质的缺氧条件下还原为 HS^-，并伴随 HCO_3^- 的形成。HCO_3^- 与 Ca^{2+} 结合生成 $CaCO_3$。即便对于代谢不活跃的硫酸盐还原菌，也能通过多相成核点诱导碳酸盐沉淀。硫酸盐还原菌在白云石的沉淀中也起到了先导作用，生成的硫化物沉淀可胶结土颗粒，提高土壤抗剪强度。常见的硫酸还原菌为嗜热脱硫菌(desulfovibrio desulfuricans)和普通脱硫弧菌(desulfovibrio vulgaris)等。硫酸盐还原菌除了可通过形成不溶硫化物胶结土颗粒，从而达到提高土壤强度的效果，还可用于石质结构表面的清理，并能取得不错的效果。硫酸盐还原菌反应过程的主要化学方程式为

$$\begin{gathered}2CH_2O + SO_4^{2-} + OH^- \rightarrow HS^- + 2HCO_3^- + H_2O \\ Ca^{2+} + HCO_3^- + OH^- \rightarrow CaCO_3 + H_2O\end{gathered} \tag{10-13}$$

4)铁盐还原菌

铁盐还原菌微生物加固利用一种微生物还原三价铁，使三价铁还原为 Fe^{2+}，Fe^{2+} 和溶液中的阴离子结合形成氢氧化物或者碳酸盐，达到胶结的效果。常见的铁盐还原细菌为腐败希瓦菌(Shewanella putrefaciens)、嗜麦芽窄食单胞菌(stenotrophomonas maltophilia)和反硝化短枝单胞菌(Brachymonas denitrificans)。铁盐还原菌不仅可处理砂土，提高其强度，降低土的渗透性，提高其抗液化的能力，还可去除被污水污染土层中的磷酸盐。铁白云石的形成主要就是铁还原菌还原铁的反应过程，以氢氧化铁为例，其化学反应方程式为

$$\begin{gathered}CH_2O + 4Fe(OH)_3 \rightarrow HCO_3^- + 4Fe^{2+} + 7OH^- + 3H_2O \\ Ca^{2+} + HCO_3^- + OH^- \rightarrow CaCO_3 + H_2O\end{gathered} \tag{10-14}$$

10.7.3 微生物固化方法

为保证MICP能够顺利反应，砂土处理中需要提供最基本的微生物菌液、尿素和钙源。一般把尿素和钙源的混合物称为矿化液(CS溶液)。同时为让微生物在土体内部水解尿素，常用的处理方法有注浆法、浸泡法、喷涂法和预搅拌法。

浸泡与喷涂都是利用土体的渗透性对砂土进行处理的，前者将试样完全浸泡在菌液和

CS 溶液中让液体自然渗透，后者将反应液喷洒在砂土表面，借助重力作用渗流到土体孔隙中。喷涂法不需要大型机械，仅依靠液体自然流动便可实现。但是，由于在渗流中菌液和矿化液会持续反应，细菌不断被碳酸钙包裹而难以通过砂土孔隙，最终只有少量的试剂抵达深层土体，而且喷涂法的处理范围也会受到土体自身渗透性的限制，所以此法仅适用于非饱和砂土的表面处理。

砂颗粒对细菌的过滤作用会导致微生物胶结效果沿水流路径线性降低，这也是普通注浆法、浸泡法和喷涂法难以实现均匀胶结的原因。为了克服细菌非均匀分布的这个缺点，有学者采用预先将细菌悬浮液（或脲酶溶液）与砂土混合搅拌的方法来提高均匀性。

目前，注浆法是 MICP 中最常用的处理方式，处理过程中可有效控制注浆速率、注浆压力，而且可同时处理土体内部的水平面和垂直面。根据注浆的操作顺序不同可分为“一相注”和“两相注”。“一相注”是预先把菌液和 CS 溶液混合后注射到试样内部。这种方式在注浆初期会产生微生物絮凝和快速生成的碳酸钙沉淀，从而造成注浆口的严重堵塞。“两相注”是将菌液和胶结液分阶段先后注入土体内部，即先注射微生物菌液，再注入 CS 溶液。这种方式虽然避免了注浆口的堵塞，但是 CS 溶液在注浆过程中对先期注入的菌液的推动作用会使得微生物在试样内分布不均匀，从而导致矿化结果的不均匀。针对这个问题，可在注入第二相 CS 溶液前先注入固定液，利用固定液将细菌固定于砂颗粒表面，从而使得均匀性得到有效提高。然而，固定液的加入使得施工工艺更加复杂。因此可降低微生物菌液与 CS 混合液的初始 pH，减缓碳酸钙的沉积，同时抑制微生物的絮凝，从而得到在一定时间内稳定存在的微生物菌液和 CS 溶液的混合溶液。在稳定期内进行一相注浆避免了注浆口堵塞。注浆结束后，溶液 pH 随着脲酶水解反应的进行逐渐上升，微生物活性升高，碳酸钙也随之大量生成。同时，后续研究表明此工艺的应用大幅度降低了氨气的释放，而且生成的试块强度分布均匀。

10.7.4 影响碳酸钙沉淀因素

1）温度

通常，温度升高可使化学反应加速进行，对细菌的催化反应也不例外。温度很低时，细菌的催化反应速率很低，当温度升高时，细菌的催化速率会相应升高，但当温度超过细菌的最适存活温度，细菌的催化效应反而会降低，生成物的产量随之减少。因此，不同温度作用下微生物诱导碳酸钙沉淀胶结不同，对土体的加固效果不同。

不同温度作用下，细菌的活性受到不同程度的影响。温度变化，细菌活性随之改变，溶液中消耗钙离子的数量改变，生成碳酸钙沉淀含量相应减少或增多，土体改善效果也在不断变化。

2）pH

pH 是影响 MICP 中细菌活性的重要因素之一。微生物的生存条件都会受到 pH 的影响，pH 较高或较低会使酶的活性丧失，从而无法正常参与生物化学反应，有利于酶的最佳活性在一定的 pH 范围内。Whiffin 等研究发现微生物溶液的 pH 在 6.0～8.5 时酶活性最佳，在此范围内对脲酶活性影响可忽略不计。

环境 pH 对巴氏芽孢杆菌的生长繁殖有一定影响，巴氏芽孢杆菌在弱碱环境下的耐受性较强。MICP 过程中，尿素水解不断生成氨气，使得溶液环境的 pH 不断上升，细菌对酸碱较强的适应性有利于其在实际工程中的应用。

3)脲酶活性

脲酶活性代表了尿素水解的速率，活性越高在单位时间内就有越多的尿素被分解，碳酸钙的生成速率就越快。通常来说，菌液浓度与脲酶活性正相关，菌液浓度越高脲酶活性也越高。高脲酶活性并不意味着高胶结强度。这是因为在低浓度细菌条件下碳酸钙成核位点少，晶体主要以生长为主，即碳酸钙会在已有晶体上沉积，生成的晶体数量少、尺寸大。较高的细菌浓度意味着以微生物细胞为成核位点的晶体成核位点也越多，晶体以成核为主，会生成大量小晶体。对比两种晶体的生长情况，研究认为：大晶体形成的胶结相比于成片的小晶体来说薄弱点更少，因此，相同碳酸钙含量时大晶体会提供更高的强度。

4)砂土种类

相同碳酸钙含量下，不同种类的砂土颗粒在生物胶结后获得的强度是不同的，这可能归因于砂土颗粒自身的形状、大小、性质等。由于微生物自身具有一定的尺寸，微生物难以在孔隙小的砂土中移动和存活，易导致不均匀胶结。我国地貌广阔，砂质类型丰富，微生物加固除石英砂以外的其他砂土也愈发具有战略意义。

微生物诱导碳酸钙沉淀生成量不仅与温度、pH、脲酶活性等有关，而且研究发现，碳酸钙的生成量与颗粒粒径、固化方式以及注浆方法等多种因素相关。

10.7.5 工程应用

微生物加固技术可应用于提高地基、边坡、大坝等的强度和稳定性，地下管道的开挖支护，土工构筑物抗侵蚀，砂土抗液化性能改善以及防尘固沙等方面。

1)土体加固

微生物加固技术最早应用于多孔介质材料，该技术随着研究的推广与发展，开始应用于土体加固方面。由于砂土颗粒大，微生物诱导生成的碳酸钙沉积在砂颗粒间，将松散的砂粒胶结起来，使得砂土地基得到明显的加固。微生物加固法可用来加固地基土，特别是渗透性较高的液化砂土地基。微生物加固法地基处理的过程对地基土几乎没有扰动。因此，这一方法较适合于处理已有建筑的地基及深埋管线的地基等。

2)土体防渗

微生物岩土技术另一应用领域是岩土体防渗。对于不同的工程问题，可采用不同类型的微生物反应过程和不同的施工技术手段。

微生物防渗有很多潜在的应用，包括水坝和堤防的防渗，水库和蓄水池的防渗，岩体开挖止水等。微生物防渗材料在使用中可采用多样的施工手段。在蓄水池的表层防渗处理中，可在蓄水池底的表层土中采用喷洒或倾倒的方法进行微生物防渗处理，使得表层土变得不透水。在水坝和堤防的防渗漏和渗透破坏处理中，可在水坝和堤防的表层进行防渗处理，也可在坝体或坝基中设置砂桩，并对砂桩进行微生物防渗处理，形成一道止水帷幕。岩石、土体和混凝土结构的裂隙的防渗处理，可采用微生物注浆法，利用微生物处理溶液低黏性的特点，对裂隙和孔隙取得更好的填充效果。

3)抗侵蚀作用

MICP 处理的土体有着很好的抵抗水力、风力侵蚀的特性。这些特性使得 MICP 技术可被用作地基和土工结构物抗水力、风力侵蚀，控制扬尘污染、洪水期的堤防冲刷和漫顶破坏。在土体的表面进行 MICP 固化处理，可显著提高土体的抗侵蚀性能。

MICP 技术实施简单，处理效果明显，且适用范围广泛。许多学者认为，MICP 技术在防侵蚀和扬尘控制方面具有大规模应用前景。此外，MICP 技术还可用于土体内部的管涌侵蚀防治。

4)污染土治理

污染土治理也是微生物加固技术一个潜在的应用领域。前文所述的岩土体防渗技术，可用作阻隔污染物迁移。此外，MICP 技术还可用来固化污染土中的重金属离子。采用 MICP 技术，重金属离子和碳酸根结合，形成不可溶的沉淀，使得重金属污染物不再扩散。利用 MICP 技术实现了对 Cu、Pb、Zn、Cd、Cr、Sr、As 等多种不同重金属污染土壤的稳定化处理，重金属去除率达到 50%～99%，证明 MICP 技术可在恶劣的自然条件下对重金属污染土壤进行固化作用。

5)防尘固沙

空气中悬浮的尘土微粒严重影响环境质量和人类健康，研究表明，只要在砂土表面形成一层很薄的硬壳，即可有效控制环境尘土的飞扬和风沙土流动、风蚀。利用微生物技术进行砂土表面固化处理，可以缓解建筑、道路扬尘，改善城市空气质量，通过沙漠土表面生物覆膜处理，可以解决风沙土流动、风蚀等问题。同时，微生物矿化作用形成的方解石表层坚硬结构还可提高土体的保湿性能，通过植物发芽生长试验，确认了该技术具有良好的环境兼容性，微生物处理后更有利于土壤保水和植物生长。一系列检测试验表明，利用微生物进行表面处理的场地防尘效果十分显著，同时，该技术绿色节能、经济环保。

思考与练习

1. 简述长短桩复合地基的作用机理。
2. 简述双向增强复合地基法的优点。
3. 简述 TRD 工法的特点。
4. 简述 CSM 工法的特点。
5. 简述 MJS 工法的特点。
6. 简述 MICP 技术的特点。

第 11 章　既有建筑物纠斜和托换技术

本章学习目标

- 了解各种既有建筑物纠斜、既有地基基础托换和加固技术的特点及适用范围。

11.1　概　述

既有建筑物的纠斜和托换技术是指已建成的建筑物为了满足使用功能和耐久性的要求，对原有的地基和基础进行加固处理的技术。纠斜与托换技术同属于基础工程的后继技术，但分别适用于不同的情况，一般分开进行讨论。

1)纠斜技术

当建筑物的地基产生不均匀沉降时，建筑物的上部结构会出现倾斜的现象，可能会导致结构发生破坏，甚至可能会导致建筑物地基发生整体失稳破坏。为此，当建筑物的倾斜状况超过相关规定，影响其安全使用时，应对建筑物采取相应措施，使其恢复到能够安全使用的状态，这就是纠斜。

对于建筑物的倾斜允许值，我国在《建筑地基基础设计规范》(GB 50007—2011)中进行了相应的规定，通过建筑物的地基变形允许值来表示，地基变形允许值如表 11-1 所示。

表 11-1　建筑物的地基变形允许值

变形特征		地基土类别	
		中、低压缩性土	高压缩性土
砌体承重结构基础的局部倾斜		0.002	0.003
工业与民用建筑相邻柱基的沉降差	框架结构	$0.002l$	$0.003l$
	砌体墙填充的边排柱	$0.000\,7l$	$0.001l$
	当基础不均匀沉降时不产生附加应力的结构	$0.005l$	$0.005l$
单层排架结构(柱距为 6 m)柱基的沉降量/mm		(120)	200

（续表）

变形特征		地基土类别	
		中、低压缩性土	高压缩性土
桥式吊车轨面的倾斜（按不调整轨道考虑）	纵向	0.004	
	横向	0.003	
多层和高层建筑的整体倾斜	$H_g \leqslant 24$	0.004	
	$24 < H_g \leqslant 50$	0.003	
	$50 < H_g \leqslant 100$	0.002 5	
	$H_g > 100$	0.002	
体型简单的高层建筑基础的平均沉降量/mm		200	
高耸结构基础的倾斜	$H_g \leqslant 20$	0.008	
	$20 < H_g \leqslant 50$	0.006	
	$50 < H_g \leqslant 100$	0.005	
	$100 < H_g \leqslant 150$	0.004	
	$150 < H_g \leqslant 200$	0.003	
	$200 < H_g \leqslant 250$	0.002	
高耸结构基础的沉降量/mm	$H_g \leqslant 100$	400	
	$100 < H_g \leqslant 200$	300	
	$200 < H_g \leqslant 250$	200	

注：表中括号仅适用于中压缩性土；l 为相邻柱基的中心距离(mm)；H_g 为自室外地面算起的建筑物高度(m)；倾斜指基础倾斜方向两端点的沉降差与其距离的比值。

倾斜建筑物实际产生的沉降值超过表 11-1 规定的允许值后，应加强对建筑物变形的监测，是否需要对建筑物进行纠斜和加固应考虑该倾斜现象是否影响建筑物的安全使用。

既有建筑物产生过大不均匀沉降主要有工程勘察、设计和施工三方面的原因。工程勘探方面，常用勘探手段可能未充分将地质情况了解清楚，导致勘探报告未能准确反映地基中特殊土的分布。设计方面，部分设计人员对非均质地基上建筑物地基设计经验不足，只重视地基承载力验算而轻视控制建筑物的沉降等问题都会导致建筑物产生过大的不均匀沉降。施工方面，施工质量未能满足设计要求也容易造成建筑物产生过大倾斜，近年来由于施工质量的原因而导致的工程事故比例呈现增多的趋势。

对倾斜建筑物进行纠斜的方法主要可分为两种：一种是通过对沉降较小的一侧进行促沉来达到纠斜的目的，称为促沉纠斜，也称为迫降纠斜；另一种是通过对沉降多的一侧进行顶升来达到纠斜的目的，称为顶升纠斜。促沉纠斜常见的方法有掏土促沉、加载促沉、降低地下水位促沉、湿陷性黄土地基浸水等，顶升纠斜常见的方法有机械顶升、压浆顶升等。复杂建筑物的纠斜可采用多种纠斜方法联合进行。

2)托换技术

既有建筑物的托换技术是指在结构与基础间设置构件或在地基中设置构件，改变原地基与基础的受力状态，使地基得到加固的一种技术。地基需要进行加固的原因有很多，建筑物的沉降量过大、建筑物使用荷载的增加、临近项目施工对既有建筑物会产生不良影响等情况都需要考虑对既有建筑物进行地基加固处理。既有建筑物的托换技术主要可分为四类，分别是基础加宽技术、墩式托换技术、桩式托换技术和灌浆托换技术。

对既有建筑物进行托换加固前，应先充分了解工程相关情况，包括既有建筑物设计、施工、竣工资料，工程地质条件，沉降发展情况，上部结构有无倾斜，有无裂缝产生，周围环境条件等。对产生上述不正常现象的原因及发展趋势，做出合理的分析和判断，在此基础上再进行既有建筑物地基加固设计。

建筑物产生的沉降是由地基土变形引起的，但在考虑托换加固时，不应只关注地基处理，而割裂了地基、基础和上部结构之间的联系，应将这三者作为一个整体进行考虑。有时不应只对地基进行加固处理，可能还需要对上部结构采取适当的补强措施。因此，在对既有建筑物地基采用托换加固时，需综合应用岩土工程和结构工程的知识，有时需岩土工程师与结构工程师一同完成加固工程。

11.2 既有建筑物的纠斜与迁移

11.2.1 掏土纠斜技术

掏土纠斜技术是指通过掏土的方式来实现对建筑物的纠斜，其基本原理是对地基应力进行有控制的释放，因而掏土纠斜的方法也称“地基应力解除法”。意大利的比萨斜塔的纠斜工程中采用了钻孔取土法进行纠斜加固，在建筑物沉降量较小的一侧，根据工程地质情况，设计合理的挖孔掏土方案，使地基侧应力解除，地基反力得以重新分布，从而调整建筑物的不均匀沉降，达到纠斜的目的。根据掏土位置与建筑物的关系不同，掏土纠斜技术又可分为在建筑物基础下方地基中掏土和在建筑物基础外侧地基中掏土两种。

掏土纠斜技术具有施工简便、成本低、无噪声污染、无环境污染等优点，且在纠斜过程中一般不影响建筑物的正常使用，但经过掏土纠斜处理过后会加大建筑物总的沉降量。

1)在建筑物基础下方地基中掏土纠斜技术

直接在建筑物基础下方地基中掏土的方式对于建筑物的沉降而言是比较敏感的，因而需严格控制掏土引起的沉降变化对建筑物上部结构的影响。在纠斜过程中，要做好相关监测工作，根据监测数据进行分析，及时调整掏土施工顺序和掏土量，以保证建筑物的安全性。在建筑物基础下方地基中掏土纠斜的方法有人工掏土法、钻孔取土法和水冲掏土法等，根据不同的工程条件来确定相应具体的掏土方案，一般适用于建筑物基础埋深较浅的纠斜工程。

(1)人工掏土法

人工掏土法，顾名思义就是采用人力的方式直接在建筑物基础下地基中取土。该方法简单易行，一般无需较多机械，掏挖时应先从沉降量较小的部位开始，逐渐向沉降量较大的部位过渡，依次掏挖。掏土过程中应不断关注沉降变化情况，防止掏土端由于掏土量过大而导致建筑物产生反向倾斜现象。同时，该方法对于较硬的地基土而言，建筑物的回倾可能是不均匀的，具有突变性。鉴于该方法掏土过程中建筑物沉降速率一般难以控制，故一般仅用于沉降要求较低、高度较小的建筑物，且应谨慎使用。

(2)钻孔掏土法

钻孔掏土法是通过钻孔把孔中的土体取出，使地基应力局部解除，孔壁周围土体向孔内移动，使掏土端发生沉降，从而实现建筑物的纠斜，适用于淤泥、淤泥质土等软弱地基上建筑物的纠斜，一般可分为基础下竖向钻孔掏土法(图 11-1)和基础下斜钻孔掏土法(图 11-2)。

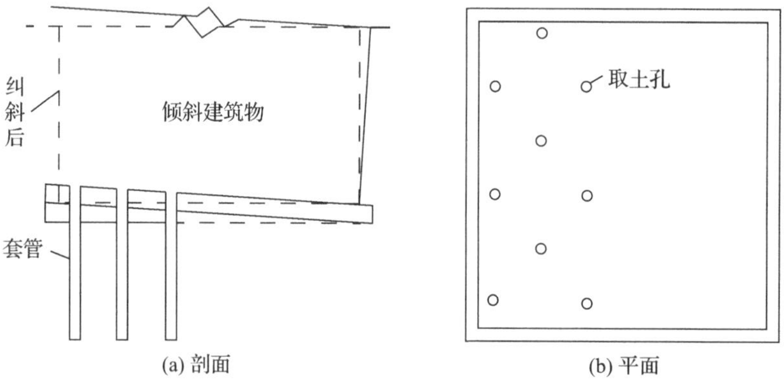

图 11-1　基础下竖向钻孔掏土法

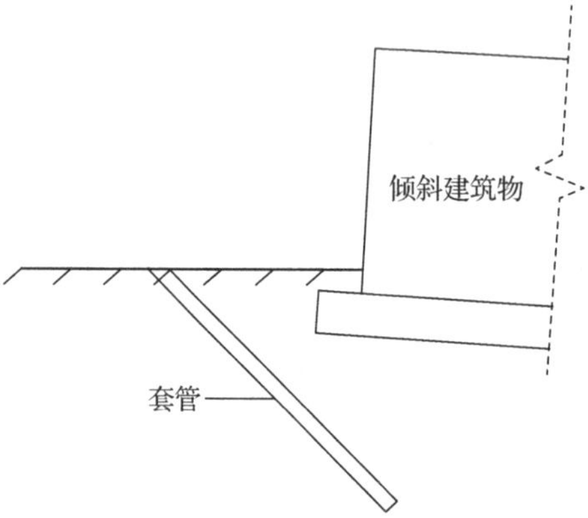

图 11-2　基础下斜钻孔掏土法

斜钻孔掏土法与竖向钻孔掏土法在一定程度上是互补的，可适用于不同工程条件下。当建筑物外围施工条件受限或建筑物底面面积较大时，可采用竖向钻孔掏土法，在建筑物内部的基础底板上钻孔，埋设套管取土，实现建筑物的纠斜。但会存在一些不适合在建筑物室内施工作业的情况，像古建筑、各类重点保护建筑、建筑物室内需要正常使用等情况，都不适合采用竖向钻孔掏土，这时就可考虑用斜钻孔掏土法进行建筑物的纠斜。

在使用钻孔掏土法进行施工时，钻孔的位置和取土顺序应根据建筑物的不均匀沉降情况和土层性质确定；钻孔的深度和直径应根据建筑物的地面尺寸和附加应力的影响范围确定，取土深度不应小于 3 m，钻孔直径不应小于 300 mm；为保护浅层土体不受扰动，防止地基局部变形过大，钻孔顶部 3 m 深度范围内应设置套管或套筒。

与直接掏土法一样，钻孔掏土法同样难以控制掏土过程中建筑物沉降的速率，建筑物纠斜成功率难以保证，应谨慎使用，如要使用则必须做好充分的监测工作。

(3)水冲掏土法

水冲掏土法是掏土纠斜技术中运用较为广泛的一种方法，多用于软黏性土地基，是用水冲刷土体使土体被带离基础下方地基的一种纠斜方法。该方法可通过冲水时间的长短来控制纠斜速度，是一项较为安全可靠的纠斜技术，详细原理与施工流程如下。

①在建筑物沉降量较小的一侧设置若干沉井。

②沉井多采用钢筋混凝土圆形沉井，井壁混凝土强度不应低于 C15，沉井壁中应按设计要求设置预留孔，井的内径不宜小于 800 mm。

③将沉井放至设计标高后，通过沉井壁中的预留孔，将高压水枪朝向倾斜建筑物的基础下地基中进行深层射水，并使地基中的泥浆从沉井预留孔中流出到沉井中，水冲压力、水流量应根据土质条件通过现场试验确定，水冲压力宜为 1～3 MPa，水流量宜为 40 L/min。

④泥浆从预留孔流出到沉井内后，使用泥浆泵将沉井中的泥浆泵送出来，从而实现在建筑物基础下地基中掏土，达到纠斜的目的。

纠斜达到设计要求之后，沉井与预留孔都应进行回填，预留孔可采用生石灰和粉煤灰拌和料回填。水冲掏土法纠斜示意图如图 11-3 所示。

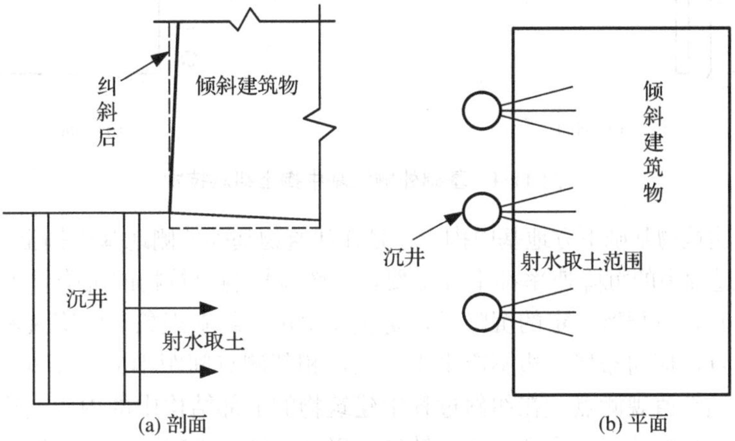

图 11-3　水冲掏土法纠斜示意图

2)在建筑物基础外侧地基中掏土纠斜技术

在倾斜建筑物沉降量较小一侧的建筑物外侧地基中设置一排密集钻孔，靠近地面处用套管保护，在适当深度钻孔取土，解除地基应力，使建筑物下方地基土发生侧向位移，增大建筑物在该侧的沉降量，进而达到纠斜的目的，如图 11-4 所示。

在建筑物基础外侧地基中钻孔取土纠斜的过程中，如需加密钻孔，也可使钻孔连贯成一条深沟，在深沟中取土纠斜。

在建筑物基础外侧地基中掏土纠斜的施工流程依次可分为定钻孔位、钻孔、埋设套管、掏土和拔管回填等步骤。钻孔直径一般为 400 mm 左右；孔深和套管长度根据掏土部位和地基土层情况确定；常使用大型麻花钻进行掏土；施工时应进行孔内排水，孔内排水也可促进纠斜；拔管应间隔进行，并及时回填土料，防止反倾现象的发生。在建筑物基础外侧地基中掏土纠斜的过程中，建筑物的沉降往往滞后于掏土，在施工中应重视这种关系，不得鲁莽地用增大掏土量的方式来促使建筑物沉降，否则，轻则产生反倾现象，重则可能导致地基发生整体失稳破坏。

掏土纠斜的设计与施工是一个动态调整的过程，先根据初拟的设计方案进行施工，再根据施工过程中的监测资料来指导调整设计方案。

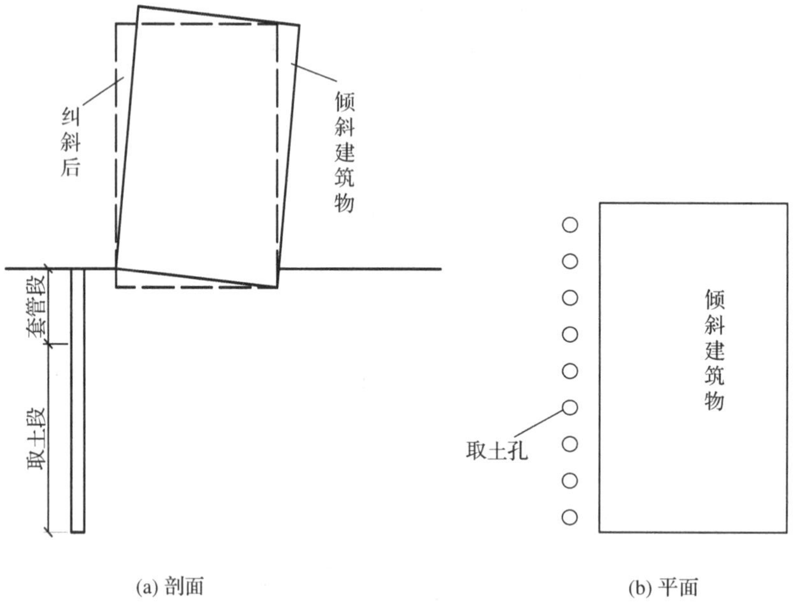

图 11-4　基础外侧地基中掏土纠斜技术

不管是在建筑物基础下方地基中掏土还是在建筑物基础外侧地基中掏土纠斜，严格控制建筑物在施工过程中的沉降速率都十分重要，一般应控制建筑物的沉降量不超过 5 mm/d，纠斜接近终止时，应预留一定的沉降量，防止发生过度纠斜现象。沉降观测点纵向布置每边不应少于 4 点，横向布置每边不应少于 2 点，相邻测点间距不应大于 6 m，且建筑物角点部位应设置倾斜值观测点。在纠斜过程中建筑物的上部结构中的内力会产生调整，因此在纠斜过程中应尽量使建筑物产生平面转动，以减少结构中次应力的产生。

除单纯只用掏土来实现纠斜以外，工程中还较多地采用其他方法与掏土技术联合纠斜，如采用锚桩静压桩技术与掏土纠斜技术相结合、堆载纠斜技术与掏土纠斜技术相结合等方法也是较为常见的纠斜方式。

11.2.2 加载纠斜技术

与掏土纠斜技术一样，加载纠斜技术也是促沉纠斜技术的一种。加载纠斜技术是在倾斜建筑物沉降量较小的一侧的地面上加载，迫使地基土体产生变形、建筑物产生沉降，达到倾斜建筑物纠斜的目的。加载纠斜技术较为常见的有堆载加压纠斜法和锚桩加压纠斜法两种方法。

1)堆载加压纠斜法

加载最常用的手段是堆载重物，在倾斜建筑物沉降量较小的一侧堆放重物，如砂石或其他重物，使地基产生沉降以达到促沉纠斜的目的，如图 11-5 所示。适用堆载加压纠斜法的建筑物应具有较好刚度且跨度不宜过大。堆载加压纠斜过程应保证堆载对倾斜建筑物周围的及其他建筑物不会产生不良影响。

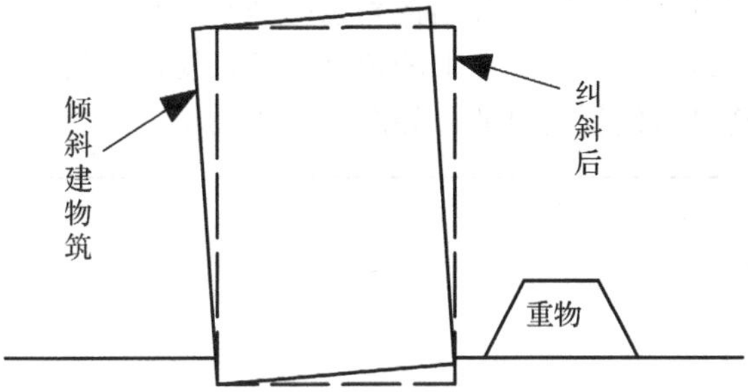

图 11-5　堆载加压纠斜法示意图

2)锚桩加压纠斜法

锚桩加压纠斜法是在倾斜建筑物沉降量较小的一侧的地基中设置锚桩，修建与建筑物基础相连的钢筋混凝土悬臂梁，通过千斤顶加荷系统加载，促使建筑物基础产生沉降，达到纠斜的目的，如图 11-6 所示。锚桩加压纠斜一般可多次加载：施加一次荷载后，地基产生变形，待土体产生应力松弛时减小荷载；一次加载变形稳定后，再施加第二次荷载；如此循环往复，荷载可逐次增大，地基变形也逐次增大，直至达到纠斜的目的。

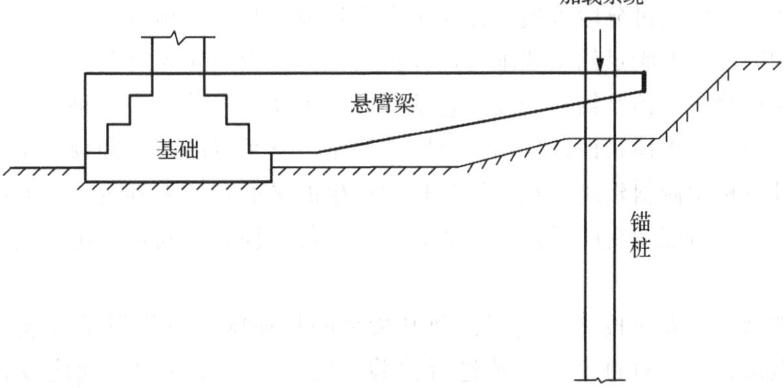

图 11-6　锚桩加压纠斜法示意图

对倾斜建筑进行加载纠斜，既可在建筑物室外进行也可在建筑物室内进行，如在地下室堆放重物进行加载纠斜。加载纠斜应结合工程实际，综合考虑后确定施加荷载量、荷载分布位置和分级加载速率等相关工程参数。设计时应考虑地基土的整体稳定和原结构构件的承载力，控制加载速率，并在施工过程中严格进行沉降观测工作，及时绘制"荷载-沉降-时间"关系曲线，以确保施工安全。

加载纠斜技术适用范围相对较小，因为建筑物在荷载作用下的沉降量不大，加载过程一般时间较长，有时可能还会对周围环境和建筑物造成不良影响，因而在工程中应用相对较少。加载纠斜技术适用于淤泥、淤泥质土和松散填土等软弱地基上，体量较小且倾斜量不大的浅埋基础建筑物的纠斜。

11.2.3 顶升纠斜技术

顶升纠斜技术是将既有建筑物上部结构和它的基础沿某一特定位置进行分离，在分离区设置若干支承点，通过安装在支承点上的顶升设备，使建筑物沿某一直线或某一点作平面转动，达到对建筑物进行纠斜的目的，如图 11-7 所示。

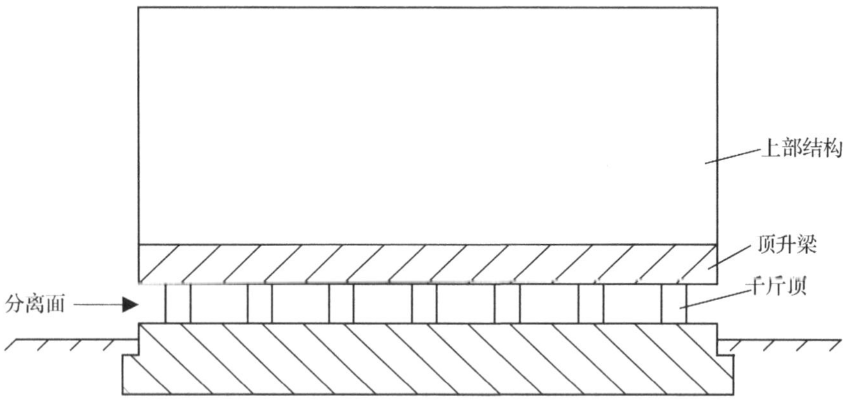

图 11-7 顶升纠斜示意图

顶升纠斜技术要求建筑物的上部结构具有较好的刚度。为确保上部结构分离体有较好的刚度和整体性，可通过分段置换，在支承点上形成全封闭的顶升支承梁体系。当建筑物的上部结构的刚度不能满足纠斜要求时，在进行顶升纠斜前应先对上部结构进行加固。

对倾斜建筑物进行顶升纠斜的设计包括顶升支承体系设计、确定每一支承点的顶升量和顶升频率。顶升支承体系设计包括分离区的确定、支承点的布置和顶升梁的设计。每一支承点的顶升量根据倾斜建筑物在纠斜过程中产生的平面转动来确定。顶升频率由建筑物的结构类型以及它所能承受的抵抗变形能力确定，每次顶升应间隔一定时间，有利于应力的重新分布。

顶升纠斜施工步骤应按如下进行：顶升梁系的托换施工→设置千斤顶底座和顶升标尺，确定各点顶升量→对每个千斤顶进行检验，安放千斤顶→顶升前应设置完成监测系统，对仍存在连接的墙或柱等结构以及市政管线等设施应进行截断处理→实施顶升施工→顶升到位后，应及时进行结构的连接和回填。

顶升纠斜过程是一种地基沉降差异快速逆补偿的过程，也是地基附加应力瞬时重新分布的过程，原沉降量较小处附加应力增加。当地基土的固结度达80%以上，地基沉降接近稳定时，可通过顶升纠斜来调整剩余的不均匀沉降，也就是说，当地基土的固结度不足或地基土的压缩模量过小时，不宜采用顶升纠斜来处理倾斜的建筑物。

顶升纠斜适用于砖混结构、钢筋混凝土框架结构、工业厂房及整体性完好的混合建筑等结构类型，适用于因整体沉降或不均匀沉降过大造成标高过低的建筑，不适用于采用促沉纠斜的各类倾斜建筑(包括桩基础建筑)，适用于建筑本身功能改变需要顶升或者由于外界周边环境改变影响正常使用而需要顶升的建筑。

对于新建工程，设计时有预先设置可调整措施的建筑，这类建筑预先设置好顶升梁和顶升洞，根据建筑使用过程中出现的不均匀沉降或整体沉降，采用预先准备好的顶升系统，将建筑物恢复到原来的位置。

11.2.4 迁移技术

既有建筑物整体移动到另一位置，称为迁移。建筑物的迁移步骤如下。

①在某一平面将建筑物上部结构与地基基础切断，将待移动建筑物转变成一可动结构。

②在切断平面处设置托换梁系统，形成一可移动托架，托换梁同时可用作迁移时的上轨道梁，对托换梁系统应进行强度设计。

③在建筑物迁移计划路线上设置行走基础，原建筑物基础和新设置的行走基础为建筑物迁移时的下轨道梁，行走基础应按承载力和变形控制设计。

④在已就位处设置建筑物的新基础，建筑物的新基础应按承载力和变形控制进行设计。

⑤在上、下轨道梁间安置行走机构。

⑥施加预推力将建筑物迁移到新基础处，顶推力需进行计算，迁移速度需加以控制，不能过快。

⑦迁移到新基础后，拆除行走机构，将上部结构与基础进行连接。

⑧验收。

11.3 既有建筑物的托换技术

11.3.1 基础加宽技术

基础加宽技术通过增加建筑物原有基础的底面积，减小作用在地基上的接触压力，降低地基土中的附加应力水平，达到减小建筑物的沉降量或满足承载力要求的目的。

例如，在某工程中建筑物基础为筏板基础，基础面积为10 m×10 m=100 m^2，若基础四周向外各延伸 1 m，则基础底面面积为 11 m×11 m=121 m^2，原基底平均附加应力为 100 kPa，则加宽后的基底平均附加应力减小至 83 kPa。显然，基础加宽技术对于降低基底附加应力有明显作用。

基础加宽技术费用低，施工方便，条件允许的情况下可优先考虑这种技术。但在很多情况下，基础加宽会遇到困难，如建筑物周围场地可能受到限制不能进行基础加宽处理、基础埋置较深采用基础加宽技术会产生大量土方开挖等情况。深厚软土地基上的建筑物采用基础加宽技术，如果施工不当或设计不合理，可能会导致基础的不均匀沉降，进而影响上部结构的安全。特别是大面积的基础工程，不均匀沉降问题更为突出。因此，对于深厚软土地基上的建筑物，应谨慎使用基础加宽技术。

基础加宽技术应重视加宽部分与原有基础部分的连接，通常通过钢筋锚杆将加宽部分与原有基础部分连接，并将原有基础的混凝土接触面凿毛、浇水湿透，使两部分混凝土较好地连接在一起，形成一个整体。采用基础加宽技术时，对刚性基础和柔性基础都要进行计算，刚性基础应满足刚性角要求，柔性基础应满足抗弯要求。钢筋锚杆应有足够的锚固长度，有条件的可将加固筋与原基础钢筋焊接在一起，使之具有更好的整体性。采用基础加宽技术有时也可将柔性基础改为刚性基础，将条形基础扩大成筏板基础。图 11-8 所示为几种基础加宽示意图。

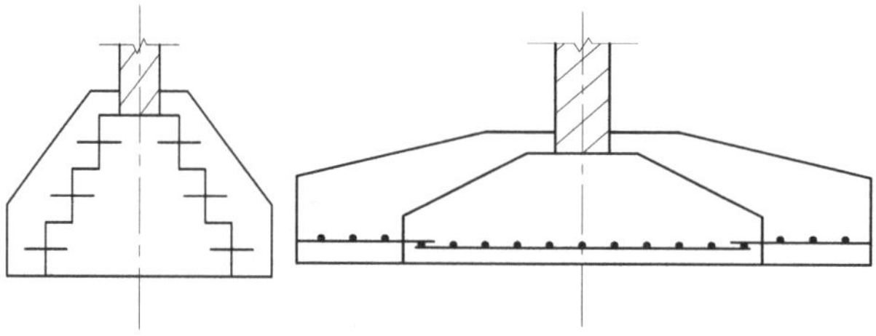

(a) 刚性条形基础加宽　　(b) 柔性条形基础加宽

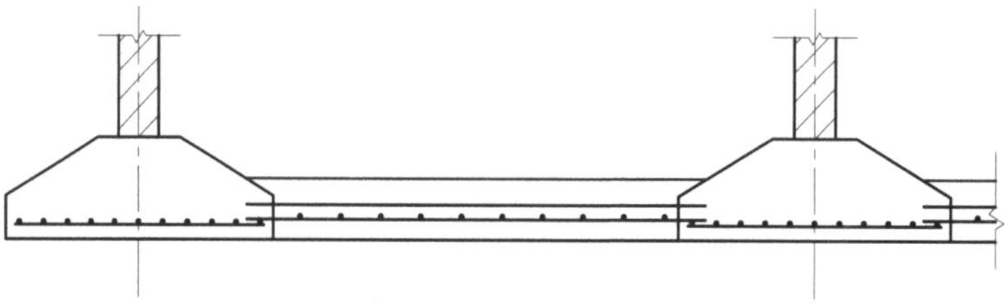

(c) 条形基础扩大成筏板基础

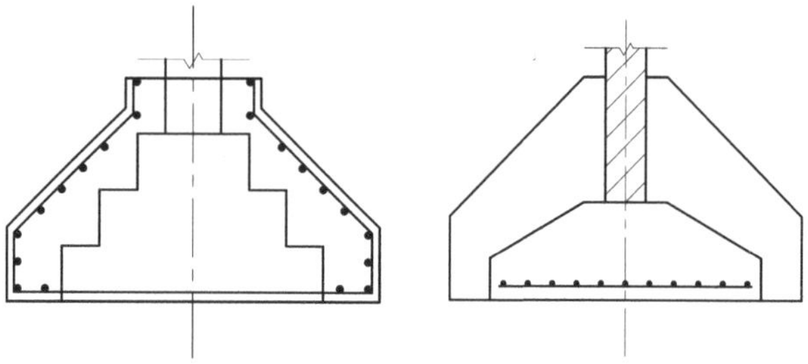

(d) 柱基础加宽　　(e) 柔性基础加宽改为刚性基础

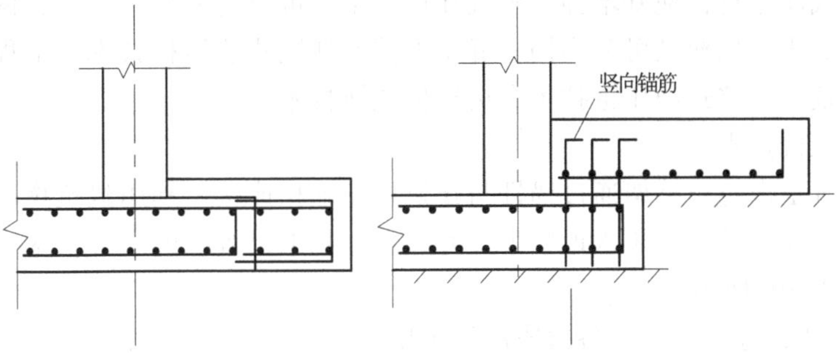

(f) 筏板基础加宽（1）　　(g) 筏板基础加宽（2）

图 11-8　几种基础加宽示意图

11.3.2　墩式托换技术

墩式托换技术在原基础下设置墩式基础，并使墩式基础坐落在较好的土层上，这样就将荷载直接传递给较好土层，以达到满足承载力和减小建筑物沉降量要求的目的。墩式托换技术示意图如图 11-9 所示。

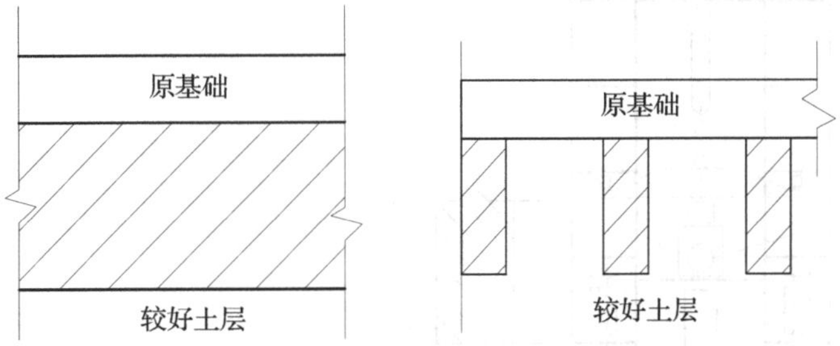

(a) 连续混凝土墩　　(b) 间断混凝土墩

图 11-9　墩式托换示意图

在既有建筑物基础下方存在厚度不大的软弱土层时，采用墩式托换可取得较好的加固效果。墩式托换施工时一般先在基础近侧挖导坑，再横向扩展至基础下在基础下成孔，然后灌注混凝土形成混凝土墩式基础。墩式托换一般适用于软弱土层不厚、地下水位较低，而且软弱土层下有较好持力层的情况。墩式托换施工要重视施工顺序，分段分批挖孔置墩。施工过程中往往需要对原基础进行临时支撑。混凝土墩可以是连续的，也可以是间断的。在实际工程中墩式托换应用不多。

11.3.3　桩式托换技术

桩式托换技术在原基础下设置桩，使新设置的桩承担或桩与地基共同承担上部结构的荷载，达到提高承载力和减小建筑物沉降量的目的。若既有建筑物的基础是浅基础，则可通过桩式托换形成桩基础或桩体复合地基；若既有建筑物的基础形式是桩基础，通过桩式托换可使桩的数量增加；若既有建筑物的基础形式是复合地基，通过桩式托换可用桩基础代替复合地基或使原复合地基增强。桩式托换技术又可分为静压桩托换、树根桩托换及其他桩式托换。静压桩托换又可分为锚杆静压桩技术和坑式静压桩技术。工程上运用较多的是锚杆静压桩技术、坑式静压桩技术和树根桩托换技术。

1)锚杆静压桩技术

锚杆静压桩是指将压桩架通过锚杆与建筑物基础相连接，利用建筑物自重荷载作为压桩反力，用千斤顶将桩逐段压入地基中，完成在地基中设置桩的一种技术。锚杆静压桩装置示意图如图 11-10 所示。

(1)锚杆静压桩施工步骤及各阶段注意事项

①清除既有建筑物基础面上的覆土，并将地下水位降低至基础面以下，以保证提供干的作业面。若原建筑物基础面积较小，难以布置压桩架，应先将原基础加宽后再进行压桩施工。

②根据设计图纸对桩和锚杆进行放线定位。

③凿孔。凿孔时将原承台钢筋割断后弯起，待压桩后再焊接。压桩孔可凿成上小下大的棱锥形，在压桩结束，桩与基础连接后，棱锥形压桩孔有利于基础承受冲切剪力。锚杆孔的直径与深度由压桩力的大小确定。压桩孔和固定锚杆孔凿孔可采用风动凿岩机，也可采用人工凿孔。

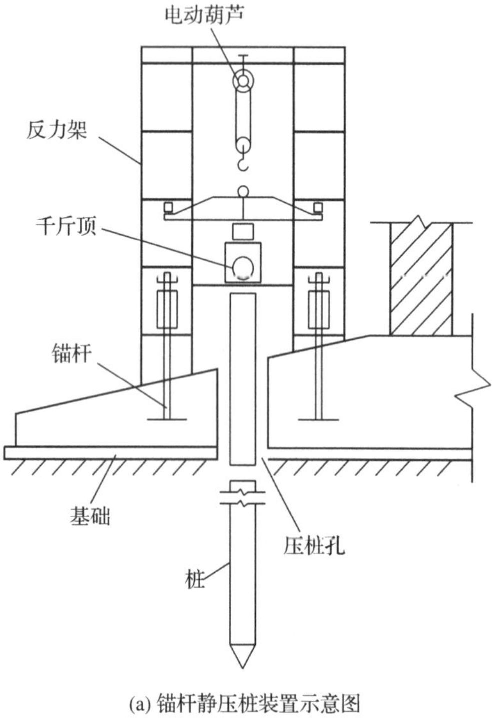

(a) 锚杆静压桩装置示意图

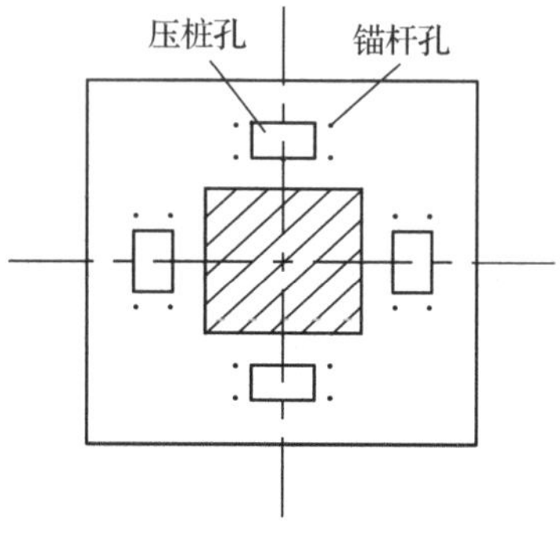

(b) 压桩孔和锚杆位置图

图 11-10　锚杆静压桩装置示意图及压桩孔和锚杆位置图

④埋设锚杆。凿孔完成后，应对锚杆孔进行认真的清渣，再采用树脂砂浆固定锚杆。

⑤待锚杆养护好后安装压桩反力架。

⑥压桩。采用电动或手动千斤顶压预制桩段，预制桩段长度根据压力架和施工环境确定，一般为 2 m 左右。压桩过程应一次连续完成，压至设计标高，当必须中途停止时，

桩端应停留在软弱土层，且不能停顿过久，不宜超过 24 h，间歇时间过长容易导致压桩力提高，有时甚至会发生超过压桩能力而被迫中止的现象。压桩过程中应保持桩段垂直，压桩力不能超过设计最大压桩力，避免基础上抬造成结构破坏。压桩过程应保持沉降观测，注意施工过程中产生的附加沉降，通过合理安排压桩顺序可减小施工期间产生附加沉降。

⑦接桩。接桩一般采用硫黄胶泥和焊接两种方式。采用硫黄胶泥接桩成本低，接桩速度快，但采用硫黄胶泥接桩的桩体一般抗水平力性能较差。采用焊接接桩效果好，并可使桩具有较好的抗水平力性能，但成本较高。有时在桩的上部采用焊接，下部采用硫黄胶泥接桩，这样既可满足抵抗水平力的要求，又可降低成本。

⑧压桩深度。压桩深度一般采用双控制，即压桩至设计标高和达到设计压桩力，并以压桩力控制为主。

⑨封桩。压桩深度达到要求后，可进行封桩处理，在进行封桩前应将压桩孔内杂物清理干净，并排出积水。封桩前先将基础中原有主筋尽可能补焊上，并在桩顶用钢筋与锚杆对角交叉焊接牢固。压桩孔内封桩应采用 C30 或 C35 微膨胀混凝土。

(2)锚杆静压桩技术优缺点及适用范围

锚杆静压桩技术具有施工机具简单、作业面小、施工灵活方便、技术安全可靠、治理效果明显、一般不影响建筑物自身正常使用等优点。锚杆静压桩技术的适用范围较广，可用于处理黏性土、淤泥质土、杂填土、黄土等地基。因此，锚杆静压桩技术在工程领域得到广泛的应用。

但锚杆静压桩技术存在易产生挤土效应、工艺复杂且容易断桩、会对建筑物底板造成不可逆的破坏等缺点。

因桩体数量增加，地基中挤土效应不可避免，施工的桩越多、速度越快，挤土效应就越明显。挤土效应会导致地基表面隆起、影响周边建筑物和管线设施、导致原有的桩体发生侧向位移等问题，进而引发新的地基问题，严重影响建筑物的正常使用。

由于施工步骤较多，施工时每一步都要有相当的施工质量，容错率低，有可能一个地方出现疏忽就会导致整个桩体都达不到要求。施工过程中，桩身质量差、操作工艺不当、接头质量差都有可能导致断桩。

对于锚杆静压桩技术来说，最显著的缺点在于需要先对建筑物底板造成一定程度的破坏后再进行加固。由于施工工艺的要求，在凿孔时会切断建筑物底板部分原有钢筋，这对于建筑底板和基础来说是一种不可逆的破坏，缩短了建筑物的预期寿命。如果是倾斜严重的建筑物，则锚杆静压桩需要布桩的数量就会比较多，压桩孔过多容易造成建筑物底板的应力集中，容易给建筑物底板带来二次损害。

(3)锚杆静压桩加固设计内容

①桩与桩位的布置设计。单桩与桩段长度的设计主要根据加固要求、工程地质条件及施工作业的空间条件综合考虑确定。

桩身可采用钢筋混凝土桩、钢管桩、预制管桩和型钢等。钢筋混凝土桩采用方形，边长宜为 200～350 mm；钢管桩直径宜为 100～600 mm，壁厚宜为 5～10 mm；预制管桩直径宜为 400～600 mm，壁厚不宜小于 10 mm。不同尺寸的钢筋混凝土桩的主筋配置也应有相应的调整，对于边长为 200 mm 的方桩，主筋配置不宜少于 4ϕ10，在桩段两端箍筋需加密布置，其他尺寸的主筋配置应通过计算确定并应满足有关规定的要求。钢筋宜选用HR335级以上，桩身混凝土强度一般不小于C30。每节桩段长度根据施工净空条件和机具条件确定，宜为1～3 m。桩段的尺寸还应考虑到接桩搬运，不能过重。单桩承载力取决于地基土层情况，可由压桩试验确定。根据地层条件锚杆静压桩可能是端承桩也可能是摩擦桩，对于摩擦桩可考虑桩土的共同作用。

锚杆静压桩桩位宜靠近墙体或柱子，有利于荷载的传递。凿压桩孔要截断底板钢筋，桩孔尽量布置在弯矩较小处，并使凿孔时截断的钢筋最少。

②锚杆及锚固深度设计。根据所需最大压桩力进行固定桩架的锚杆设计。锚杆可用螺纹钢和光面钢筋制作，也可在端部墩粗或加焊钢筋，锚杆锚固深度一般取锚杆直径的10～12倍。

③承载力验算。采用锚杆静压桩加固应对原有基础进行抗冲切、抗弯和抗剪承载力验算，如不能满足，应将原基础结构进行补强以满足压桩加固的要求。

2)坑式静压桩技术

坑式静压桩技术是指直接在既有建筑物基础下挖坑，依靠建筑物自重作为压桩反力，利用千斤顶逐段将预制桩压入地基中置桩的一种方法，如图11-11所示。

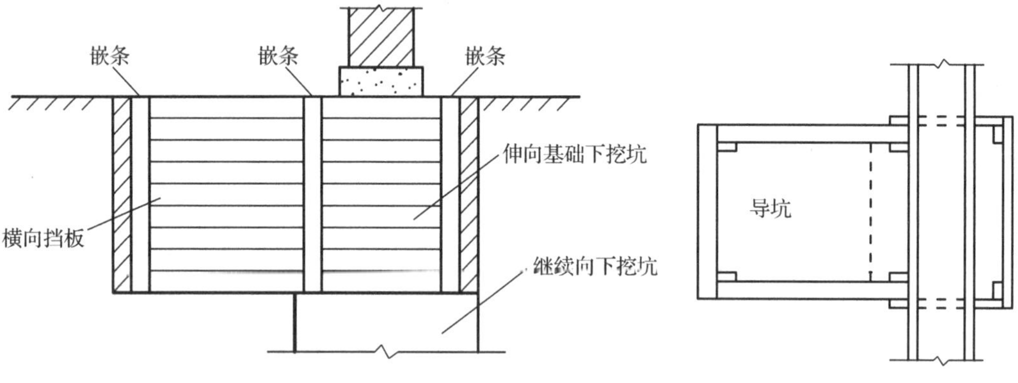

(a) 剖面图　　(b) 平面图

图11-11　坑式静压桩示意图

在既有建筑物基础下直接挖坑，一般需要对原基础或对建筑物进行临时支撑。坑式静压桩技术适用于淤泥、淤泥质土、黏性土、粉土、湿陷性黄土和人工填土且地下水位较低的地基加固工程。优缺点与锚杆静压桩有一些相似，具有无噪声、无污染、施工快等优点；缺点在于容易产生挤土效应，对施工场地的干燥程度有较高的要求，对压桩接桩的要求较高。

(1)坑式静压桩施工步骤及注意事项

①开挖工作坑。先在基础外侧开挖竖向工作坑，一般比原基础深1.5 m左右，挖坑前需验算是否需要预先进行临时支撑加固。完成竖向工作坑开挖后将工作坑横向扩展至原基础下面，形成压桩空间。

②压桩。利用千斤顶压预制桩段，逐段把桩压至地基中。桩端连接同锚杆静压桩。压桩采用双控压桩直至设计压桩深度和达到设计压桩力，并以压桩力控制为主。桩位允许偏差为±20 mm，桩节垂直度允许偏差不应大于桩节长度的1%。桩尖到达设计深度后，压桩力不得小于单桩竖向承载力特征值的2倍，且持续时间不应小于5 min。

③接桩。对于预制混凝土方桩，可采用焊接或硫黄胶泥接头；对于钢管桩，各节连接处可采用套管接头，当钢管桩较长或土中有障碍物时，需采用焊接接头，整个焊口应为满焊。

④封桩。封桩可采用预应力法施工，也可采用非预应力法施工。应采用 C30 微膨胀早强混凝土浇筑封桩。

⑤回填压桩坑。

(2)坑式静压桩的设计与注意事项

坑式静压桩的设计思路与锚杆静压桩的设计思路基本一致。

坑式静压桩的桩身可采用边长为 150～350 mm 的预制钢筋混凝土方桩或直径为 100～600 mm 的开口钢管，每节桩长可根据工作坑的净空高度和千斤顶的行程确定。桩平面布置可采用一字形、三角形、正方形或梅花形等布置方式，应设置在结构受力节点位置，避开门窗等墙体薄弱部位。

3)树根桩托换技术

树根桩实质上是一种小直径钻孔灌注桩，直径一般为 150～400 mm，桩长一般不超过 30 m。这种小直径钻孔灌注桩可竖向、斜向设置，网状分布如树根状，故称为树根桩。在既有建筑物基础下设置树根桩以达到地基加固的目的，称为树根状托换。树根桩托换技术主要用于既有建筑物地基加固、桥梁工程的地基加固，有时也用于岩土边坡稳定加固等，树根桩加固示意图如图 11-12 所示。

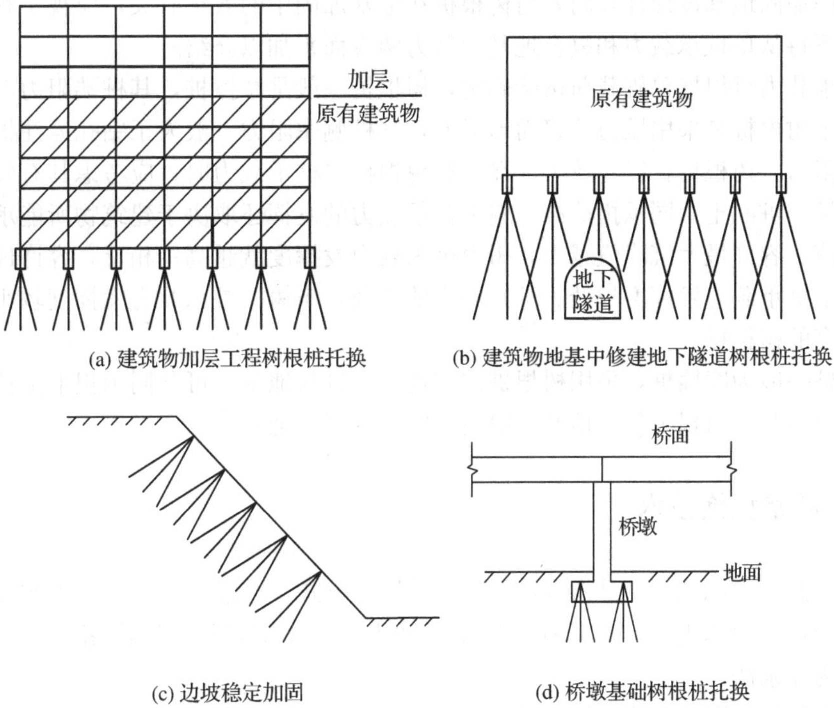

(a) 建筑物加层工程树根桩托换　(b) 建筑物地基中修建地下隧道树根桩托换

(c) 边坡稳定加固　(d) 桥墩基础树根桩托换

图 11-12　树根桩加固示意图

常用树根桩施工步骤及注意事项如下。

①成孔。根据设计要求和场地情况选取钻机，根据土质情况和基础底板情况选用钻

头。在穿过软弱土层或流砂层时，可设置套管以保护孔壁，防止塌孔。钻孔时采用泥浆护壁或清水护壁。钻孔到设计要求后应进行清孔，要合理控制清孔注水压力，观察钻孔泥浆溢出情况，直到孔口溢出清水为止。

②放置钢筋或钢筋笼。清孔结束后，按设计要求放置钢筋或钢筋笼。钢筋笼应尽可能整根吊放，如需分节吊放则必须重视焊接工作；施工时应尽量缩短吊放和焊接时间。

③放压浆管。压浆管放在钢筋笼或钻孔中心位置，常采用 20 mm 无缝铁管，放置就位后即可压入清水继续清孔。

④投入细石子。将冲洗干净的细石子缓缓投入钻孔内，套管拔除再补充灌满细石子，然后继续在压浆管中压入清水冲洗，直到清水溢出为止。

⑤注浆。注浆时让水泥浆从钻孔底部逐渐向上升，采用分段注浆，当水泥浆从孔口溢出时可停止注浆。水泥浆应保持一定的流动性和早期强度，可掺入适量的减水剂和早强剂。注浆采用一次性注浆。注浆施工时应采用间隔施工、间歇施工或增加速凝剂掺入量等技术措施，防止出现相邻桩冒浆和窜孔现象。

树根桩托换技术机具简单、施工场地小、施工时振动和噪声小、施工方便，但施工时泥浆会冒出地面，容易造成污染，需要进行泥浆处理。树根桩适用于黏性土、砂土、粉土、碎石土等各种不同的地基。树根桩不仅可承受竖向荷载，还可承受水平向荷载。压力注浆使桩的外侧与土体紧密结合，使桩具有较大的承载力。树根桩一般为摩擦桩，与地基土体共同承担荷载，可视为刚性桩复合地基。对于网状树根桩，可将其视为加筋复合土体。

树根桩加固地基设计计算内容与树根桩在地基加固中的效果有关，应视工程情况区别对待。以下将从单桩承载力和复合地基承载力两方面来加以介绍。

单桩承载力可根据单桩载荷试验确定，树根桩一般是摩擦桩，其桩端阻力一般可忽略不计。由于树根桩是采用压力注浆而形成的，其桩侧摩阻力一般大于钻孔灌注桩和预制桩的桩侧摩阻力。树根桩长径比较大，在计算树根桩单桩承载力时，应考虑其有效桩长的影响。树根桩与桩间土共同承担荷载，树根桩承载力的发挥还取决于建筑物所能承受的容许最大沉降值。容许最大沉降值越大，树根桩承载力发挥度就越高；相反，容许最大沉降值越小，树根桩承载力发挥度越低。承担同样的荷载，当树根桩承载力发挥度较小时，则需要设置较多的树根桩。

树根桩一般为摩擦桩，采用树根桩加固地基，桩与地基土可共同承担上部荷载，桩与土形成复合地基。树根桩复合地基一般属于刚性桩复合地基。

11.3.4 灌浆托换技术

灌浆托换技术(灌浆法)是指利用气压、液压等方式，通过灌浆管将无机或有机化学浆液注入土中，使地基固化，起到提高地基承载力、减小沉降量及防渗堵漏的一种加固方法，也称为注浆法。

采用灌浆法加固既有建筑物地基时应根据工程地质条件和建筑物情况，合理选用灌浆形式和灌浆压力。对于砂性土地基和杂填土地基可采用渗透灌浆加固，采用的灌浆压力和灌浆速度以不能对建筑物产生不良影响为控制标准。对于饱和软黏土地基，灌浆法的效果并不理想，在灌浆过程中地基土体中产生超孔隙水压力，灌浆产生的灌浆力容易抬升建筑物造成不良后果，而且在灌浆完成后，饱和软黏土地基中超孔隙水压力消散将造成较大的工后沉降。

灌浆加固还可用于补偿性加固。在既有建筑物周围开挖基坑或进行地下工程施工，基坑开挖或地下工程施工形成的土体侧向位移可能使建筑物产生不均匀沉降。通过在建筑物外侧地基中进行补偿性灌浆加固可减小周围土体侧移对该建筑物造成的不良影响。补偿性加固也适用于保护地基中市政管线免受周围施工扰动的影响。另外，地下水位的下降，特别是井点降水，造成地下水位差异可能对建筑物产生的影响也可通过补偿性灌浆来减小。

思考与练习

1. 建筑物为什么会产生倾斜？建筑物产生倾斜一定需要加固吗？为什么？
2. 建筑物纠斜技术有哪些？哪些技术可联合使用？为什么？
3. 掏土纠斜法、加载纠斜法和顶升纠斜法的作用机理分别是什么？
4. 如何判断既有建筑物是否需要进行加固？
5. 简述基础加宽技术的优缺点及其适用性。
6. 简述三种桩式托换技术的优缺点及其适用性。

第 12 章　特殊土地基处理

本章学习目标

- 了解各类特殊土的基本特征；
- 掌握各类特殊土地基的评价方法和处理措施。

12.1　概　述

我国地域辽阔，从沿海到内陆，由山区到平原，分布着多种多样的土。某些土，由于不同的地理环境、气候条件、地质成因、历史过程、物质成分和次生变化等原因，而具有与一般土显然不同的特殊性质。具有特殊工程性质的土称为特殊土。在我国，比较典型的特殊土主要有湿陷性黄土、膨胀土、盐渍土、液化土、岩溶、冻土等。当特殊土作为建(构)筑物的地基时，时常出现变形、承载力、稳定性等指标超出允许范围，达不到设计要求，或指标不稳定，随温度、含水量、振动等而变化的问题，最后导致各种工程事故。

特殊土地基应采取相应的处理措施，来增加地基的稳定性、提高地基的承载力、减少地基的沉降和不均匀沉降，以确保建(构)筑物安全、可靠。在处理过程中，应充分考虑地理位置、气候条件、地质成因等区域性特征。本章主要介绍湿陷性黄土地基、膨胀土地基、液化地基以及岩溶地基的处理方法。

12.2　湿陷性黄土地基处理

湿陷性黄土是一种非饱和的欠压密土，天然孔隙比在 1.0 左右，具有肉眼可见的大孔隙，竖向节理发育，能保持直立的天然边坡。湿陷性黄土在一定压力下受水浸湿，土结构迅速破坏，并产生显著附加下沉。湿陷性黄土分为两种：一种是自重湿陷性黄土，即在上覆土的自重压力下受水浸湿，发生显著附加下沉；另一种非自重湿陷性黄土，即在上覆土的自重压力下受水浸湿，不发生显著附加下沉，当受到超过其自身重量的外力作用时，才出现明显的下沉现象。

12.2.1 湿陷性黄土的基本特征

湿陷性黄土多分布于我国甘肃、陕西、山西等地区，《湿陷性黄土地区建筑标准》(GB 50025—2018)将我国湿陷性黄土分为七大工程地质分区，分别为陇西地区、陇东—陕北—晋西地区、关中地区、山西—冀北地区、河南地区、冀鲁地区、边缘地区。

我国湿陷性黄土，一般呈黄色或褐黄色，粉土粒含量常占土重的60%以上，含有大量的碳酸盐、硫酸盐和氯化物等可溶盐类。湿陷性黄土的物理力学性质随地域分布不同而不同，总体规律：由西北向东南，黄土的密度、含水量和强度由小变大，而压缩性、渗透性和湿陷性均由大变小，颗粒组成由粗变细，黏粒含量由少变多，易溶盐由多变少。湿陷性黄土的基本物理力学指标范围如表12-1所示。

表12-1 湿陷性黄土的基本物理力学指标

指标	取值范围
干重度	11.4～16.9 kN/m^3
孔隙比	一般为0.85～1.24，大多数为1～1.1
天然含水量	7%～25%
饱和度	一般为15%～77%，多数为40%～50%
液限	20%～35%
压缩系数	0.1～1 MPa
抗剪强度	取决于土的含水量及密实度

12.2.2 黄土的湿陷性判定

1)黄土的湿陷程度

根据《湿陷性黄土地区建筑标准》(GB 50025—2018)：当湿陷系数 $\delta_s \geqslant 0.015$ 时，应定为湿陷性黄土；当 $\delta_s < 0.015$ 时，为非湿陷性黄土。

黄土的湿陷程度，可根据湿陷系数 δ_s 值的大小分为下列三种。

①当 $0.015 \leqslant \delta_s \leqslant 0.03$ 时，湿陷性轻微。

②当 $0.03 < \delta_s \leqslant 0.07$ 时，湿陷性中等。

③当 $\delta_s > 0.07$ 时，湿陷性强烈。

2)场地湿陷类型

湿陷性黄土场地的湿陷类型，应按自重湿陷量的实测值 Δ'_{zs} 或计算值 Δ_{zs} 判定，并应符合以下规定。

①当自重湿陷量的实测值 Δ'_{zs} 或计算值 $\Delta_{zs} \leqslant 70$ mm时，应定为非自重湿陷性黄土场地。

②当自重湿陷量的实测值 Δ'_{zs} 或计算值 $\Delta_{zs} > 70$ mm时，应定为自重湿陷性黄土场地。

③当自重湿陷量的实测值和计算值出现矛盾时，应按自重湿陷量的实测值判定。

3)湿陷等级确定

湿陷性黄土地基的湿陷等级，应根据自重湿陷量计算值 Δ_{zs} 或实测值 Δ'_{zs} 和湿陷量计算值 Δ_s，按表 12-2 判定。

表 12-2　湿陷性黄土地基的湿陷等级

<table>
<tr><td rowspan="2">Δ_s/mm</td><td>非自重湿性场地</td><td colspan="2">自重湿陷性场地</td></tr>
<tr><td>$\Delta_{zs} \leqslant 70$</td><td>$70 < \Delta_{zs} \leqslant 350$</td><td>$\Delta_{zs} > 350$</td></tr>
<tr><td>$50 < \Delta_s \leqslant 100$</td><td rowspan="2">Ⅰ(轻微)</td><td>Ⅰ(轻微)</td><td rowspan="2">Ⅱ(中等)</td></tr>
<tr><td>$100 < \Delta_s \leqslant 300$</td><td>Ⅱ(中等)</td></tr>
<tr><td>$300 < \Delta_s \leqslant 700$</td><td>Ⅱ(中等)</td><td>Ⅱ(中等)或Ⅲ(严重)</td><td>Ⅲ(严重)</td></tr>
<tr><td>$\Delta_s > 700$</td><td>Ⅱ(中等)</td><td>Ⅲ(严重)</td><td>Ⅳ(很严重)</td></tr>
</table>

注：对 $70 < \Delta_{zs} \leqslant 350$、$300 < \Delta_s \leqslant 700$ 一档的划分，当湿陷量的计算值 $\Delta_s > 600$ mm，自重湿陷量的计算值 $\Delta_{zs} > 300$ mm 时，可判定为Ⅲ级，其他情况可判为Ⅱ级。

12.2.3　湿陷性黄土地基处理

当湿陷性黄土地基的湿陷变形或承载力不能满足设计要求时，应根据地基湿陷性黄土层的厚度、湿陷性类型、湿陷等级，以及建筑物类别、重要性、结构类型等，在地基压缩层内或湿陷性黄土层内采取相应的地基处理技术，部分或全部消除地基土的湿陷性。选择地基处理方法，除了考虑建筑物和湿陷性黄土的特性之外，还需考虑施工设备、施工进度、材料来源和当地环境等因素，遵循“安全、耐久、低碳、经济”的原则，经技术、经济综合分析比较后确定。湿陷性黄土地基常用的处理方法，可按表 12-3 选择其中一种或多种方法组合的最佳处理方法。

表 12-3　湿陷性黄土地基常用的处理方法

名　称	适用范围	可处理的湿陷性黄土层厚度/m
垫层法	地下水位以上	1～3
强夯法	$S_r \leqslant 60\%$的湿陷性黄土	3～12
挤密法	$S_r \leqslant 65\%$，$w \leqslant 22\%$的湿陷性黄上	5～25
预浸水法	湿陷程度中等～强烈的自重湿陷性黄土场地	地表下 6 m 以下的湿陷性土层
注浆法	可灌性较好的湿陷性黄土(需经试验验证注浆效果)	现场试验确定
其他方法	经试验研究或工程实践证明行之有效	现场试验确定

1)灰土或素土垫层法

在湿陷性黄土地基上设置土垫层是一种传统的地基处理方法，目前被广泛采用。具体做法如下：将处理范围内的湿陷性黄土全部挖除或挖到预计的深度，然后用灰土(石灰与土的体积比为 2∶8 或 3∶7)或素土分层夯实回填，垫层厚度及尺寸计算方法同砂砾垫层，压力扩散角θ对灰土采用30°，对素土采用22°，垫层厚度一般为1.0～3.0 m。它消除了垫层范围内土的湿陷性，减轻或避免了地基附加应力产生的湿陷。如果将地基持力层内的湿陷性黄土部分挖除，采用垫层，可使地基的非自重湿陷消除。该法施工简易，效果显著，是一种常用的地基浅层湿陷性处理或部分处理的方法。

2)重锤夯实法及强夯法

重锤夯实法和强夯法适用于处理饱和度不大于60%的湿陷性黄土。

重锤夯实法能消除浅层的湿陷性。一般采用25～30 kN的重锤，落距4.0～4.5 m，在最优含水量的情况下，可消除1.2～1.8 m深度内土层的湿陷性。在夯实层的范围内，土的物理力学性质获得显著改善，承载力提高、压缩性降低、湿陷性消除。非自重湿陷性黄土地基的湿陷起始压力较大，当用重锤处理部分湿陷性黄土层后，可减少甚至消除黄土地基的湿陷变形。重锤夯实法起吊设备简单，易于操作，施工速度快，造价低。

强夯法处理湿陷性黄土地基的优点为施工简单、效率高、工期短、对湿陷性黄土湿陷性消除的深度大，缺点是振动和噪音较大。根据国内使用记录，强夯法也能消除黄土的湿陷性，并可提高承载力。当锤重100～200 kN，自由下落高度为10～20 m时，锤击两遍，可消除8～10 m深度范围内黄土的湿陷性。

3)灰土(土)挤密桩法与深层孔内夯扩桩法

灰土(土)挤密桩法是一种复合地基处理方法。该方法采用打入桩、冲钻或爆扩等方法在土中成孔，然后用素土、石灰土或将石灰与粉煤灰混合分层夯填桩孔而成桩，用挤密的方法破坏黄土地基的松散、大孔结构，以消除或减轻地基的湿陷性。此方法适用于消除5～10 m深度内地基土的湿陷性。灰土(土)挤密桩法对地基的加固效果，不仅与桩距有关，还与所处理的土层厚度和宽度有关。当土层处理宽度不足时(尤其是未消除全部黄土的湿陷性的情况下)，可能使基础产生较大的沉降，甚至丧失稳定性，因此，土层处理宽度应符合规范要求。当进行整片处理时，宜设置0.5 m厚的灰土(土)垫层。

4)预浸水法

预浸水法是在修建建筑物前预先对湿陷性黄土场地大面积浸水，使土体在自重作用下湿陷、压密，以消除全部黄土层的自重湿陷性和深部土层的外荷载湿陷性，然后修筑建筑物的一种处理湿陷性黄土的方法。

预浸水法一般适用于湿陷性黄土厚度大、湿陷性强烈的自重湿陷性黄土场地。当用于处理厚度＞10 m而自重湿陷量＞50 cm的自重湿陷性黄土场地时，浸水坑的边长不应小于湿陷性土层的厚度，坑内水位应≥30 cm，浸水时间以湿陷变形稳定为准。工程实践表明，这样一般可较好地消除地表以下5 m以内黄土的自重湿陷性和它下部土层的湿陷性。但预浸水后，地表以下5 m内的土层不能消除因外荷载所引起的湿陷变形，还需按非自重湿陷性黄土地基配合采用土垫层、重锤夯实法或强夯法等措施进行处理。由于此方法耗水量大(处理1 m^2面积至少需要用水5 t以上)，处理时间长(约6～12个月)，因此预浸水法只能在水源充足，又有较长施工准备时间的条件下采用。此外，也应考虑预浸水对邻近建筑物和场地边坡稳定性的影响，因为附近地表可能产生开裂、下沉等。

5)化学加固法

在我国，湿陷性黄土地基处理应用较多且有丰富实践经验的化学加固方法包括硅化加固法和碱液加固法。

硅化加固法中单液硅化法应用较多，是指将硅酸钠溶液（$Na_2O \cdot nSiO_2$）（常称为水玻璃）灌入土中，当溶液和含有大量水溶性盐类的土相互作用时，会产生硅胶将土颗粒胶结，从而提高水的稳定性，消除黄土的湿陷性，提高土的强度。

碱液加固法是将具有一定浓度的 NaOH 溶液加热到 90～100℃，通过有孔铁管在其自重作用下灌入黄土中，利用 NaOH 溶液与土中可溶性和可交换性碱土金属阳离子（如钙离子、镁离子）发生置换反应，使土颗粒表面生成碱土金属氢氧化物，利用 NaOH 溶液与土中呈游离状态的 SiO_2、Al_2O_3 和微细颗粒（铝硅酸盐类）反应，使土颗粒产生溶合胶结（钠铝硅酸盐类胶结）。当土中可溶性和可交换性钙、镁离子含量较高时，注入 NaOH 溶液即可得到满意的加固效果。如土中这类离子含量较少，为提高加固效果，可采用双碱法，即在注入 NaOH 溶液后，再注入 $CaCl_2$ 溶液，利用 $CaCl_2$ 与 NaOH 反应生成 $Ca(OH)_2$，以及部分 $CaCl_2$ 溶液直接作用，使非水稳性的钠铝硅酸盐络合物变为水硬性的钙铝硅酸盐络合物，从而，提高土粒胶结强度和水稳性。

由于黄土属于钙、镁离子饱和土，采用单液硅化法加固就已足够。但若钙、镁离子含量较低，则需考虑采用碱液与氯化钙溶液的双液法加固。

单液硅化法和碱液法适用于处理地下水位以上渗透系数为 0.10～2.00 m/d 的湿陷性黄土等地基。在自重湿陷性黄土场地，对于Ⅱ级湿陷性地基，由于碱液法在自重湿陷性黄土地区使用较少，而且加固深度不足 5 m，为防止采用碱液法加固既有建筑物地基产生附加沉降，在采用碱液法加固前，应通过试验确定其可行性。

采用单液硅化法和碱液法加固湿陷性黄土地基，应于施工前在拟加固的建筑物附近进行单孔或多孔灌注溶液试验，确定灌注溶液的速度、时间、灌注量或压力等参数。

灌注溶液试验结束后，隔 7～10 d，在试验范围的加固深度内测量加固土的半径，并取土样进行室内试验，测定加固土的压缩性和湿陷性等指标。必要时，应进行浸水载荷试验或其他原位测试，以确定加固土的承载力和湿陷性。

对酸性土和已渗入沥青、油脂及石油化合物的地基土，不宜采用单液硅化法和碱液法。

12.3 膨胀土地基处理

膨胀土是土中黏粒成分主要由亲水性矿物（蒙脱石或伊利石）组成，同时具有显著的吸水膨胀和失水收缩两种变形特性的黏性土。膨胀土的含水量较低时，土的强度很高，遇水后易崩解和软化，强度急剧降低，这些特性不利于膨胀土地基上的建筑物与结构的安全使用，如设计和施工时没有采取必要的措施，会给建筑物造成危害，尤其对低层轻型房屋、路基、边坡带来的危害更大。膨胀土在我国分布很广，根据现有资料，广西、云南、湖北、河南、安徽、四川、河北、山东、陕西、江苏、贵州和广东等地均有不同范围的分布。

12.3.1 膨胀土的基本特征

①分布特征。膨胀土多分布在二级或二级以上的河谷阶地、山前和盆地边缘及丘陵地带，一般地形坡度平缓，无明显的天然陡坎。

②工程地质特征。我国膨胀土除少数形成于全新世(Q_4)外，其地质年代多属第四纪晚更新世(Q_3)或更早一些。在自然条件下，膨胀土多呈硬塑或坚硬状态，颜色有灰白、黄、黄褐、红褐等色，常呈斑状，并含有铁锰质或钙质结核。我国膨胀土的黏粒含量较高，粒径小于 0.002 mm 的胶体颗粒占比一般＞20％，其液限 w_L＞40％，塑性指数 I_p多为 22～35，液性指数 I_L通常＜0，膨胀土天然含水量接近或略小于塑限，土压缩性小，多属低压缩性土。

膨胀土裂隙较发育，有竖向、斜向和水平向三种。竖向裂隙常出露地表，干旱年可见贯通的地裂隙，裂隙宽度不一，随深度的增加而逐渐减小。裂隙中常填充有灰绿、灰白色黏土，裂隙面呈油脂或蜡状光泽，时有擦痕或水渍及铁锰氧化物薄膜。在临近边坡处，裂隙常构成滑坡的滑动面。膨胀土胀缩变形具有季节性，裂隙同样具有季节性，干旱季常出现地裂，长可达数十米，深数米，雨季则裂隙闭合。

③建筑物破坏形态。建造在膨胀土地基上的建筑物，随季节性气候的变化会反复不断地产生不均匀的升降，建筑物多呈“倒八字”“X”或水平裂缝，裂缝随气候变化而张开和闭合。

12.3.2 膨胀土地基的评价

1)膨胀土的判别

具有前述膨胀土的基本特征，且自由膨胀率 δ_{ef}＞40％的土，应判定为膨胀土。

2)膨胀潜势

膨胀土在环境条件变化时可能产生胀缩变形或膨胀力的量度，称为膨胀潜势。自由膨胀率能综合反映亲水性矿物成分、颗粒组成、膨胀特征及其危害程度。按自由膨胀率膨胀土的膨胀潜势可分为三类，如表 12-4 所示。

表 12-4 膨胀土的膨胀潜势分类

自由膨胀率 δ_{ef}/％	膨胀潜势
$40 \leqslant \delta_{ef} < 65$	弱
$65 \leqslant \delta_{ef} < 90$	中
$\delta_{ef} \geqslant 90$	强

3)地基的胀缩等级

膨胀土地基应根据地基胀缩变形对低层砌体房屋的影响程度进行评价，地基的胀缩等级可根据地基分级变形量 s_c，按表 12-5 分级。

表 12-5 膨胀土地基的胀缩等级

地基分级变形量 s_c/mm	等级
$15 \leqslant s_c < 35$	Ⅰ
$35 \leqslant s_c < 70$	Ⅱ
$s_c \geqslant 70$	Ⅲ

12.3.3 膨胀土地基处理

为减小或消除膨胀土地基的胀缩性对建筑物的危害，常用的地基处理方法有换土法、土性改良法、桩基础法、地基帷幕保湿法、预浸水法等。确定处理方法时应根据土的胀缩等级、地方材料及施工工艺等，进行综合技术经济比较。

1)换土法

在较强或强膨胀性土层出露较浅的建筑场地或建筑物在使用上对不均匀变形有严格要求时，可采用非膨胀性的黏性土、砂、碎石、灰土以及砂渣石灰等置换膨胀土，以减少地基胀缩变形量。换土厚度可通过变形计算确定。平坦场地上Ⅰ、Ⅱ级膨胀土的地基处理，宜采用砂石垫层。由于各地区的气候不同，膨胀土的临界深度(在一定深度以下膨胀土含水量基本不受外界气候影响)和临界含水量有所不同，换土厚度应根据膨胀土的膨胀性强弱和当地的气候特点确定，一般可采用 1～2 m(强膨胀土换土厚度可用 2 m，中膨胀土用 1～1.5 m)，但具体换土厚度要根据调查后的临界深度来确定，最大厚度不宜超高 3 m。换土宽度应大于基底宽度，两侧宜采用相同的材料回填，并做好防水处理。其具体设计施工方法详见第 4 章。

2)垫层法

垫层法与换土法施工过程基本相同，也主要应用于薄的膨胀土层及主要胀缩变形层不厚的情况。对膨胀土层较厚的地基可部分挖除，铺设砂、碎石垫层抑制膨胀土的升降变形引起的危害，其作用主要是减少地基胀缩变形和调节膨胀土地基差异沉降量，具有补偿功能。此外，砂石层还可防止地下水毛细作用上升使地基不受冻胀作用的影响，施工简单，就地取材还能节约投资，故此法是处理膨胀土地基的一种较为适用和经济的方法。在平坦场地上Ⅰ、Ⅱ级膨胀土地基处理中，垫层法除可用于轻型建筑物地基处理外，还可广泛用于道路、堆场等，但在长期干旱地区而又有可能浸水的房屋中不宜采用。

我国对砂垫层的作用进行过室内模型试验和现场试验，认为砂垫层能够提高膨胀土地基的承载力，减小浸水湿化变形，垫层厚度为 0.5～0.8 m，可降低膨胀力 25%～30%。对差异沉降量的调节作用大小随外荷载大小而变化，荷载小于地基的极限承载力时，调节作用随荷载增大而增大；补偿作用则在外荷载作用下形成压密核的过程中产生。砂垫层的调节和补偿作用与垫层的厚度及宽度密切相关。

垫层材料宜采用级配良好且质地坚硬的粒料，砂子以中粗砂为好，碎石最大粒径不宜大于 50 mm，砂石含泥量不应超过 5%，保证其夯压效果的关键是将砂石夯实加密至设计要求的密实度，施工时应控制砂石含水量为最优含水量时进行分层铺设，逐层振实或夯实，垫层厚度不应小于300 mm，分层厚度一般为150～200 mm，一般在基底两侧各拓宽20 cm，基础两侧宜用与垫层相同的材料回填夯实，并做好防水处理使雨水不灌进砂石层内。

值得注意的是，膨胀土地基用砂石垫层置换基础下部分的膨胀土，对地基的胀缩变形起到缓冲作用，以减少地基胀缩变形量，但这种垫层置换法一般需配合上部结构整体加强，使上部结构适应地基变形，以保证建筑物的结构安全，对于这种地基、基础与上部结构的共同空间整体协同作用的研究还有待于深化。

3)土性改良法

土性改良法是在膨胀土中掺入其他材料，使其物理、力学特性得到改善，克服其不良的湿热敏感性，进而满足工程需求的处理方法。

掺入膨胀土地基中的材料性能不同，其处理原理也有所不同。若掺入非膨胀性固体材料(如砂砾石、粉煤灰、矿渣、风积土等)，则可通过改变膨胀土原有的土颗粒组成或级配来减弱膨胀土的胀缩能力。若掺入石灰、水泥、有机或无机化学浆液等能与膨胀土中的黏土颗粒发生化学反应的添加材料，则可从根本上改善土的性质。

①砂。当选用砂作为添加材料时，随着砂含量的增加，土中黏粒含量相对减少，对于给定的初始含水量和干密度砂粒改良土样，土不再易膨胀。同时存在临界掺砂量(约为60%)，大于此数值后土样不再对膨胀敏感。

②石灰。石灰这种气硬性无机胶凝材料与膨胀土的反应，主要有石灰消化放热反应、碳酸硬化、离子交换、胶凝反应四种作用。这些作用使膨胀土的液限、膨胀性、黏粒含量降低，也就提高了土的塑限与强度，增大了最佳含水量，降低了最大干密度。

采用石灰处理膨胀土应避免在雨季施工。也要注意严格控制石灰剂量、石灰均匀性、填料粒径、松铺厚度、拌和均匀程度与碾压遍数等。

③水泥。水泥是一种水硬性胶凝材料，采用水泥作为添加材料时，它通过与膨胀土黏粒相互反应，降低了液限，减小了体积变化，增大了缩限和抗剪强度。水泥用于加固膨胀土的掺入量应控制在4%～6%。

4)湿度控制法

湿度控制法通过控制膨胀土含水量的变化，保持地基中的水分少受蒸发和降雨入渗的影响，从而抑制地基的胀缩变形。目前比较成功的保湿方法有预浸水法、暗沟保湿法、帷幕保湿法和全封闭法。

(1)预浸水法

预浸水法是在施工前用人工方法增加地基土的含水量，使膨胀土层全部或部分膨胀，并维持高含水量，从而消除或减少膨胀变形量。我国幅员辽阔，气候差异大，膨胀土预浸水后难以保持土中的高含水量使土体积不发生变化，常在干旱季节产生更大的收缩变形，从而导致建筑物破坏。没水后膨胀土的强度和变形指标急剧降低，承载力一般在100 kPa左右，在路基工程中，也无法保证路基所要求的足够强度和刚度，还会使路基因失水产生收缩变形，出现干裂缝。因此，在膨胀土上建造房屋基础时，预浸水法能否作为一种重要的地基处理技术，目前国内外均持怀疑态度。

(2)暗沟保湿法

暗沟保湿法的原理与预浸水法相近，主要是利用膨胀土的胀缩性与含水量密切相关的原理，让膨胀土地基充分浸水至膨胀稳定含水量，并保持该含水量不发生变化，则地基既不会产生膨胀变形，也不会产生收缩变形，从而保证建筑物不遭受地基胀缩变形而引起破坏。暗沟保湿法适用于有经常水源的三层以下房屋的处理，对于无经常水源的房屋、强膨胀土地基和长期干旱地区不得采用。

(3)帷幕保湿法

帷幕保湿法用不透水材料做成帷幕形成地基防水保湿屏障，以截断外界因素对地基水分的影响，从而保证地基中水分的稳定，消除引起地基土胀缩变形的根源。帷幕形式有砂帷幕、填砂的塑料薄膜帷幕、填土的塑料薄膜帷幕、沥青油毡帷幕以及塑料薄膜灰土帷幕等。

帷幕埋深由建筑场地条件和当地大气影响急剧层深度来确定，根据地基土层水分变化情况，在房屋四周分别采取不同帷幕深度以截断侧向土层水分的转移，帷幕配合1.5 m宽的散水进行地基处理的效果明显，尤其当膨胀土地基上部覆盖层为卵石、砂质土等透水层时，采用该法防止侧向渗水浸入地基的效果良好。帷幕保湿法既可用于新建房屋，也可用于已损坏房屋的修缮处理；前者通常情况下是在建房的同时建造帷幕。

建造帷幕时，帷幕深度应不小于基础的最小埋深；不透水材料可用油毡，但一般应选用较厚的聚乙烯薄膜，宜用两层，铺设时搭接部分不应少于10 cm，并用热合处理；塑料薄膜如有撕裂等病疵时，应按搭接处理；隔水壁应采用灰土(石灰与土的体积比为2∶8或3∶7)回填，在塑料薄膜失效时，灰土仍可起防水作用，散水宽度一般不小于1.5 m，但必须覆盖帷幕，做法严格遵守相关规范规定。

(4)全封闭法

由于全封闭法一般在膨胀土路堤中应用，又称为包盖法或包边路堤，主要在膨胀土广泛分布的地区使用。出于经济上的考虑和受填料条件所限，不得不采用弱膨胀土和中膨胀土填筑路堤时，直接用接近最佳含水量的中膨胀土、弱膨胀土填筑路堤堤心部位，用普通黏土或改性土作为路堤两边边坡与基底及顶面的封层，从而形成包心填方，让膨胀土永久地封存在非膨胀土中，避免膨胀土与外界大气直接接触，保持膨胀土湿度的稳定，使其失去胀缩性，从而成为良好的路基填料。

为了确保封闭效果有效地限制堤内膨胀土的湿度变化，封层应有相当的厚度。其中，边坡处往往是施工碾压的薄弱部位，如果封闭土层与路堤土一起分层填筑压实，并达到同样的压实度，则处理效果会更好。为此，在用膨胀土填筑路基时，每层松铺厚度宜控制在30 cm以内，先用普通黏土填包边层，之后填筑膨胀土夹心层，包边层和夹心层同时碾压，压实后必须形成坡度为4%的人字形路拱，并形成平整的坡面。封顶层用普通黏土填筑，厚度一般不应小于1.5 m，表面用光碾压路机碾压平整。边坡包边宽度应不小于2.0 m，并按设计要求做好梯形路拱，每一段路堤按标准施工完毕后，人工刷好边坡，并拍打光实、平整。施工应选在非雨水季节或旱季。

综上所述，全封闭法是处治膨胀土的一种好方法，尤其当强膨胀性土层较厚时，具有较好的经济性。但迄今为止，对蒸发与降雨条件下膨胀土的水分迁移规律与力学效应还未取得足够清晰的认识，因此，对采用全封闭法处理膨胀土地基的设计理论还需作大量的研究。并在工程实践中不断完善。

5)砂包基础法

砂包基础法是将基础置于砂层包围中，砂层选用砂、碎石、灰土等材料，厚度宜采用基础宽度的 1.5 倍，宽度宜采用基础宽度的 1.8～2.5 倍，砂层不能采用水振法施工。对中等胀缩性膨胀土地基，将砂包基础、地梁、油毡滑动层以及散水坡等措施相结合，可取得明显效果。如广西武宣县从 1974 年以来，采用上述方法处理开裂的房屋，效果显著。

6)增大基础埋深法

季节分明的湿润区和亚湿润区，地基胀缩等级属中等或中等偏弱的平坦地区，大气影响深度较深，增大基础埋深可作为防治房屋产生过大不均匀沉降变形的一项长期处理措施，该方法在美国、加拿大等国被普遍采用。

影响基础有效埋深的外界因素主要有两个：地表大气影响和地下水。由于地表以下 1.0 m 内土体中的含水量受人为活动和大气影响最大，因此当场地平坦且地下水位较深时，膨胀土地基上结构物基础的埋深应≥1 m，通常取 1～1.5 m；如果常年地下水位较高，则在稳定地下水位以上 3 m 以内土体的含水量变化较小，可将基础埋置于该深度范围或地下水位以下。常用的基础形式为砂垫层上的条形基础，垫层材料可采用中、粗砂，其厚度取 0.3～0.5 m，在含水量约为 10%时分层夯实。

实际观测和调查研究表明，即使在同一地区，因地形地貌条件的差异以及土层胀缩性的差异等因素的影响，其大气影响急剧层的深度也不同，故在确定基础有效埋深时，应重视当地的建筑经验。

对于低层房屋，若以增大基础埋深为主要防治措施可能会增加造价，因此通常采用宽散水的措施。当以宽散水为主要防治措施时，基础埋深可为 1 m。

在亚干旱区，由于大气影响急剧层深度一般为 2.5 m，若遇复杂场地条件，还要再增大基础埋深(有时可达 5 m 或者更深)，这时采用增大基础埋深法已不经济，宜采用墩式基础或桩基础。

7)桩基础法

当大气影响层深度较大、地下水位较深，选用其他地基处理方法有困难或不经济时，则可采用桩基础法。我国目前以灌注桩较为常用。

膨胀土地区桩基础的工作状态较为复杂：土体膨胀时，在桩侧与土之间会产生胀切力；土体收缩时，在桩侧与土之间会产生负摩阻力。因此，膨胀土中的桩基础设计除应符合现行规范的有关规定外，还应满足下列条件。

①土体膨胀时，胀切力与桩顶轴力之差小于桩侧摩阻力；土体收缩时，大气影响急剧层内桩土脱开，桩顶轴力与端阻力之差小于扣除脱开部分后的桩侧摩阻力；桩尖伸入长度应按上述两个条件分别计算后取大值，并应大于大气影响急剧层深度的 1.6 倍，且不得小于 4 m。

②由于桩在膨胀土地基中的升降位移量随桩径的增大而呈线性上升，所以宜采用较小的桩径，一般可为 0.25～0.35 m。单桩的承载力应通过现场浸水静载试验(或根据当地建筑经验)确定。

③在桩承台梁与土体之间应预留孔隙，其值应大于土层浸水后的最大膨胀量，且不小于 0.1 m；在承台梁两侧应采取措施，防止孔隙堵塞；当桩身承受胀切力时，还应验算桩

身材料的抗拉强度，并采取通长配筋，其最小配筋率应按受拉构件配置。

④在斜坡场地选用桩基础时，桩长应适当增长，桩尖应支承载坡脚以下大于 1 m 的深度处。

8)土工合成材料加固法

由于土工合成材料具有加筋、隔离、防护、防渗、过滤和排水等多种功能，因此将土工合成材料应用于处治膨胀土(尤其是用于膨胀土路基工程)已十分普遍。

针对膨胀土基床，主要利用土工膜与复合土工膜的隔水防渗作用，防止其翻浆冒泥；土工格室则对防治基床下沉外挤十分有效，原因在于格室的侧向限制作用使之与土体形成一个整体，从而提高了土体的刚度和强度；而将复合土工膜(二布一膜)铺设在基床表层，除能起到隔离(隔水、隔浆、隔渣)、排水、反滤作用外，还具有分散基床应力、减小路堤填筑后的不均匀沉降、有效提高基床刚度的作用。

施工时，土工膜和土工格室采用人工自一端向另一端铺设，复合土工膜铺设于基床表层，材料上下均铺设砂垫层(上 150 mm、下 50 mm)，垫层底面设置不小于 4%的横向排水坡，施工作业时应确保不损伤已铺土工膜，相邻复合土工膜的搭接宽度不小于 0.5 m，保证接头处不渗漏。

为控制膨胀土路堤边坡的施工质量并提高边坡稳定性，可在膨胀土路堤施工中分层水平铺设土工格栅作为路堤的包边加强层，充分利用土工格栅与填土间的摩擦力和咬合力，从而提高整体抗剪强度，起到固结边坡土体、加筋补强和防止边坡浅层溜塌、塌滑的效果。

铺设土工格栅时，应拉紧展开，相邻土工格栅采用 U 形铁卡固定于土层表面，铺设完毕后不允许车辆碾压，为避免因土方的填筑而使土工格栅产生移位、隆起和变形，其上的松铺填土厚度宜大于 0.4 m；按设计坡率进行刷坡时，应刷除施工填筑加宽部分，使边坡加筋土工格栅与坡面平齐，确保格栅不受损坏。

将土工网垫铺设于路堤边坡表面，能起到先期保土和固定草种及防止表水冲刷、分解雨水集中的作用，土工网垫与植物根系、泥土牢固地结合在一起，可形成一层牢固的绿色保护层，防止雨水冲蚀、边坡溜坍和滑坡。土工网垫通常沿边坡自上而下铺设，坡面网垫幅间搭接 50 mm，采用竹节钉或 U 形铁丝钉固定，幅内采用固定钉钉固，间距$<$1 m，施工中坡面要平整密实，且使网垫平顺并密贴坡面，否则植草难以在坡面生根成长。

应用土工合成材料处理膨胀土路基，由于其施工简单，不需要特殊的施工机械和专业技术人员，且有利于环保，技术和经济效果均较好，是一种值得采用和推广的方法。但目前对土工合成材料与土体相互作用的分析方法，尤其是其相互作用对土工合成材料变形影响的研究还有待深入。此外，对土工合成材料长期使用性能与效果的合理评估也值得进一步的研究。

总之，膨胀土地基的处理技术还在不断发展之中，除上述介绍的方法外，还有一些其他方法亦取得了较好的应用效果，如水泥土搅拌法、石灰桩法、砂石桩法与土钉法等。在实际工程应用中，究竟是采用单一方法还是组合方法，应根据工程地区的实际情况而定，总的原则依然是安全、经济、可行、方便。

12.4 液化地基处理

液化是土由固体状态变为液体状态的一种现象。在我国广阔的地域中，普遍存在着饱和的砂土和粉土，这种地基在强大的动力荷载(如地震)的作用下，很容易发生液化。地基液化会造成地基的承载力急剧下降，可能引起地面下陷、大规模滑坡以及建筑物失稳破坏等，因此，应及时准确地判断液化地基，加以有效处理，尽最大可能避免液化地基带来的危害。

12.4.1 土体液化的原因

饱和砂土或粉土在强烈振动影响下，土颗粒发生相对移动、重排列，颗粒间孔隙比减小，土粒结构趋于密实。如果土的渗透系数较小，孔隙水来不及排出，在土粒结构收缩后，孔隙水压力就会急剧增大，并使土有效应力(土粒骨架结构所承担的应力)相应减少，抗剪强度降低。当孔隙水压力等于总应力，有效应力降为零时，土粒间不再传递应力，完全丧失抗剪强度和承载力，此时，土粒像悬浮于水中，可随水流动，称为液态，此即为土体液化。

土体是否发生液化，主要与土的性质、振动前土的应力状态、振动的特性等因素有关。

12.4.2 地基的液化等级

液化现象与地层的地质年龄、地貌特征、黏土颗粒的含量、地下水位深度以及上层覆盖的非液化土壤层的厚度等因素密切相关。根据《建筑抗震设计标准》(2024 年版)(GB/T 50011—2010)中饱和砂土、饱和粉土(不含黄土)的液化判别和地基处理，抗震设防烈度 6 度时，一般情况下可不进行判别和处理，但对液化沉陷敏感的乙类建筑可按 7 度的要求进行判别和处理，7～9 度时，乙类建筑可按本地区抗震设防烈度的要求进行判别和处理。

当饱和砂土、粉土不符合初判要求，需进一步进行液化判别时，应采用标准贯入试验判别法判别地面下 20 m 范围内的土的液化。

当饱和土标准贯入锤击数 N(未经杆长修正)小于或等于液化判别标准贯入锤击数临界值 N_{cr}时，应判为液化土，可按下式计算：

$$N \leqslant N_{cr} \tag{12-1}$$

在地面下 20 m 深度范围内，液化判别标准贯入锤击数临界值可按下式计算：

$$N_{cr} = N_0 \beta [\ln(0.6d_s + 1.5) - 0.1d_w] \sqrt{3/\rho_c} \tag{12-2}$$

式中，N 为饱和土标准贯入锤击数实测值；N_{cr}为液化判别标准贯入锤击数临界值；N_0为液化判别标准贯入锤击数基准值，按表 12-6 取用；d_s为饱和土标准贯入点深度；d_w为地下水位；ρ_c为黏粒含量百分率，当小于 3 或为砂土时，应采用 3；β 为调整系数，设计地震第一组取 0.80，第二组取 0.95，第三组取 1.05。

表 12-6　液化判别标准贯入锤击数基准值 N_0

设计基本地震加速度/g	0.10	0.15	0.20	0.30	0.40
液化判别标准贯入锤击数基准值	7	10	12	16	19

对存在液化砂土层、粉土层的地基，应探明各液化土层的深度和厚度，按下式计算每个钻孔的液化指数，并按表 12-7 综合划分地基的液化等级。

$$I_{lE}=\sum_{i=1}^{n}\left[1-\frac{N_i}{N_{cri}}\right]d_iW_i \tag{12-3}$$

式中，I_{lE}为液化指数；n 为在判别深度范围内每一个钻孔标准贯入试验点的总数；N_i、N_{cri}为分别为 i 点标准贯入锤击数的实测值和临界值，当实测值大于临界值时应取临界值，当只需要判别 15 m 范围以内的液化时，15 m 以下的实测值可按临界值采用；d_i为 i 点所代表的土层厚度，可采用与该标准贯入试验点相邻的上、下两标准贯入试验点深度差的一半，但上界不高于地下水位深度，下界不深于液化深度；W_i为 i 土层单位土层厚度的层位影响权函数值。当该层中点深度不大于 5 m 时应采用 10 m^{-1}，等于 20 m 时应采用零值，5～20 m 时应按线性内插法取值。

表 12-7　液化等级与液化指数的对应关系

液化等级	轻微	中等	严重
液化指数	$0<I_{lE}\leqslant 6$	$6<I_{lE}\leqslant 18$	$I_{lE}>18$

12.4.3　液化地基处理

根据《建筑抗震设计规范》(2024 年版)(GB/T 50011—2010)的规定，当液化砂土层、粉土层较平坦且均匀时，宜按表 12-8 选用地基抗液化措施。上部建筑的重力荷载对液化危害的影响也应考虑，并根据液化震陷量的估计适当调整抗液化措施。

不宜将未经处理的液化土层作为天然地基持力层。

表 12-8　抗液化措施

建筑抗震	地基的液化等级		
设防类别	轻微	中等	严重
乙类	部分消除液化沉陷，或对基础和上部结构进行处理	全部消除液化沉陷，或部分消除液化沉陷且对基础和上部结构进行处理	全部消除液化沉陷
丙类	对基础和上部结构进行处理，亦可不采取措施	对基础和上部结构进行处理，或采取更高要求的措施	全部消除液化沉陷，或部分消除液化沉陷且对基础和上部结构进行处理
丁类	可不采取措施	可不采取措施	对基础和上部结构进行处理，或采取其他经济的措施

注：甲类建筑的地基抗液化措施应进行专门研究，但不宜低于乙类的相应要求。

1)全部消除液化沉陷的措施

①采用桩基时，桩端伸入液化深度以下稳定土层中的长度(不包括桩尖部分)，应按计算确定，且对碎石土，砾、粗、中砂，坚硬黏性土和密实粉土不应小于 0.8 m，对其他非岩石土不宜小于 1.5 m。

②采用深基础时，基础底面应埋入液化深度以下的稳定土层中，其深度不应少于 0.5 m。

③采用加密法(如振冲、振动加密、挤密碎石桩、强夯等)加固时，应处理至液化深度下界；振冲或挤密碎石桩加固后，桩间土的标准贯入锤击数不宜小于式(12-2)的液化判别标准贯入锤击数临界值。

④用非液化土替换全部液化土层或者增加上覆非液化土层的厚度。

⑤采用加密法或换土法处理时，在基础边缘以外的处理宽度，应超过基础底面下处理深度的 1/2 且不小于基础宽度的 1/5。

2)部分消除地基液化沉陷的措施

①处理深度应使处理后的地基液化指数减少，处理后的液化指数值不宜大于 5；大面积筏基、箱基的中心区域，处理后的液化指数可比上述规定降低 1；对独立基础和条形基础，还不应小于基础底面下液化土特征深度和基础宽度中的较大值(注：中心区域指位于基础外边界以内沿长宽方向距外边界大于相应方向 1/4 长度的区域)。

②采用振冲或挤密碎石桩加固后，桩间土的标准贯入锤击数不宜小于式(12-2)的液化判别标准贯入锤击数临界值。

③基础边缘以外的处理宽度，应超过基础底面下处理深度的 1/2 且不小于基础宽度的 1/5。

④采取减小液化震陷的其他方法，如增加上覆非液化土层的厚度和改善周边的排水条件等。

3)基础和上部结构处理

①选择合适的基础埋置深度。

②调整基础底面积，减少基础偏心。

③加强基础的整体性和刚度，如采用箱基、筏基或钢筋混凝土交叉条形基础，加设基础圈梁等。

④减轻荷载，增强上部结构的整体刚度和均匀对称性，合理设置沉降缝，避免采用对不均匀沉降敏感的结构形式等。

⑤管道穿过建筑处应预留足够尺寸或采用柔性接头等。

根据《公路工程抗震规范》(JTG B02—2013)的规定，未经处理的液化土层不宜作为天然地基持力层。地基的抗液化措施应满足表 12-9 的要求。

表 12-9　地基抗液化措施要求

构筑物	地基的液化等级		
	轻微	中等	严重
1. 高速公路、一级公路、二级公路上高度大于 5 m 的挡土墙； 2. 各级公路上的隧道工程； 3. A、B 类桥梁	应部分消除液化沉降，或对基础和上部结构采取减轻液化沉降影响的措施	宜全部消除液化沉降，也可部分消除液化沉降，并对基础和上部结构采取减轻液化沉降影响的措施	应全部消除液化沉降
1. 高速公路、一级公路、二级公路上高度小于或等于 5 m 的挡土墙； 2. 三级公路上的挡土墙； 3. 四级公路上高度大于 5 m 的挡土墙； 4. 高速公路和一级公路路基； 5. C 类桥梁	宜对基础和上部结构采取减轻液化沉降影响的措施；结构物自身抵抗液化沉降影响能力较强时，也可不采取措施	应对基础和上部结构采取减轻液化沉降影响的措施；结构物对液化沉降敏感时，应采取更高要求的措施	宜全部消除液化沉降；也可部分消除液化沉降，且对基础和上部结构采取减轻液化沉降影响的措施
1. 四级公路上高度小于或等于5 m 的挡土墙； 2. 二级公路路基； 3. D 类桥梁	可不采取措施	可不采取措施	宜对基础和上部结构采取减轻液化沉降影响的措施，也可采取其他经济合理的措施

12.5　岩溶地基处理

岩溶是可溶性岩石在水的溶蚀作用下，产生的各种地质作用、形态和现象的总称。可溶性岩石包括碳酸盐类岩石(石灰岩、白云岩等)、硫酸盐类岩石(石膏、芒硝等)和卤素类岩石(岩盐等)。形成岩溶地貌，需要满足三个因素：具有可溶性的岩石、有溶蚀能力的水以及水的循环交替。

岩溶主要有地下与地表两种形态。地表岩溶主要包括溶沟、石芽、漏斗、竖井、落水洞、溶蚀洼地、干谷、盲谷、孤峰和峰林等，而地下岩溶主要包括溶隙、溶沟、溶槽、天生桥、溶洞和暗河等。

岩溶在我国分布非常广泛，在广西、广东、贵州、云南、四川、山西、山东、湖南、浙江、江苏等地都有分布，分布面积高达 130 万 km^2。

12.5.1　岩溶地基的不良影响

岩溶地区由于有溶洞、溶蚀裂隙、暗河、土洞等存在，在岩体自重或建筑物荷载作用下，可能发生地面变形、地基塌陷，影响建筑物的安全和使用，主要表现在以下几个方面。

①岩溶岩面起伏，导致其上覆土质地基压缩变形不均匀，产生差异沉降。

②岩体洞穴顶板变形、塌落导致地基失稳破坏。

③岩溶水的动态变化给施工和结构物使用造成不良影响，如涌水、淹没等事故。

④土洞坍落形成地表塌陷。

岩溶区结构物的设计原则应遵循以下几点。

①场地上主要结构物的位置应尽量避开岩溶强烈发育地段，宜选择在非(弱)可溶岩分布的地段上。

②从岩溶会对建筑的稳定性和适宜性产生影响的角度考虑，在总平面布局上使各类安全等级的结构物的布置与岩溶发育程度分区相适应。

③当地形条件受限或生产工艺流程必须在稳定性条件较差的地段布置结构物时，宜使其长轴方向与岩溶发育带方向垂直或斜角，以减少工程处理工作面。

④场地地坪设计标高的确定，有条件时宜使结构物基底与某一水平岩溶洞隙带之间保持一定距离，或使其能在土石方整平时被开挖揭露。

⑤避开岩溶水位高且集中流动的地带，避免基础及地下构筑物拦堵地下水的正常流泄，尤其是场地为狭长的沟谷和近似封闭的洼地时，更要充分估计水的季节性动态变化造成的不良影响。

12.5.2 岩溶地基处理

如果建筑场地和地基经过工程地质评价，属于不稳定的岩溶地基，又不能避开，就必须根据岩溶的形态、工程要求和施工条件等，因地制宜地选择处理措施。工程实践中，岩溶地基一般有下列处理方法。

1)清爆换填

此方法适用于处理顶板不稳定、裂隙发育的浅埋溶洞地基。即清除覆土，爆开顶板，挖去松软充填物，分层回填下粗上细的碎石滤水层，然后建造基础。对于无流水活动的溶洞，也可采用土夹石或黏性土等材料夯填。此外还可根据溶洞和充填物的具体条件，采用石砌柱、灌注桩或沉井等办法处理。

2)梁、板、拱等结构跨越

对于洞口较大、洞壁完整、强度较高而顶板破碎或无顶板的岩溶地基，宜采用梁、板跨越的方法进行处理，跨越结构应有可靠的支撑面。梁式结构在岩石上的支撑长度应大于1.5倍梁高，也可辅以浆砌块石等堵塞措施。

3)换填、镶补、嵌塞与跨盖等

对于洞口较小的洞隙，挖除其中的软弱充填物，回填碎石、块石、素混凝土或灰土等，以增加地基的强度和完整性。必要时可加跨盖。

4)洞底支撑

此方法适用于处理跨度较大、顶板完整，但厚度较薄的溶洞地基。为了增加顶板岩体的稳定性，采用石砌柱或钢筋混凝土柱支撑洞顶。采用此方法时应注意查明洞底柱基的稳定性。

5)钻孔灌浆

对于基础下埋藏较深的洞隙，可通过钻孔向洞隙中灌注水泥砂浆、混凝土、沥青及硅液等，以堵填洞隙。

6)设置褥垫

在压缩性不均匀的土岩组合地基上，凿去局部突出的基岩，在基础与岩石接触的部位设置褥垫(可采用炉渣、中砂、粗砂、土夹石等材料)，以调整地基的变形量。

7)调整柱距

对个别溶洞或洞体较小的情况，可适当调整建筑物的柱距，使柱基建造在完整的岩石上，以避免处理地基。

8)调整基础底面面积

当有平片状层间夹泥或整个基底岩体都受到较强烈的溶蚀时，可进行地基变形验算，必要时可适当调整基础底面面积，降低基底压力。当基底石基分布不均匀时，可适当扩大基础底面面积，以防止地基不均匀沉降造成基础倾斜。

9)地下水排导

对岩溶水的处理应贯彻宜疏勿堵的原则，可采用排水管道、排水隧洞等进行疏导，以防止水流通道堵塞，造成场地和地基季节性淹没。

岩溶水具有与一般水流不同的特点，很难确切地掌握其水量及变化规律。因此对岩溶水水量的估计宁大勿小，相应的排水结构物也应宁宽勿窄。具体处理上，疏导比堵塞好，桥梁比涵洞好，其措施可归纳为以下几类。

(1)截流

为达到截断岩溶水的渗入或疏干某一范围的目的，一般在与水流方向垂直的方向设置截流措施，常用的有截流盲沟、截水墙、截水洞等。

(2)疏导

对常流或间歇性岩溶水(尤其当流量、流速较大时)，或直接影响当地农田灌溉的岩溶水都应采取排泄处治措施。排水结构物所设方向常与水流方向一致，常用的措施有泄水洞、管道、桥涵及明沟排水等。

(3)围堰

为保持岩溶泉正常出水、消水洞消水或防止消水以提高水位引出它用，均可采用混凝土圆柱管、干砌片石或钢筋网等材料围堰。

(4)堵塞

当地下水量小且分散时，可用砂浆、黏土及砌片石等予以堵塞。隧道工程中常用压浆堵水，为防止渗水也常采用压浆帷幕等措施。通常，地下水宜疏不宜堵，因此，对大而集中的岩溶水，尤其当水压力大时，堵塞措施应谨慎采用。

在使用上述地下水排导处理方法时，根据岩溶工程的具体情况，可单独使用，也可综合使用。

思考与练习

1. 如何判定黄土的湿陷性？怎样区分自重湿陷性黄土和非自重湿陷性黄土？
2. 简述常用湿陷性黄土地基处理方法。
3. 什么是膨胀土？膨胀土地基胀缩等级如何划分？
4. 膨胀土的工程特性及其危害有哪些？
5. 膨胀土地基可采用哪些方法进行处理？
6. 简述液化地基的概念。如何判别土体液化？
7. 液化地基的处理措施有哪些？
8. 简述岩溶地基的特点以及常用的处理措施。

参考文献

[1]浙江省住房和城乡建设厅．复合地基技术规范:GB/T 50783—2012[S]．北京:中国计划出版社,2012.

[2]中华人民共和国住房和城乡建设部．建筑抗震设计标准(2024 年版):GB/T 50011—2010[EB/OL].[2024-05-24]. https://www.mohurd.gov.cn/gongkai/zhengce/zhengcefilelib/202405/20240523_778179.html.

[3]中国建筑科学研究院．膨胀土地区建筑技术规范:GB 50112—2013[S]．北京:中国建筑工业出版社,2012.

[4]中华人民共和国住房和城乡建设部．湿陷性黄土地区建筑标准:GB 50025—2018[S]．北京:中国建筑工业出版社,2018.

[5]中华人民共和国住房和城乡建设部．岩溶地区建筑地基基础技术标准:GB/T 51238—2018[S]．北京:中国计划出版社,2018.

[6]中交路桥技术有限公司．公路工程抗震规范:JTG B02—2013[S]．北京:人民交通出版社,2014.

[7]中国建筑科学研究院．既有建筑物地基基础加固技术规范:JGJ 123—2012[S]．北京:中国建筑工业出版社,2013.

[8]中华人民共和国住房和城乡建设部．建筑地基处理技术规范:JGJ 79—2012[S]．北京:中国建筑工业出版社,2013.

[9]中交第三公路工程局有限公司．公路路基施工技术规范:JTG/T 3610—2019．北京:人民交通出版有限股份公司,2019.

[10]包惠明,黄显顺．真空联合堆载预压法在某高速公路软土路基工程中的应用[J]．路基工程,2015(06):44-47.

[11]陈昌富．地基处理[M]．2 版．武汉:武汉理工大学出版社,2016.

[12]陈希哲,叶菁．土力学地基基础[M]．5 版．北京:清华大学出版社,2013.

[13]程晓辉,杨钻,李萌,等．岩土材料微生物改性的基本方法综述[J]．工业建筑,2015,45(07):1-7.

[14]金耀华,李永贵．土力学与地基基础[M]．2 版．武汉:华中科技大学出版社,2018.

[15]李捷,方祥位,张伟,等．菌液脲酶活性对珊瑚砂微生物固化效果的影响[J]．后勤工程学院学报,2016,32(06):88-91+96.

[16]裴迪,刘志明,胡碧茹,等．巴氏芽孢杆菌矿化作用机理及应用研究进展[J]．生物化学与生物物理进展,2020,47(06):467-482.

[17]刘汉龙．绿色地基处理技术探讨[J]．土木工程学报，2018，51(7)：121－128.
[18]罗仰通．深厚淤泥质软土路基加固中塑料排水板堆载预压法的应用及分析[J]．低碳世界，2018(07)：322－323.
[19]牛建光，刘拴龙．缅甸蒂洛瓦真空预压法地基处理效果分析[J]．港工技术，2022，59(04)：101－105.
[20]龚晓南．地基处理技术及发展展望[M]．北京：中国建筑工业出版社，2014.
[21]龚晓南．复合地基理论及工程应用[M]．3版．北京：中国建筑工业出版社，2018.
[22]龚晓南．地基处理手册[M]．3版．北京：中国建筑工业出版社，2008.
[23]邓超，龚晓南．长短桩复合地基在高层建筑中的应用[J]．建筑施工，2003(1)：18－20.
[24]龚晓南，陶燕丽．地基处理[M]．2版．北京：中国建筑工业出版社，2016.
[25]《工程地质手册》编委会．工程地质手册[M]．5版．北京：中国建筑工业出版社，2018.
[26]郭尧顺．真空预压法在沿海软基加固中应用与分析—以福州沿海某工业园区软基加固工程为例[J]．福建建筑，2020(09)：69—73.
[27]贺建清，刘泽，雷勇．地基处理[M]．3版．北京：机械工业出版社，2024.
[28]黄梅．地基处理实用技术与应用[M]．北京：化学工业出版社，2015.
[29]彭劼，冯清鹏，孙益成．温度对微生物诱导碳酸钙沉积加固砂土的影响研究[J]．岩土工程学报，2018，40(06)：1048－1055.
[30]孙武斌，焦同战．地基与基础[M]．北京：中国水利水电出版社，2018.
[31]唐朝生，泮晓华，吕超，等．微生物地质工程技术及其应用[J]．高校地质学报，2021，27(06)：625－654.
[32]王恒星，缪林昌，孙潇昊，等．微生物诱导固化技术研究进展[J]．湖南大学学报(自然科学版)，2021，48(01)：70—81.
[33]王钊．土工合成材料[M]．北京：机械工业出版社，2005.
[34]徐新星．真空预压法处理深厚软土地基应用研究[J]．广东土木与建筑，2022，29(05)：48－51.
[35]杨绍平，闫胜．地基处理技术[M]．北京：中国水利水电出版社，2015.
[36]叶书麟．地基处理[M]．2版．北京：中国建筑工业出版社，2004.
[37]叶书麟．地基处理工程实例应用手册[M]．北京：中国建筑工业出版社，1998.
[38]叶观宝，高彦斌．地基处理[M]．3版．北京：中国建筑工业出版社，2009.
[39]叶观宝．地基处理[M]．4版．北京：中国建筑工业出版社，2020.
[40]俞建霖，周建．地基处理技术[M]．杭州：浙江大学出版社，2022.
[41]张季超．地基处理[M]．北京：高等教育出版社，2008.
[42]张玲．双向增强复合地基承载机理及其设计计算理论研究[D]．长沙：湖南大学，2012.
[43]张永杰，欧阳健，黄万东，等．胶结液浓度对微生物固化花岗岩残积土强度特性的影响规律[J]．湖南大学学报(自然科学版)，2024：51(3)：121－129.
[44]郑俊杰．地基处理技术[M]．2版．武汉：华中科技大学出版社，2019.

[45]周玉霜．真空联合堆载预压法对吹填土加固效果及周围环境影响试验研究[D].赣州:江西理工大学,2019.

[46]GEBRU K A,KIOANNEMARIAM T G,GEBRETINSAE H K. Bio-cement production using microbially induced calcite precipitation (MICP) method: a review [J]. Chemical Engineering Science,2021,238:116610.

[47]MUYNCK W D,BELIE N D,VERSTRAETE W. Microbial carbonate precipitation in construction materials:a review[J]. Ecological Engineering,2010,36(2):118－136.

[48]MUYNVK W D,VERBEKEN K,BELIE N D,et al. Influence of temperature on the effectiveness of a biogenic carbonate surface treatment for limestone conservation[J]. Applied Microbiology Biotechnology,2013,97:1335－1347.

[49]WHIFFIN V S. Microbial $CaCO_3$ precipitation for the production of biocement[D]. Perth:Murdoch University,2004.

[50]XU X,GUO H,LI M,et al. Bio-cementation improvement via $CaCO_3$ cementation pattern and crystal polymorph: a review[J]. Construction and Building Materials,2021,297:123478.